Ben Moore · Da draußen
Leben auf unserem Planeten und anderswo

BEN MOORE

Da draußen

LEBEN AUF UNSEREM PLANETEN UND ANDERSWO

Aus dem Englischen
von Katharina Blansjaar

KEIN & ABER

Ebenfalls von Ben Moore:
Elefanten im All

Deutsche Erstausgabe
Alle Rechte vorbehalten
Copyright © 2014 by Kein & Aber AG, Zürich – Berlin
Cover und Illustrationen: Katharina Blansjaar
Satz: Dörlemann Satz, Lemförde
Druck und Bindung: CPI – Ebner & Spiegel, Ulm
ISBN 978-3-0369-5705-0
Auch als eBook erhältlich

www.keinundaber.ch

INHALT

Für meine wunderbare Mutter

VORWORT

Da draußen zwischen den Sternen gibt es zahlreiche Welten, die der unseren gleichen. Das ist ein unglaublicher Gedanke. Wie viele dieser Welten sind öd und leer, und wie viele von Leben erfüllt? Meines Erachtens ist die Frage, die sich aufdrängt, nicht, ob es da draußen überhaupt Leben gibt, sondern wie dieses Leben aussehen könnte.

Um diese Fragen zu beantworten, beginne ich mit dem Anfang, mit der Funktionsweise und dem Ursprung des Lebens. Ich werde definieren, was das Leben ist, erläutern, wie es funktioniert, und den Theorien nachgehen, die seinen Ursprung zu erklären versuchen. Die frühe Erde war vielleicht eine zu feindselige Umgebung, als dass sich in ihr Leben aus einer Ursuppe hätte entwickeln können. Ich bevorzuge die Idee, dass sich das Leben anderswo in unserem Sonnensystem gebildet hat, und werde meine Vorstellungen dazu erläutern.

Im Jahr 2013 haben Astronomen entdeckt, dass Planeten wie unsere Erde häufig sein könnten und die Erde wohl nur einer von zahllosen Gesteinsplaneten dieser Art in unserer Galaxie ist. Viele dieser Welten könnten unserer Heimat ähnlich, manche ganz anders sein. Manche Welten sind vielleicht komplett von einem Ozean bedeckt – könnten intelligente Kreaturen wie Delfine sich über eine Steinzeit hinaus entwickeln, um eine industrielle Revolution und ein Weltraumzeitalter zu erreichen? Andere Welten könnten ständig Tageslicht haben – würden Kreaturen auf diesen Welten nie schlafen oder träumen?

Unsere Reise durch die Astrobiologie – das interdisziplinäre Forschungsgebiet, das sich mit dem Leben auf der Erde und dem Leben da draußen im Universum auseinandersetzt – wird uns die aktuellsten Forschungsergebnisse näherbringen. Astrobiologen streben danach, die wirklich großen Fragen zu beantworten: Woher kommen wir? Wohin gehen wir? Und: sind wir allein im Universum? Ich halte an der Universität Zürich eine Vorlesung zur Astrobiologie. Diese vereint die neuesten Resultate aus Astronomie, Biologie, Chemie, Geophysik, Physik und Planetologie, um nur einige zu nennen.

Ich habe dieses Buch geschrieben, weil ich die Geschichte des Lebens für die großartigste Geschichte von allen halte. Die zwei meistgedruckten Bücher aller Zeiten erzählen vom Ursprung des Lebens. Es muss ein interessantes Thema sein, denn diese Bücher wurden über zehn Milliarden Mal gelesen. Aber ich will Ihnen eine alternative Sichtweise präsentieren, eine, die aus der wissenschaftlichen Forschung hervorgegangen ist. Im vergangenen Jahrzehnt gab es so viele aufregende Entwicklungen, dass ich es kaum erwarten kann, Ihnen von den neusten wissenschaftlichen Resultaten und Theorien zu berichten. Und ich werde versuchen, dies alles auf möglichst unterhaltsame Art zu tun, auf einer Ebene, die jeder verstehen kann, der sich für diese Themen interessiert.

Ich will noch einen Schritt weitergehen. Wie würden Außerirdische aussehen, und was für Fähigkeiten könnten sie haben? Wie fortgeschritten sind wohl ihre Zivilisationen? Hätten sie die gleichen Gefühle und ethischen Prinzipien wie wir? Fänden wir gegenseitig Gefallen an unserer Kunst und Musik? Hätten außerirdische Zivilisationen ein friedliches Zusammenleben erreicht?

Science-Fiction zeichnet ein bestimmtes Bild von Außerirdischen. Doch ist diese Darstellung korrekt, oder könnte die Realität ganz anders aussehen? Die Schilderung von Außerirdischen in Kunstwerken, Büchern und Filmen beflügelt unsere Vorstellungen. Aber wie viel davon ist aus Sicht der Wissenschaft möglich – und was ist reine Fantasie? Die Realität könnte sich erheblich von unseren Vorstellungen unterscheiden. Ich werde erläutern, dass außerirdisches Leben Fähigkeiten und Eigenschaften entwickelt haben könnte, die sich mit nichts auf der Erde vergleichen lassen.

Wir brennen darauf, mehr über diese fernen Welten zu erfahren und darüber, ob es dort Leben gibt oder nicht. Von der Erde aus können wir bereits viel über diese Welten lernen, und wir werden sehen, dass die nächsten zwei Jahrzehnte vielleicht spannende Entdeckungen bringen werden. Ehrgeizige neue Missionen ins All sind geplant, und leistungsstarke neue Teleskope befinden sich im Bau – diese Projekte haben den einzigen Zweck, diese fernen Welten genauer zu erkunden.

Meine Forschungstätigkeit an der Universität Zürich konzentriert sich auf die computergestützte Astrophysik und die Kosmologie. Auf den größten Supercomputern der Welt simulieren wir mithilfe von ausgefeilten Programmen die Entstehung und Entwicklung von Planeten und Galaxien. Meine Forschungsgruppe ist Teil eines größeren Netzwerks von Schweizer Universitäten, die gemeinsam ein ehrgeiziges Zehnjahresprogramm gestartet haben, um mehr über diese fernen Welten in unserer Galaxie, sogenannte *Exoplaneten*, zu erfahren.

Unseren größten Teleskopen erscheint ein erdähnlicher Planet, der einen anderen Stern umläuft, nur als undeutlicher Lichtpunkt. Doch Astronomen haben Techniken entwickelt, um die Eigenschaften und Atmosphären dieser Planeten zu studieren und sogar ihr Klima und ihre Wetterverhältnisse zu beobachten. Es ist möglich, dass wir innerhalb der nächsten zwei Jahrzehnte auf den Oberflächen solcher Planeten die Signaturen von Leben feststellen werden. Das klingt ziemlich beeindruckend, und das ist es auch.

Ben Moore, Zürich 2014

Irdisch oder außerirdisch – raten Sie mit!

Jedes Kapitel dieses Buches beginnt mit einer außergewöhnlichen Kreatur. Fünf dieser Kreaturen sind auf der Erde heimisch, fünf von ihnen entstammen der Science-Fiction. Die Auflösung finden Sie auf den Seiten 348 und 349.

Kapitel 1

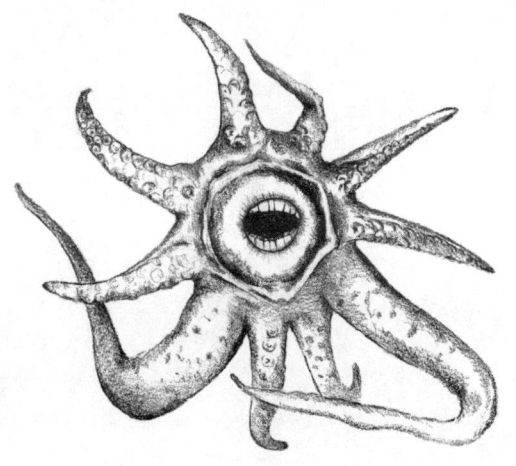

EIN PLANET FÜR JEDEN VON UNS

Während Tausenden von Jahren haben Menschen zu den Sternen hinaufgeschaut und sich gefragt, was dort draußen in den Weiten unserer Galaxie liegt. Unsere Erde scheint so perfekt geeignet, um Leben zu beherbergen. Gibt es Leben nur auf unserer Erde, oder könnte es da draußen zwischen den Sternen noch andere Welten wie unsere geben? Diese Spekulationen haben nun ein Ende, da Forscher kürzlich entdeckt haben, dass Planeten wie unsere Erde häufig sind. Es ist eine der grundlegenden Entdeckungen in der Geschichte der Wissenschaft. Wenn Sie das nächste Mal zu den Sternen hochschauen, sollten Sie einen Moment lang innehalten und daran denken, dass die meisten dieser Sterne ein eigenes Planetensystem haben.

Die Astronomie ist Teil der menschlichen Kultur, seit es schriftliche Aufzeichnungen gibt. Vor über zweitausend Jahren bedienten sich die alten Griechen einfacher Beobachtungen sowie der Trigonometrie und der Logik, um den Platz der Erde im Sonnensystem zu bestimmen. Sie entdeckten, dass unsere Heimat ein großer, kugelförmiger Gesteinsbrocken ist, der um unsere viel größere Sonne kreist. Aristarchos von Samos (3. Jhdt. v. Chr.) war der erste, der die Distanz von der Erde zur Sonne und von der Erde zum Mond vermaß und die Größe dieser Himmelskörper berechnete. Das war lange vor der Erfindung von Teleskopen und Taschenrechnern – ist das nicht bemerkenswert?

Die alten Griechen fragen sich auch, ob unsere Erde einzigartig sei. Der Philosoph Demokrit (ca. 4. Jhdt. v. Chr.)

lehrte, »*dass es zahllose, verschieden große Welten gebe; in einigen Welten gebe es weder Sonne noch Mond, in anderen hätten sie einen größeren Umfang, in wieder anderen seien sie mehrfach vorhanden. Die Abstände der Welten voneinander seien ungleich, bald größer, bald kleiner; die Welten seien zum Teil im Wachsen, zum Teil stünden sie auf dem Höhepunkt, zum Teil seien sie am Vergehen, hier bildeten sich solche, dort verschwänden sie; ein Zusammenstoß vernichte sie. Es gebe Welten ohne Lebewesen, ohne Pflanzen und ohne jede Feuchtigkeit.*«[1]

Nicht alle waren dieser Meinung. Aristoteles (350 v. Chr.) behandelte die Pluralität der Welten ausführlich in seinem kosmologischen Hauptwerk *Über den Himmel* und schrieb: »*Es kann nicht mehr als eine Welt geben.*«

Während der »geistigen Finsternis« – vom Beginn des Römischen Reichs bis ins 16. Jahrhundert – wurden kaum Fortschritte gemacht, wenn es darum ging, unseren Ursprung und unseren Platz im Universum zu verstehen. Der Erde war es vergönnt, im Zentrum von allem zu stehen, und die Sonne bewegte sich allein durch die Willenskraft eines mythischen Gottes über den Himmel. Die bloße Erwähnung alternativer Ideen hätte einen den Kopf kosten können.

Der italienische Mönch, Philosoph und Astronom Giordano Bruno beschäftigte sich mit vielen Dingen, die im 16. Jahrhundert missbilligt wurden. Darunter auch die Vorstellung, dass es zahllose Sterne gibt, die von Planeten wie unserer Erde umkreist werden. Sein Werk *Über das Unendliche, das Universum und die Welten (De l'infinito, universo e mondi)* aus dem Jahr 1584 erwähnt auch Demokrit. Dass Bruno seine Ansichten nicht aufgab, führte schließlich zu seinem Todes-

---

1 Hippolytus von Rom: *Widerlegung aller Häresien*, Buch 1, 13; in: Diels/Kranz: *Die Fragmente der Vorsokratiker*, Bd. 2, Sekt. 55, A 40; Übersetzung gemäß Bibliothek der Kirchenväter

urteil. Im Jahr 1600 wurde er wegen Verbrechen gegen die Kirche bei lebendigem Leib auf dem Scheiterhaufen verbrannt.

Die technologische und wissenschaftliche Entfaltung, die im 16. und 17. Jahrhundert einsetzte, wurde durch den Wunsch angetrieben, die einem Uhrwerk ähnelnden Abläufe in unserem Sonnensystem zu verstehen. Langsam aber stetig führte der Hunger nach Wissen uns aus der geistigen Finsternis in eine wissenschaftliche Renaissance. Forscher wie Galileo Galilei, René Descartes und Isaac Newton standen am Anfang eines explosionsartigen Erkenntnisgewinns, der schließlich zu dem wissenschaftlichen Verständnis und der Technologie führte, die wir in unserem heutigen Leben für selbstverständlich halten.

Der polnische Mathematiker und Astronom Nikolaus Kopernikus führte die Ideen von Aristarchos und den alten Griechen weiter. 1543, im Jahr seines Todes, veröffentlichte er *Über die Umschwünge der himmlischen Kreise (De revolutionibus orbium coelestium)*. Er stützte sich auf antike Texte und die Bewegungen der Planeten und erörterte, dass sich die Sonne und die Planeten nicht etwa um unsere Erde, sondern die Planeten sich um die Sonne drehten. Dies war der Anfang eines Paradigmenwechsels − zurück zu den Ideen der alten Griechen, nach deren Auffassung die Erde keinen besonderen Platz im All einnimmt.

Erst durch die Entwicklung der dazu nötigen Technologie gelang es den Menschen, noch mehr über den Kosmos zu erfahren. Dass unser Stern nur einer von vielen ist, erkannten wir erst nach der Erfindung des Teleskops am Anfang des 17. Jahrhunderts. Die Erkenntnis, dass unsere Galaxie eine von zahllosen anderen ist, ergab sich erst zu Beginn des 20. Jahrhunderts. Nun, zu Beginn dieses neuen Jahrtausends, haben Astronomen die spektakuläre Entdeckung gemacht, dass unsere Erde nichts Besonderes ist. Allein in unserer Galaxie gibt es wohl Milliarden von Sternen, die von erdähnlichen Planeten umkreist werden.

Eine Frage des Prinzips

Ein fundamentaler Grundsatz der Kosmologie ist, dass das Universum an allen Orten und in alle Richtungen gleichmäßig ist. Dies bedeutet, dass jener Teil des Universums, den wir beobachten können, ein repräsentativer Ausschnitt eines möglicherweise viel größeren Universums ist. Es bedeutet außerdem, dass die Galaxien, die wir über das Universum und über die kosmische Zeit verteilt sehen, sich nicht wesentlich von unserer eigenen unterscheiden. Und dass die Sterne am Nachthimmel nach den gleichen Gesetzen der Physik funktionieren, die auch unsere Sonne zum Scheinen bringen. Bisher ist alles, was wir aus der Astrophysik und der Kosmologie gelernt haben, vereinbar mit diesem Grundsatz.

Dieses Prinzip der modernen Kosmologie kann auch prägnanter formuliert werden: Der Mensch ist kein privilegierter Beobachter des Universums. Das Konzept ist von zentraler Bedeutung für unser Verständnis des Universums und der Urknall-Kosmologie und wurde in seiner prägnanten Form erstmals 1952 vom österreichisch-britischen Kosmologen Hermann Bondi formuliert. Später erhielt es wegen des Beitrags von Kopernikus zur Abwendung von einem geozentrischen Weltbild die Bezeichnung »Kopernikanisches Prinzip«.

Dass unsere Sonne und unsere Milchstraße in den Weiten des Universums nichts Besonderes sind, ist inzwischen eine astronomische Tatsache. Unser Stern ist nur einer von mehreren Hundert Milliarden Sternen in unserer Galaxie. Und unsere Galaxie ist nur eine von mehreren Hundert Milliarden Galaxien im sichtbaren Universum. In den 60er-Jahren lieferte die Entdeckung der fast perfekt gleichmäßigen Hintergrundstrahlung, welche vom Urknall übriggeblieben ist, die eindeutige Bestätigung des kopernikanischen Prinzips.

Das unermüdliche Streben nach einem tieferen Verständnis unseres Ursprungs gipfelte 2013 in der Bestätigung der Spekulationen von Demokrit. Die Entdeckung von Planeten, die andere Sterne umkreisen, und die Erkenntnis, dass erdähnliche Planeten häufig sein könnten, eröffnen die realistische Möglichkeit, dass Leben anderswo in unserer Galaxie entstanden ist, womöglich mehrfach und an zahlreichen Orten.

Eine ähnliche Sichtweise könnte sich daher auch auf eine noch grundlegendere Ebene anwenden lassen, auf jene des Lebens selbst. In der Geschichte der Menschheit haben viele die Meinung vertreten, dass unsere Erde besonders ist, dass wir Menschen besonders sind. Und wir sind es. Wir sind alle einzigartig darin, dass wir am Leben sind und in der Lage wären, unseren schönen Planeten zu schätzen, der so geeignet scheint für unsere Existenz. In dieser Hinsicht sollten alle Lebewesen auf unserem Planeten als besonders angesehen werden. Aber – das werden wir bald herausfinden – Planeten wie den unseren gibt es zuhauf. Bei den zahlreichen möglichen Heimatwelten in unserer Galaxie wäre es arrogant anzunehmen, dass das Leben sich auf eine einzige Welt beschränkt.

Die abschließende Bestätigung unserer Unbedeutendheit würde die Entdeckung von Leben auf anderen Welten liefern. Die Suche nach den einzigartigen Signaturen des Lebens, die auf seine Existenz da draußen zwischen den Sternen hinweisen würden, hat bereits begonnen. Vielleicht wird in den nächsten Jahrzehnten auch die letzte Spekulation von Demokrit bestätigt: dass wir tatsächlich nicht allein sind.

Dass alle Sterne ferne Sonnen sind, ist bereits seit einigen hundert Jahren bekannt. Warum also entdeckten wir erst im 21. Jahrhundert, dass unsere Erde nichts Besonderes ist?

Was ist ein Planet?

Als Astronomen nach Planeten im Umkreis anderer Sterne zu suchen begannen, basierte ihre Vorstellung von dem, was sie finden könnten, auf unserem eigenen Sonnensystem. So einige Überraschungen warteten auf die Forscher – sogar innerhalb unseres Sonnensystems, als sie 2005 *Eris* entdeckten. Eris ist ein eisiges Gesteinsobjekt, etwas größer als Pluto, das etwa ein Drittel der Erdmasse hat. Es befindet sich im Moment doppelt so weit von der Erde entfernt wie Pluto, aber aufgrund seiner elliptischen Umlaufbahn wird es in ein paar hundert Jahren den Neptun passieren. Die NASA bezeichnete Eris ursprünglich als zehnten Planeten, aber inzwischen ist sie, ebenso wie Pluto, zu einem Zwergplaneten herabgestuft worden.

Der Begriff »Planet« stammt vom griechischen Wort für Wanderer, was darauf hinweist, dass Planeten in weitesten Sinne als Objekte umschrieben wurden, die sich sichtbar über den Nachthimmel bewegten. Pluto wurde bereits 1930 entdeckt, aber zu Beginn des 21. Jahrhunderts wurden einige weitere wandernde Objekte von der Größe Plutos gefunden. Daher entschieden sich die Astronomen, den Begriff »Planet« offiziell zu definieren.

Die Internationale Astronomische Union liefert die Richtlinien zur Benennung von Himmelskörpern für professionelle ebenso wie für Hobbyastronomen. An ihrer Generalversammlung in Prag 2006 wurden Vorschläge zur Definition von Planeten gemacht, und im Anschluss wurde darüber abgestimmt. Das Ergebnis ist, dass ein Planet nun formell definiert ist als ein Himmelskörper, der drei Kriterien erfüllt: a) Er bewegt sich auf einer Umlaufbahn um die Sonne. b) Seine Masse ist groß genug, dass er sich im hydrostatischen Gleichgewicht befindet – er also genug eigene Schwerkraft hat, dass diese andere starke Kräfte überwindet und das Objekt eine Kugelform annimmt. c) Er hat die Umgebung seiner Umlaufbahn »geräumt« (sodass es in ähnlicher Distanz zur Sonne keine anderen bedeutenden Objekte gibt). Dieses letzte Kriterium degradierte Pluto vom Planeten zum Zwergplaneten; ein Begriff, der alle Himmelskörper einschließt, welche nur die ersten beiden Kriterien erfüllen.

Problematisch an dieser Definition ist die erste Bedingung. Planeten können nämlich aus ihrem Sonnensystem herausgeschleudert werden – durch in unmittelbarer Nähe passierende Sterne oder durch gravitationsbedingte Störungen zwischen Planeten. Das mag unwahrscheinlich klingen, ist aber eher häufig. In Kürze werden wir außerdem sehen, dass die ersten planetenähnlichen Objekte nicht etwa in der Nähe eines Sterns entdeckt wurden, sondern in einer Umlaufbahn um ein merkwürdiges Objekt namens *Pulsar*.

Die minimale Masse für einen Planeten oder einen Zwergplaneten ergibt sich aus der Bedingung, dass seine eigene Schwerkraft groß genug ist, um all sein Material in eine kugelähnliche Form zu ziehen. Bei einer Kugel herrschen auf der gesamten Oberfläche die gleichen gravitativen Kräfte. Ist ein Objekt einmal groß genug, ist die Kugel die natürliche Form, die es annehmen wird. In uns Menschen ist die Gravitation nicht groß genug, um molekulare Verbindungen lösen und unsere Form verändern zu können. Aber wenn genug Masse vorhanden ist, wird die Gravitation das Material des Objekts strapazieren und brechen.

Es ist die Gravitation, welche die Größe der höchsten Berge eines Planeten bestimmt. Ist einmal zu viel Gestein angehäuft, wird die Schwerkraft dazu führen, dass es bricht und kollabiert. Die minimale Masse, die nötig ist, um ein kugelähnliches Objekt zu formen, liegt etwa bei einem Durchmesser von 500 bis 1000 Kilometern, je nachdem, woraus das Objekt besteht. Die kleinere Größe entspricht einem eisigen Himmelskörper, die größere gilt für Himmelskörper aus Gestein.

Tatsächlich wissen wir nicht, wie viele Zwergplaneten es in unserem Sonnensystem gibt. Sie lassen sich nur schwer aufspüren, weil sie sich auf Umlaufbahnen weit von der Sonne entfernt befinden. Astronomen gehen davon aus, dass es Hunderte von Objekten mit einem Durchmesser von über 500 Kilometern gibt, die erst noch entdeckt werden müssen. Es ist sogar möglich, dass es jenseits von Pluto noch einen oder zwei Planeten gibt, die größer sind als unsere Erde.

Astronomen können mit ihren Teleskopen Galaxien entdecken, die über 13 Milliarden Jahre alt sind und am Rande des sichtbaren Universums liegen, Milliarden von Lichtjahren entfernt[2]. Warum ist es also so schwierig, planetenähnliche Objekte zu finden, sogar dann, wenn sie sich in unserem eigenen Sonnensystem befinden? Und wie kann es sein, dass der erste erdähnliche Planet, der einen anderen Stern umkreist, erst im 21. Jahrhundert entdeckt wurde?

Auf der Suche nach dem Todesstern

Bei der Suche nach Planeten in unserem Sonnensystem, die weit von unserer Sonne entfernt sind, gibt es verschiedene technologische Schwierigkeiten. Dazu kommen einige weitere Probleme, die sich für Astronomen ergeben, wenn sie

---

2 Astronomen geben Entfernungen oft in jener Distanz an, welche das Licht in einem Jahr zurücklegt; ein Lichtjahr entspricht etwa 10 Billionen Kilometern.

nach Planeten im Umkreis anderer Sterne suchen. Einige dieser Schwierigkeiten möchte ich illustrieren, indem ich die Frage stelle, in welcher Entfernung wir ein Objekt wahrnehmen könnten, das etwa die Größe eines Planeten hat und sich auf die Erde zubewegt.

Der »Todesstern« ist eine fiktive imperiale Kampfstation von der Größe eines Mondes, die in der Lage ist, ganze Planeten zu zerstören. In seiner fertigen Version ist er im Film *Star Wars: Episode IV – Eine neue Hoffnung* (1977; ursprünglich veröffentlicht als *Krieg der Sterne*) zu sehen. Ich werde später noch ausführen, ob solch eine Waffe auch tatsächlich gebaut werden und ob sie die Erde auslöschen könnte.

Nehmen wir einmal an, eine außerirdische Zivilisation hätte einen Todesstern gebaut und zerstört aus reinem Vergnügen Planeten; in etwa so, wie wir Menschen zum Zweck einer perversen Selbstbefriedigung Tiere jagen. Die Größe des Todessterns ist nicht bekannt, aber *Star-Wars*-Fans schätzen seinen Durchmesser auf 120 bis 900 Kilometer. Gehen wir also davon aus, dass der Todesstern einen Durchmesser von 500 Kilometern hat, das entspricht etwa jenem der Zwergplaneten in unserem Sonnensystem, die noch nicht entdeckt wurden.

Das ist ein riesiges Raumschiff, also sollten wir es doch bestimmt von Weitem sehen, wenn es sich der Erde nähert, und wären viele Jahre im Voraus gewarnt. Nicht, dass wir mit unserer derzeitigen Technologie und angesichts des aktuellen Mangels an internationaler Zusammenarbeit etwas dagegen tun könnten.

Auf welche Entfernung würden wir die Struktur des Todessterns tatsächlich wahrnehmen und ihn als das erkennen, was er ist?

Die Planeten, die wir mit bloßem Auge sehen (Merkur, Venus, Mars, Jupiter und Saturn), leuchten nicht von allein; wir können sie sehen, weil sie das Licht der Sonne reflektieren. Sie sind schlechte Reflektoren, weil ein Teil des Sonnenlichts von ihren Atmosphären oder Oberflächen absorbiert wird. Von all dem Sonnenlicht, das auf der Erde ankommt, wird etwa ein Drittel zurück in den Weltraum reflektiert. Wie viel Licht reflektiert wird, das sogenannte Rückstrahlvermögen, lässt sich durch die Maßeinheit der Albedo beziffern. Die Erde hat eine Albedo von 0,3. Ein mit Eis und Schnee bedeckter Planet könnte eine Albedo von bis zu 0.9 haben, eine mit Bäumen bedeckte Welt eine Albedo von nur 0,1. Und woraus würde der Todesstern bestehen?

Ich befürchte, dass Außerirdische, die schlau genug sind einen Todesstern zu bauen, diesen nicht mit einer glänzenden, metallischen Oberfläche ausstatten würden. Sie würden ihn schwarz anmalen – wie ein Tarnkappenflugzeug. Und sie würden dazu das schwärzeste Material nehmen, das sie herstellen könnten. Die dunkelste bekannte Farbe besteht aus Kohlenstoffnanoröhren; zylindrischen, röhrenähnlichen Strukturen mit Wänden aus Kohlenstoffatomen, die in wabenartigen Sechsecken angeordnet sind. Dieses Material absorbiert fast alles Licht und reflektiert nur 0,1 Prozent davon. Seine Albedo läge also bei 0,001. Möglich, dass es noch dunklere Materialien gibt, aber wenn der Todesstern mit Kohlenstoffnanoröhren ummantelt wäre, wäre er wirklich schwer zu sehen.

Lassen Sie uns aber trotzdem annehmen, der Todesstern bestünde aus Stahl, weil die Außerirdischen wollen, dass er glänzt und beeindruckend aussieht. Er würde viel Sonnenlicht reflektieren, ähnlich viel wie ein Eisplanet. Wir können berechnen, aus welcher Entfernung wir einen solchen Todesstern sehen könnten – mit unserem bloßen Auge oder mit dem Hubble-Weltraumteleskop. Dies wird uns auch einen Hinweis darauf geben, wie viel Vorwarnzeit uns bliebe, wenn sich einer der Zwergplaneten aus dem äußeren Sonnensystem auf direktem Kollisionskurs mit der Erde befände!

Unsere Pupillen haben eine maximale Öffnung von etwa einem halben Quadratzentimeter. Die Linse bündelt das einfallende Licht auf ein Feld von lichtsensiblen Nervenendigungen – über 100 Millionen von ihnen. Im Prinzip ist jede Nervenendigung sensibel genug, ein einziges Lichtphoton zu spüren. Experimente haben aber gezeigt, dass unsere Augen erst dann auf Licht reagieren, wenn innerhalb einer Zehntelsekunde etwa 100 Photonen aufgenommen worden sind.

Über 10^{45} Photonen verlassen pro Sekunde die Sonne und verbreiten sich im All, wobei sie ein immer größeres Volumen füllen. Die Intensität des Lichts nimmt dabei nach dem Quadratabstandsgesetz ab, so wie es auch bei der Gravitation der Fall ist. Wenn Sie den Abstand zu einer Lichtquelle verzweifachen, nimmt die Zahl der Photonen, die in Ihr Auge gelangen, um den Faktor vier ab.

Die Erde fängt nicht einmal ein Milliardstel der von der Sonne kommenden Photonen ab – in einer Sekunde kommen hier pro Quadratzentimeter etwa 10^{17} Photonen an. Da die Erde etwa die Hälfte der eintreffenden Photonen wieder reflektiert, ist sie, von der Ferne aus gesehen, eine Milliarde Mal blasser als die Sonne.

Wäre unsere Sonne 100 Lichtjahre von uns entfernt, würden uns in einer Sekunde nur 1000 Photonen pro Quadratzentimeter erreichen. Das entspricht etwa der Grenze dessen, was unsere Augen noch wahrnehmen können. Innerhalb von 100 Lichtjahren von der Erde befinden sich rund 15 000 Sterne, aber sogar in einer dunklen Nacht können wir mit bloßem Auge nur ein paar Tausend von ihnen sehen. Das kommt daher, dass viele von diesen Sternen nicht so hell scheinen wie unsere Sonne.

Sobald der Todesstern am Jupiter vorbeigeflogen wäre – etwa fünfmal so weit von der Sonne entfernt wie die Erde –, könnten wir mit bloßem Auge ganz schwach das von seiner

Oberfläche reflektierte Sonnenlicht wahrnehmen. In dieser Entfernung würde der Todesstern nur einen winzigen Teil des gesamten Sonnenlichts reflektieren, und das reflektierte Licht würde sich in alle Richtungen ausbreiten. Man müsste schon genau wissen, wo man hinschauen muss, denn der Todesstern wäre so blass wie die blassesten Sterne am Nachthimmel. Tatsächlich sind auch vier der Jupitermonde so groß, dass wir sie mit bloßem Auge sehen könnten. Aber sie liegen so nah am Jupiter, dass unsere Augen sie nicht von dem riesigen Planeten unterscheiden können.

Der Todesstern würde erst dann so hell leuchten wie die hellsten Sterne, wenn seine Distanz zu uns etwa zehnmal die Entfernung von der Erde zum Mond betragen würde. Zu diesem Zeitpunkt würde ihn auch bestimmt jemand entdeckt haben. Aber selbst in dieser Entfernung wäre er für unsere Wahrnehmung nicht mehr als ein heller Punkt. Ein durchschnittliches menschliches Auge kann auf eine Entfernung von etwa drei Metern noch ein Objekt von einem Millimeter Durchmesser auflösen. Das entspricht einem Objekt von 200 Kilometern Durchmesser auf der Mondoberfläche. Die Flecken, die wir auf dem Mond erkennen können, sind eigentlich riesige Einschlagskrater, die vor Milliarden von Jahren entstanden sind. Der 500-Kilometer-Todesstern würde erst dann klar erkennbar und angsteinflößend, wenn er uns so nah gekommen wäre wie der Mond.

Die 2,4 Meter große Spiegellinse des Hubble-Weltraumteleskops nimmt zehn Millionen Mal mehr Photonen auf als unsere Augen. Außerdem kann sein elektronischer Detektor alle Positionen und Farben der Photonen während einer sehr langen Belichtung speichern. Dies ist ein zusätzlicher Vorteil gegenüber unseren Augen, die Photonen nur während einer Zehntelsekunde sammeln.

All dies bedeutet, dass das Hubble-Weltraumteleskop mit seinem großen, Licht sammelnden Spiegel und hochsensiblen

Detektor Dinge sehen kann, die 10 Milliarden Mal blasser sind als das, was das menschliche Auge wahrnehmen kann. Außerdem ist es in der Lage, ein Objekt auch dann noch zu erkennen, wenn es 100000 Mal weiter entfernt ist, als dass wir es mit unserem bloßen Auge sehen könnten. Das Hubble-Weltraumteleskop könnte eine Kerze auf dem Mond erkennen, oder Sterne wie unsere Sonne in der Andromeda-Galaxie, die 2,5 Millionen Lichtjahre von uns entfernt liegt.

Mit unseren besten Weltraumteleskopen könnten wir einen schimmernden Todesstern erkennen, sobald er in unser Sonnensystem eintritt. Aber das Hubble-Weltraumteleskop sieht nicht den gesamten Himmel. Es ist wie eine Kamera mit Teleobjektiv, die nur winzige Flecken unseres Universums heranzoomt. Um den ganzen Himmel zu fotografieren, müsste man mehrere Millionen Bilder schießen. Tatsächlich gibt es kein Teleskop, das sich jede Nacht den gesamten Himmel anschaut und so ein sich näherndes außerirdisches Raumschiff aufspüren könnte.

Das ist auch der Grund, warum wir bisher noch nicht alle Zwergplaneten in unserem Sonnensystem gefunden haben. Man muss dafür unheimlich viel Weltraum absuchen. Um neue Zwergplanten im Sonnensystem zu finden, müssen Astronomen nach blassen, sternähnlichen Punkten Ausschau halten, die langsam ihre Position ändern.

Ein sich nähernder Todesstern würde sich nicht wie ein Planet um die Sonne herum bewegen, sondern direkt auf uns zukommen. Um ein außerirdisches Raumschiff aufzuspüren, müssten wir den gesamten Himmel nach sternähnlichen Punkten absuchen, die langsam heller und größer werden.[3]

3 Ich werde später ausführen, wie wir das Raumschiff vielleicht über seinen Antrieb und die lebenserhaltenden Systeme aufspüren könnten.

Warum ist es so schwierig, Welten um andere Sterne zu sehen?

Es gibt aber noch weitere Gründe, die es uns schwer machen, Planeten im Umkreis weit entfernter Sterne, sogenannte *Exoplaneten*, zu sehen.

Stellen Sie sich vor, wir fliegen von der Erde weg und schauen mit bloßem Auge zurück. Von Pluto aus gesehen wäre unsere Erde nur ein blasser, blauer Punkt. Wir würden den äußersten Rand unseres Sonnensystems erreichen, über zehn Milliarden Kilometer entfernt, bevor unser Planet für uns nicht mehr sichtbar wäre. Das ist etwa so weit weg, wie sich das am weitesten entfernte vom Menschen geschaffene Objekt befindet, die Raumsonde Voyager 1. Das Hubble-Weltraumteleskop, so wissen wir nun, kann Objekte erkennen, die 100000 Mal weiter entfernt sind, als wir mit unseren Augen sehen können. Im Prinzip könnte es unsere Erde also auf eine Entfernung von 1000 Billionen Kilometern erkennen. Das ist eine Entfernung von 100 Lichtjahren.

In dieser Distanz zur Erde gibt es Hunderte von Sternen wie unsere Sonne. Warum können wir dann nicht einfach ein Teleskop nehmen, um damit erdähnliche Planeten in Umlaufbahnen um einen dieser Sterne zu sehen?

Es ist nicht so, dass ein Exoplanet zu blass wäre, um ihn erkennen zu können; es handelt sich vielmehr um eine fundamentale Einschränkung des sich ausbreitenden Lichts namens *Beugung* oder *Diffraktion*. Diese ist ein merkwürdiger quantenmechanischer Effekt, der dazu führt, dass Lichtphotonen sich am Rande eines Hindernisses oder einer Öffnung streuen. Dadurch erscheint jede Lichtquelle leicht verschwommen.

Die Beugung ist der Grund dafür, dass ein Laserstrahl sich nach außen zerstreut, während er sich durch den Raum bewegt. Es gibt keine bekannte Möglichkeit, diese quantenmechanische Einschränkung zu überwinden und einen vollkommen parallelen Lichtstrahl zu erzeugen. Die Beugung setzt der Auflösung unserer Augen und Teleskope fundamentale Grenzen.

Wenn wir einen Laserpointer mit einer 1-mm-Fokussierungslinse auf den Mond richten, breitet sich sein Strahl in einem Winkel von etwa 200 Bogensekunden aus. Der Strahl braucht etwas mehr als eine Sekunde, um die Mondoberfläche zu erreichen. An dieser Stelle hat der Strahl einen Durchmesser von über 400 Kilometern.

Eine größere Linse würde das Licht in einem schmaleren Strahl bündeln. Daher können größere Teleskope auch kleinere Objekte auflösen. Das Hubble-Weltraumteleskop mit seinem 2,4-Meter-Spiegel kann 200 Meter große Objekte auf dem Mond auflösen. Um die Apollo-Landungen auf dem Mond auflösen zu können, bräuchten wir ein Teleskop mit einem 200 Meter großen Spiegel.

Wenn man mit dem Hubble-Weltraumteleskop die Erde betrachten würde, könnte man Details ab 30 Zentimetern Durchmesser auflösen. Auf die Entfernung eines Sterns, der zehn Lichtjahre entfernt ist, kann das Hubble-Weltraumteleskop nur Objekte auflösen, die einen Durchmesser von deutlich über 50 Millionen Kilometern haben. Das ist viel größer als ein Stern, von einem Planeten erst gar nicht zu sprechen. Ein Planet, der seinen Stern im Abstand von 150 Millionen Kilometern umkreist, so wie es bei unserer Erde und der Sonne der Fall ist, könnte auf diese Weise nicht entdeckt werden. Die Diffraktion führt dazu, dass ein Teil des Sternenlichts sich vom Stern auf das nächste Dutzend Pixel (oder gar mehr) ausbreitet. Weil der Stern eine Milliarde Mal heller ist als der Planet, führt dies dazu, dass das Licht des Planeten von jenem des Sterns überdeckt wird. Mit unserer heutigen Technologie ist es unmöglich, das reflektierte Licht von erdähnlichen Planeten, die ihren Stern in großer Nähe umlaufen, festzustellen. Dies hat den gleichen Grund, aus dem wir auch die Jupitermonde nicht mit bloßem Auge sehen können. Obwohl sie so hell sind, dass wir sie eigentlich sehen könnten, und obwohl sie den Jupiter in genügend großer Entfernung umkreisen, dass wir mit unseren Augen in der Lage wären, sie aufzulösen, ist das vom Jupiter kommende reflektierte Licht so viel heller, dass der Planet von uns aus gesehen seine Monde einfach verschluckt.

Wie also finden wir etwas, das wir nicht einmal mit unseren größten und präzisesten Teleskopen sehen können?

Die Entdeckung von Planeten um andere Sterne

Das Rennen um die Entdeckung ferner Planeten begann, als man in den 80er-Jahren auf riesige rotierende Gasscheiben stieß, die sich um noch junge Sterne drehten. Es war das Material, von dem man annahm, dass sich aus ihm Planeten bildeten. Die sogenannten *protoplanetaren Scheiben* sind die wirbelnden, aus Gas und Staub bestehenden Überbleibsel von der Entstehung eines Sterns. Sie haben nach astronomischen Maßstäben nicht lange Bestand; üblicherweise werden sie innerhalb von zehn Millionen Jahren von der starken Strahlung des neu scheinenden Sterns eingedampft. Die Entdeckung der protoplanetaren Scheiben inspirierte Astronomen dazu, verstärkt nach Planeten rund um andere Sterne zu suchen.

Die Ehre für das Finden des ersten Planeten, der einen anderen Stern umkreist als unsere Sonne, geht an die Schweizer Astronomen Michel Mayor und Didier Queloz. Die Entdeckung wurde am 6. Oktober 1995 bekannt gegeben und wenig später durch eine konkurrierende Forschergruppe aus den Vereinigten Staaten bestätigt.

Der betreffende Planet wurde in einer Umlaufbahn

um den sonnenähnlichen Planeten *51 Pegasi* entdeckt, der 50 Lichtjahre entfernt im Sternbild Pegasus liegt. Der Name des Sterns stammt aus den Sternenkarten des englischen Astronomen John Flamsteed, des ersten Hofastronomen des englischen Königshauses. Ein kurzer Exkurs scheint mir hier angebracht, denn es gibt eine interessante Geschichte über Raubkopien zu erzählen – wobei der Bösewicht kein anderer war als der ehrenwerte Isaac Newton!

Im 17. Jahrhundert waren Kometen ein Rätsel. Die Menschen glaubten, die spektakulären Kometen, die 1664 und 1665 beobachtet wurden, seien Vorboten des Verderbens, waren sie doch kurz vor den Heimsuchungen der großen Pest und des großen Brandes von London aufgetaucht.

Im November 1680 wurde ein weiterer Komet beobachtet, und noch einer im Dezember. Flamsteed machte genaue Aufzeichnungen der Positionen dieser Kometen. Er mutmaßte, dass es sich hierbei nicht um zwei Kometen handle, sondern um einen einzigen, der sich in einer Umlaufbahn um die Sonne befinde. Newton widersprach, änderte aber seine Meinung, nachdem er an eine gestohlene Kopie von Flamsteeds Daten gelangt war. Der Dieb übrigens war kein anderer als Edmond Halley.[4]

Newton nahm Flamsteeds Informationen in seinem berühmten Werk, den *Principia*, zu Hilfe, um sein Gravitationsgesetz aufzustellen. In den nächsten Jahren weigerte sich der wütende Flamsteed, seinen noch unvollständigen Sternenkatalog zu veröffentlichen, der Seekapitänen zur Navigation dienen sollte. Doch 1712 wandte Newton – inzwischen Präsident der Royal Society – erneut eine List an, um an

---

4   Der englische Astronom Halley war der Erste, der erkannte, dass es sich bei den drei Kometen, die 1531, 1607 und 1682 beobachtet wurden, um das gleiche Objekt handelte. Es war immer dann sichtbar, wenn es nahe an der Sonne vorbeiflog. Der betreffende Komet wurde im 18. Jahrhundert nach Halley benannt.

Flamsteeds Daten zu kommen. Er druckte 400 Kopien von Flamsteeds Sternenkarten. Die meisten davon konnte Flamsteed zerstören. Sein eigener, vollständigerer Katalog wurde 1725, nach seinem Tod, von seiner Frau veröffentlicht.

51 Pegasi heißt so, weil er – geordnet nach astronomischen Koordinaten – der 51. Stern im Sternbild Pegasus ist. Der Planet, den das Schweizer Team 1995 entdeckte, wurde 51 Pegasi b genannt. Wenn in einer Umlaufbahn um den Stern ein weiterer Planet entdeckt würde, hieße er 51 Pegasi c – und so weiter. Das Suffix a ist für den Stern reserviert.

Wackelnde Sterne

51 Pegasi b wurde mithilfe einer Technik entdeckt, die als Radialgeschwindigkeitsmethode bezeichnet wird. Alle Objekte in unserem Universum ziehen sich gegenseitig durch ihre Schwerkraft an. Es liegt an der Schwerkraft der Erde, dass der Mond auf seiner Umlaufbahn um sie bleibt. Aber die Schwerkraft des Mondes hat umgekehrt auch einen Einfluss auf die Bewegung und Form der Erde und ist verantwortlich für die Gezeiten.

Die Sonne ist gegenüber den Planeten nicht in einem Ruhezustand. Die Anziehungskraft der Planeten beeinflusst auch die Sonne und führt dazu, dass diese im Raum »wackelt«. Die Sonne und die Planeten drehen sich in Wirklichkeit um den Massenmittelpunkt, das Baryzentrum des Sonnensystems. Weil der Jupiter so massereich ist, ist er verantwortlich für einen Großteil des Wackelns der Sonne. Aber alle Planeten haben einen gewissen Einfluss auf die Sonne, was dazu führt, dass sie eine komplexe, aber voraussagbare Spiralbewegung macht. Das Baryzentrum des Sonnensystems liegt zwischen einem und zwei Sonnenradien außerhalb der Sonnenmitte. Als Analogie dazu kann man sich einen Diskuswerfer vorstellen, der sich mit einem Diskus auf Armeslänge um die eigene Achse dreht. Sowohl der Werfer als auch der Diskus drehen sich dabei um den Massenmittelpunkt.

Um bei einem weit entfernten Stern mit Planeten solche Wackelbewegungen nachzuweisen, gibt es zwei mögliche Methoden: Man misst entweder eine Veränderung seiner Position oder eine Veränderung seiner Geschwindigkeit.

Man könnte versuchen, direkt zu sehen, wie der Stern seine Position verändert, während er von seinen Planeten in die eine oder andere Richtung gezogen wird. Doch eine Behauptung aus dem Jahr 1985, man habe mit dieser Methode einen Planeten in einer Umlaufbahn um Barnards Pfeilstern entdeckt, konnte nicht bestätigt werden.

Sogar mit unserer heutigen Technologie wäre dies eine sehr schwierige Aufgabe. Aber mithilfe neuer Weltraumteleskope wird es wohl in den nächsten Jahren möglich werden.

Wie aber verhält es sich mit der sich verändernden Geschwindigkeit, während der Stern vor- und zurückwackelt? Wie groß sind diese Bewegungen, und was können wir aus ihnen schließen? Die Sonne dreht sich mit einer Geschwindigkeit von etwa 30 Stundenkilometern (oder 8 Metern pro Sekunde) um das Baryzentrum des Sonnensystems. Der Großteil dieser Bewegung wird durch den Jupiter verursacht, der zehn Jahre braucht, um die Sonne zu umrunden. Die Sonne benötigt ebenso lange, um das Baryzentrum zu umrunden, wie der Jupiter für eine Umrundung der Sonne. Wenn wir uns nun von Weitem die Sonne ansehen und dabei aus dem richtigen Winkel heraus ihre Geschwindigkeit messen würden, fänden wir heraus, dass sie während fünf Jahren auf uns zukommt und sich während fünf weiteren Jahren von uns wegbewegt.

Können wir tatsächlich die Bewegung eines fernen Sterns mit einer Genauigkeit bestimmen, die diesen Werten nur ansatzweise nahekommt? Die Antwort ist ja. Erreicht wird diese Genauigkeit, indem man über eine längere Zeit präzise das Spektrum des Sternenlichts misst.

Vielleicht sind Sie vertraut mit dem Doppler-Effekt, der bei Geräuschen auftritt. Darunter versteht man eine Veränderung der Tonhöhe oder Frequenz eines sich bewegenden Objekts, zum Beispiel eines vorbeifahrenden Motorrads. Ein Ton ist eine Störung in der Luft, eine Welle, die sich nach außen in alle Richtungen fortsetzt. Wenn die Quelle eines Tons sich auf uns zu bewegt, werden die Wellen leicht zusammengedrückt und haben dadurch eine höhere Frequenz. Wenn die Tonquelle sich von uns wegbewegt, werden die Wellen in die Länge gezogen und haben eine tiefere Frequenz.

Das gleiche Prinzip gilt auch für Licht, da wir es ebenfalls als Welle betrachten können. Das Licht einer sich schnell bewegenden Lichtquelle wird eine andere Wellenlänge oder Farbe haben. Wir können diese Farbveränderung nicht von Auge wahrnehmen, weil sie sehr klein ist. Aber mit einem speziellen Instrument, einem Spektrographen, kann man solch winzige Farbveränderungen messen. Diese Methode der Suche nach Planeten heißt Radialgeschwindigkeitsmethode, weil wir nur jene Komponente der Geschwindigkeit eines Sterns messen können, mit der er sich auf uns zu und von uns weg bewegt – die sogenannte *Radialgeschwindigkeit.*

In den 80er-Jahren starteten die kanadischen Astronomen Bruce Campbell und Gordon Walker eine ernsthafte Suche nach Planeten um andere Sterne. Sie machten während sechs Jahren wiederholte Messungen der Spektren von 20 der hellsten nahen Sterne, um deren Bewegungen festzustellen. Sie erwarteten allerdings nicht wirklich, dabei etwas zu entdecken. Mit der Sensibilität ihrer Instrumente hätten sie nicht einmal die Existenz von Jupiter ermittelt, wenn sie aus der Ferne auf unser Sonnensystem geschaut hätten.

Dennoch entdeckten sie überraschenderweise eine Wackelbewegung des Sterns *Gamma Cephei A.* 1988 veröffentlichten sie ihre Resultate, die auf einen Planten von 1,7 Jupitermassen und einer Umlaufzeit von 2,7 Jahren hinwiesen. Allerdings veröffentlichten die gleichen Autoren nur vier Jahre später eine Folgestudie, die zum Schluss kam, dass die Daten für einen zweifelsfreien Nachweis nicht ausreichten. Eine erneute, von der ersten unabhängige Messung bestätigte allerdings 2003 die Anwesenheit eines Planeten von 1,7 Jupitermassen mit einer Umlaufzeit von 2,5 Jahren! Zumindest zeigt diese Episode, wie aufrichtig in der wissenschaftlichen Literatur üblicherweise vorgegangen wird.

Die erste eindeutige Entdeckung eines Objektes von Planetenmasse, das einen anderen Stern umrundet, wurde 1995 bekannt gegeben. Die Schweizer Forscher Mayor und Queloz verwendeten einen speziell dafür gebauten Spektrographen, um die Bewegungen von Sternen präzise messen zu können. Das Gerät konnte auf Lichtjahre Entfernung sehen, wie ein Stern sich mit der Geschwindigkeit eines rennenden Menschen bewegt. Sie stellten fest, dass die Radialgeschwindigkeit des Sterns *51 Pegasi* während einer Periode von jeweils 101 Stunden um den überraschend hohen Wert von 50 Metern pro Sekunde ansteigt und abfällt.

Aus dieser Information können wir vieles ableiten: Sie gibt uns Auskunft darüber, dass *51 Pegasi* von einem Planeten umkreist wird, und dass dieser für eine Umrundung lediglich 101 Stunden benötigt – sein »Jahr« ist also gerade einmal 4,2 Erdtage lang. Aus der Tatsache, dass die Bewegung des Sterns sich sehr regelmäßig ändert, können wir ableiten, dass der Planet sich auf einer kreisförmigen Umlaufbahn befindet. Ein Planet auf einer elliptischen Umlaufbahn würde dazu führen, dass sich im Lauf der Zeit die Geschwindigkeit des Sterns auf eine etwas andere Art verändert. Mithilfe der Umlaufzeit können wir errechnen, wie weit der Planet von seinem Stern entfernt ist. Dies geschieht durch die Anwendung des Keplerschen Gesetzes, welches die Umlaufzeit mit der Distanz zum Stern in Verbindung bringt. Die überraschende Antwort ist, dass dieser Planet zehnmal näher an seinem Stern ist als Merkur an unserer Sonne. Zu guter Letzt kann die Geschwindigkeit, mit welcher der Stern sich bewegt, dazu verwendet werden, die Masse des Planeten zu schätzen. Die Daten lassen eine minimale Masse von 0,5 Jupitermassen vermuten.[5]

Diese Resultate wurden noch im gleichen Jahr vom US-amerikanischen Team um Geoff Marcy und Paul Butler bestätigt, welches im Rennen um die erste Entdeckung nur wenige Monate hinter den Schweizern lag. Die Entdeckung war sowohl unglaublich als auch ziemlich schockierend. Unglaublich, weil sie endlich bestätigte, dass es Planeten in Umlaufbahnen um andere Sterne gibt. Schockierend, weil Astronomen nicht damit gerechnet hatten, dass es solch große Planeten auf einer Umlaufbahn so nah am Heimatstern gibt. In dieser Distanz zu seinem Stern müsste der Planet eine Oberflächentemperatur von über 1000 Grad Celsius aufweisen.

Die Radialgeschwindigkeitsmethode ist besonders gut geeignet, um massereiche Planeten zu finden, die sich nah an ihren Sternen befinden, weil deren Anziehungskraft stärker ist. Sie kann außerdem dazu verwendet werden, das Vorhandensein mehrerer Planeten festzustellen. Allerdings ist sie weniger geeignet, um erdähnliche Planeten aufzuspüren, denn dazu müsste man Geschwindigkeiten von wenigen Zentimetern pro Sekunde messen. Dies ist nicht un-

---

5 Es lässt sich jeweils nur eine minimale Masse bestimmen, weil die Neigung der Umlaufbahn nicht bekannt ist. Die Berechnung beruht auch auf der Masse des Heimatsterns, welche mithilfe von Messungen der Luminosität und Temperatur der Sterns ermittelt werden kann.

möglich, aber schwierig. Es gibt bereits Pläne, Instrumente zu bauen, die dies bewerkstelligen können.

Woraus bestehen Exoplaneten?

Indem wir die Bewegungen von Sternen präzise messen, können wir bereits sehr viel über die Planeten erfahren, die sie umkreisen. Aber können wir noch mehr herausfinden? Denn diese Technik allein sagt nichts darüber aus, woraus diese Planeten bestehen. Sind sie aus Silikatgestein und Eisen wie unsere Erde? Oder bestehen sie aus Wasserstoff- und Heliumgasen so wie der Jupiter und der Saturn? Um zu bestimmen, woraus ein Planet besteht, müssen wir seinen Radius und seine Masse kennen. Denn daraus können wir seine Dichte ableiten, und die Dichte ist ein wichtiger Anhaltspunkt für seine Zusammensetzung. Ein Gesteinsplanet hätte eine höhere Dichte als ein Eisplanet, und ein Eisplanet hätte eine höhere Dichte als ein Gasplanet.

Aber wie können wir den Radius eines Planeten messen, der Lichtjahre von uns entfernt und zu klein ist, als dass unsere Teleskope ihn auflösen könnten? Der Kniff liegt darin, nach einem sogenannten *Transit* zu suchen. Dieses Phänomen beschreibt eine teilweise Verdunklung des beobachteten Sterns, die eintritt, wenn der Planet vor seinem Stern vorbeizieht. Wenn wir einen Stern aus dem exakt richtigen Winkel beobachten, können wir sehen, wie ein Planet auf seiner Umlaufbahn direkt vor dem Stern vorbeizieht. Dies würde für kurze Zeit einen Teil des Sternenlichts blockieren, und die Menge blockierten Lichts wäre proportional zur Größe des Planeten. Es verhält sich genau so, wie wenn wir einen Transit des Merkur oder der Venus vor unserer Sonne beobachten.

Wir erwarten, dass die Ausrichtung der Planetensysteme

um andere Sterne zufällig ist, so wie bei den protoplanetaren Scheiben, die wir beobachten können. Wenn alle Sterne erdähnliche Planeten hätten, und wenn die Neigungen ihrer Umlaufbahnen zufällig wären, dann würde die nötige Übereinstimmung für das Beobachten eines Transits etwa einmal in 200 Systemen eintreten. Obwohl also für eine einzige Entdeckung Hunderte von Sternen beobachtet werden müssen, gibt es in unserer Galaxie mehr als genug Sterne, die wir uns anschauen können. Mit der Transit-Methode können auch Planetensysteme mit mehreren Planeten aufgespürt werden, allerdings nur dann, wenn die Ausrichtung genau übereinstimmt. So liegt die Wahrscheinlichkeit, dass ein außerirdischer Beobachter an einem zufälligen Ort auf diese Weise sowohl die Erde als auch die Venus entdecken würde, bei etwa eins zu 2000.

Die Menge Licht, die während eines Transits von einem Planeten blockiert wird, verhält sich proportional zur Fläche des Planeten geteilt durch die Fläche des Sterns. Wenn ein weit entfernter Beobachter Zeuge davon würde, wie der Jupiter vor unserer Sonne vorbeizieht, würde dabei etwa ein Prozent des Sonnenlichts blockiert. Ein Durchgang der viel kleineren Erde würde die Helligkeit der Sonne nur um 0,008 Prozent verringern. Das ist ein sehr kleiner Unterschied. Es ist aber möglich, die Helligkeit eines Sterns in dieser Präzision zu messen.

Die vorübergehende Abnahme des Sternenlichts kann dazu dienen, auf die Größe des durchgehenden Planeten im Verhältnis zur Größe des Sterns zu schließen. Um dies in eine Kilometerangabe umzurechnen, müssen wir zuerst die effektive Größe des Heimatsterns kennen. Diese leiten wir aus Messungen der Luminosität und Temperatur des Sterns ab.

Die erste Entdeckung eines Exoplaneten mithilfe dieser Technik wurde im Jahr 2000 gemacht. Innerhalb eines Tages publizierten gleich zwei Teams ihre Resultate für einen

Planeten, der ebenfalls im Sternbild Pegasus zu finden war, *HD 209458 b*. Die Suche nach Exoplaneten ist ein aufregendes und hart umkämpftes Forschungsgebiet!

Das Licht des entsprechenden Heimatsterns erschien in den Beobachtungen während einiger Stunden um gerade einmal 1,7 Prozent gedämpft. Eine Woche später trat dieselbe Verdunkelung erneut ein, was auf einen umlaufenden Planeten mit einem leicht größeren Radius als der Jupiter schließen lässt. Zusätzliche Beobachtungen der Wackelbewegung des Sterns wiesen auf eine Masse hin, die etwa zwei Drittel der Masse des Jupiters betrug. Dies wiederum ließ Schlüsse auf die Dichte des Planeten zu und enthüllte, dass es tatsächlich ein Gasriese war, ähnlich wie der Jupiter.

Sterne als Lupen

Es gibt noch einige weitere ausgeklügelte Methoden, mit denen sich Exoplaneten aufspüren und charakterisieren lassen. Und es gibt eine Technik, mit der sogar Planeten entdeckt werden können, die nicht etwa um einen Stern kreisen, sondern einsam durch unsere Galaxie treiben.

Albert Einstein zeigte uns, wie sich der Raum um alles krümmt, was eine Masse hat. Dies bedeutet, dass ein massereiches Objekt eine ähnliche Wirkung haben kann wie eine riesige Lupe, indem es das Licht um sich herum krümmt und ein fernes Objekt verzerrt und erhellt. Der physikalische Hintergrund verhält sich zwar anders, aber die Analogie ist dennoch gut. Eine Lupe funktioniert, indem sie das Licht von einer größeren auf eine kleinere Fläche fokussiert. Das Licht krümmt sich durch die Refraktion im Glas selbst. Ein Gravitationsobjekt krümmt das Licht, weil das Licht dem sich krümmenden Raum um das Objekt herum folgt. So wird das Licht von einem Objekt im Hintergrund zum Beobachter hin fokussiert. Dieses Phänomen nennen wir den *Gravitationslinseneffekt*.

Stellen Sie sich vor, Sie schauen auf einen Stern am Nachthimmel. Während die Sterne in unserer Galaxie kreisen, wird hin und wieder einer der Sterne im Vordergrund zufällig genau vor einem weiter entfernt liegenden Stern vorbeiziehen. Das Licht des weiter entfernten Sterns wird dabei rund um den Stern im Vordergrund gekrümmt und auf uns fokussiert. Während der vordere Stern langsam vorbeizieht, wird der Stern im Hintergrund heller und verblasst dann wieder. Bei maximaler Vergrößerung kann der hintere Stern bis zu zehnmal heller sein als sonst. Bei Sternen, die viele Lichtjahre voneinander entfernt sind, kann eine solche Passage Stunden oder gar Tage dauern.

Wenn der Stern im Vordergrund Planeten hat, werden diese ebenfalls die Krümmung des Raumes beeinflussen und zu zusätzlichen Veränderungen in der Helligkeit des Sterns im Hintergrund führen. Aus diesen Daten allein ist es möglich, mehrere Planeten in Umlaufbahnen um den Stern im Vordergrund zu identifizieren und Schätzungen der Planetenmassen vorzunehmen.

Die ersten Erhebungen, die mit dieser Technik durchgeführt wurden, begannen 1995. Aber erst 2006 entdeckte man mit dieser Methode einen Exoplaneten. Inzwischen wurden mit der Gravitationslinsenmessung bereits mehrere Dutzend Planeten gefunden. Außerdem können mit dieser Technik sogar Planeten aufgespürt werden, die kleiner sind als unsere Erde.

Eines der verblüffendsten Resultate dieser Erhebungen war allerdings die Entdeckung von Planeten ohne Sterne. Wanderplaneten, die alleine durch unsere Galaxie treiben![6]

---

6 Nach der derzeitigen Definition der Internationalen Astronomischen Union handelt es sich bei diesen Objekten nicht um Plane-

Auch wenn nur ein paar wenige Kandidaten identifiziert wurden, hatte man eigentlich keinen Einzigen erwartet. Es ist zu vermuten, dass eine Vielzahl solch sternenloser Heimaten durchs All wandert. Man geht davon aus, dass sie einst Teil eines Sonnensystems waren, aber durch die Begegnung mit einem sehr nahe vorbeiziehenden anderen Stern herausgeschleudert wurden. Auf diesen Planeten gäbe es keine Nacht und keinen Tag, und keine Wärmequelle auf ihrer Oberfläche. Dennoch kann, wie wir später sehen werden, Leben vielleicht auf ihnen fortbestehen, tief unter ihren gefrorenen Oberflächen.

Tote Planeten

Es gibt noch andere Methoden, um Exoplaneten zu entdecken. Eine von ihnen verdient besondere Erwähnung, denn eigentlich wurden die ersten planetenähnlichen Objekte bereits 1990 vom polnischen Astronomen Aleksander Wolszczan aufgespürt. Er entdeckte mehrere Objekte von der Größe eines Planeten, die um einen toten Stern kreisen.

Wenn einem massereichen Stern der Treibstoff ausgeht und er aufhört zu leuchten, hindert nichts mehr die Gravitation daran, all sein Material in Richtung des Zentrums zu ziehen. Der Kern des Sterns kollabiert innerhalb von Sekunden. Die daraus resultierende Schockwelle verursacht eine spektakuläre Explosion – eine Supernova – und die äußeren Schichten des Sterns werden buchstäblich ins All hinausgeschleudert. Wenn der ursprüngliche Stern masse-

ten, da sie das erste Kriterium nicht erfüllen – sie befinden sich nicht auf einer Umlaufbahn um einen Stern. Allerdings gilt diese Definition formal nur für Planeten in unserem Sonnensystem. Es gibt bisher noch keine offizielle Definition für einen Exoplaneten.

reich genug war, kann der kollabierende Kern einen dichten Neutronenstern formen – oder gar ein schwarzes Loch.

Ein rotierender Neutronenstern, der ein starkes Magnetfeld hat, wird regelmäßige Signale in Form von Radiowellen aussenden, die von seinem intensiven Magnetfeld generiert und fokussiert werden. Der schmale Strahl aus Radiowellen saust über den Himmel wie der Lichtstrahl eines Leuchtturms, nur viel schneller – jede Sekunde oder gar Millisekunde, denn diese Überbleibsel von toten Sternen rotieren mit einer enormen Geschwindigkeit. Wenn wir auf der Bahn des Strahls liegen, können unsere Geräte diese pulsierenden Radiowellen wahrnehmen, weil der Strahl immer wieder an uns vorbeizieht.

Die Rotation eines solchen Neutronensterns – wir nennen ihn auch Pulsar – ist so gleichmäßig, dass das Intervall zwischen den Signalen so regelmäßig ist wie eine Atomuhr. Um Planeten zu finden, die um einen solchen Pulsar kreisen, wendet man dieselbe Technik an, die bereits zuvor beschrieben wurde. Umlaufende Planeten verursachen, dass der Pulsar nach vorne und hinten wackelt und dabei seine Distanz zur Erde ein wenig verändert. Dies verändert auch die Ankunftszeit der Signale, die wiederum mit hoher Präzision gemessen werden können. Die Position eines Pulsars kann bis auf erstaunliche 300 Meter genau bestimmt werden. Das ist präzise genug, um einen Zwergplaneten auf einer Umlaufbahn um den Pulsar aufzuspüren.

Wolszczan analysierte die gesammelten Daten des Pulsars *PSR 1257+12*, der 1000 Lichtjahre entfernt im Sternbild Jungfrau liegt. Dabei fand er Belege nicht nur für einen, sondern gleich für drei Planeten. Der kleinste von ihnen hatte gerade einmal die doppelte Masse unseres Mondes, der größte hatte die vierfache Masse der Erde.

Es ist ein Rätsel, wie diese Planeten dort hingekommen sind. Wenn ein massereicher Stern explodiert und seine äußeren Schichten abstößt, wird etwa die Hälfte seiner Masse ins All geschleudert. Alle Planeten auf einer Umlaufbahn um den Stern erfahren plötzlich eine schwächere Anziehungskraft. Was vom Stern übrig ist, ist nicht massereich genug, um diese Planeten in einer Umlaufbahn zu halten. Die Planeten würden sich im galaktischen Raum verlieren. Gäbe es auf einem dieser Planeten Leben, würde dieses eine so nahe Supernova-Explosion nicht überstehen. Aber es ist unwahrscheinlich, dass es auf solchen Planeten je Leben gab. Massereiche Sterne verbrauchen ihren Treibstoff viel schneller und leuchten weniger als 30 Millionen Jahre lang. Das ist zu kurz, als dass in dieser Zeit ein Planet bewohnbar werden und auf ihm Leben entstehen könnte.

Vielleicht sind die entdeckten Planeten aus dem Schutt der Supernova entstanden – eine kosmische Geburt neuer Strukturen aus den Überbleibseln. Der Pulsar liefert keine Energie, die einfaches Leben ermöglichen könnte. Die Oberflächentemperaturen dieser Planeten sind extrem tief und es kann dort keine Flüssigkeiten geben. Das ist der Grund, warum ich die Existenz von »toten« planetenähnlichen Objekten erwähnte.

Der derzeitige Stand

In den letzten Jahren wurde die exoplanetare Forschung durch technologische Fortschritte geradezu revolutioniert. Die Spektrographen hier auf der Erde haben eine Geschwindigkeitsauflösung von unter einem Meter pro Sekunde, was es möglich macht, erdähnliche Planeten zu finden und zu charakterisieren. Gravitationslinsenmessungen werden mit Weitfeldkameras durchgeführt, die Millionen von Sternen in unserer Galaxie beobachten können. Der größte Durchbruch bei der Suche nach Exoplaneten ist aber mithilfe von speziellen Teleskopen im Weltraum gelungen.

Die atmosphärische Verzerrung und die Lichtverschmutzung, die Astronomen auf der Erde plagen, haben zur Entwicklung spezialisierter Weltraumteleskope geführt. Diese können hochpräzise Messungen des Lichts von fernen Sternen durchführen, um Transite von Exoplaneten aufzuspüren. Die erste Mission dieser Art war *CoRoT* (*COnvection ROtation and planetary Transits* – Konvektion, Rotation und Planetendurchgänge) unter Führung der französischen und in Zusammenarbeit mit der europäischen Weltraumagentur (*European Space Agency* – *ESA*). Das Teleskop wurde 2006 ins All geschossen und sammelte Daten bis 2012, als ein Computer im Teleskop ein technisches Problem hatte und es dadurch unmöglich wurde, weitere Messungen vorzunehmen.

CoRoT konnte Variationen in der Sternenhelligkeit von bis zu 0,01 Prozent wahrnehmen. Das war genug, um Planeten aufzuspüren, die zweimal so groß sind wie die Erde. 2009 entdeckte das Teleskop den ersten Exoplaneten, der nicht aus Gas besteht. *COROT-7b* umkreist einen sonnenähnlichen Stern 489 Lichtjahre von der Erde entfernt. Die Daten des Transits gaben Aufschluss darüber, dass der Planet 1,6-Mal so groß ist wie die Erde. Zusätzliche Radialgeschwindigkeitsmessungen weisen darauf hin, dass seine Masse zwischen 2 und 8 Erdmassen liegt. Ein Planet von dieser Größe und Masse kann nur aus dichtem Gesteinsmaterial bestehen, ähnlich dem unserer Erde.

Aufgrund seiner Beobachtungsstrategie war CoRoT vor allem in der Lage, Planeten aufzuspüren, die sich nahe an ihrem Stern befinden. *COROT-7b* umläuft seinen Stern zwanzigmal näher als der Merkur unsere Sonne. In dieser Distanz müsste die Oberflächentemperatur des Planeten über 1000° Grad Celsius betragen. Das reicht aus, um die meisten

Gesteine zu schmelzen. Daher kann seine feuerflüssige Oberfläche weder Ozeane noch Leben beherbergen.

Das Kepler-Weltraumteleskop entdeckte 2011 einen Gesteinsplaneten, der etwa doppelt so groß ist wie die Erde und seinen Stern in einer ähnlichen Distanz umläuft. *Kepler-22b* war der erste bestätigte Exoplanet, der als »bewohnbar« angesehen wurde – eine Welt, die nicht so nahe an ihrem Stern liegt, dass Wasser durch Hitze verdampfen würde, und auch nicht so weit entfernt, dass Wasser durch Kälte gefrieren würde.

Die Kepler-Mission entdeckte Tausende von exoplanetaren Systemen. Das Teleskop wurde 2009 von der NASA ins All geschossen und war dazu entworfen worden, mittels der Transittechnik nach möglichen Kandidaten für Exoplaneten Ausschau zu halten. Mit seinem größeren Spiegel von 1,4 Metern und seinem riesigen Feld elektronischer Detektoren (eine 95-Megapixel-Kamera!) konnte es Helligkeitsvariationen von bis zu 0,003 Prozent erfassen. Es untersuchte mehrfach die Helligkeit von 150000 Sternen in den nördlichen Sternbildern Schwan (*Cygnus*), Leier (*Lyra*) und Drache (*Draco*).

Im Januar 2014 veröffentlichte das Team der Kepler-Mission eine Liste mit 2740 Kandidaten für Exoplaneten. Davon waren 1750 in etwa so groß wie die Erde (unter zwei Erdradien), 1457 waren ähnlich groß wie der Neptun (2 bis 6 Erdradien), 229 hatten in etwa die Größe des Jupiters (6 bis 15 Erdradien) und 102 waren Riesenplaneten (mehr als 15 Erdradien). Basierend auf Folgebeobachtungen mit Teleskopen auf der Erde handelt es sich bei 90 Prozent dieser Kandidaten tatsächlich um Exoplaneten.

Dank statistischer Daten wie diesen können wir eine Zahl für die gesamte Galaxie extrapolieren. Gegen Ende des Jahres 2013 schätzten Astronomen, dass es in unserer Galaxie bis zu 40 Milliarden Planeten von der Größe unserer Erde geben könnte, die auf einer Umlaufbahn in der *habitablen*, also bewohnbaren Zone liegen. Jeder von uns könnte eine eigene Welt ganz für sich allein haben.

Im April 2014 identifizierte das Weltraumteleskop Kepler den ersten Kandidaten für eine »zweite Erde« und bestätigte damit diese Vorhersagen. *Kepler-186f* ist ein Gesteinsplanet so groß wie die Erde, der in ähnlicher Entfernung zu seinem Stern liegt. Er umläuft einen Roten Zwerg, der etwa 500 Lichtjahre von uns entfernt ist. Nicht nur sind unsere Galaxie und unsere Sonne keineswegs außergewöhnlich, auch unsere Heimat, die Erde, ist nichts Besonderes.

Bizarre und schöne Welten

Hier einige Glanzlichter aus den Entdeckungen der vergangenen Jahre:[7]

- Der nächstgelegene uns bekannte habitable Exoplanet liegt nur 12 Lichtjahre entfernt. Der am weitesten entfernte Exoplanet wurde in der Andromeda-Galaxie entdeckt, 2,5 Millionen Lichtjahre entfernt.
- Es gibt Exoplaneten, die größer sind als der Jupiter, aber kleinere Planeten sind häufiger. Der kleinste Exoplanet, der bisher entdeckt wurde, hat etwa die Größe unseres Mondes.v. Chr.
- Planeten mit zwei Sonnen sind häufig; sie umlaufen entweder einen der binären Sterne sehr nahe oder liegen in einer Umlaufbahn um das gesamte binäre System.
- Es gibt Exoplaneten auf kreisförmigen Umlaufbahnen, doch viele haben exzentrische, elliptische Umlaufbahnen,

7 Die Webseite http://exoplanet.eu beherbergt eine Datenbank mit aktuellen Informationen zu allen Entdeckungen von Exoplaneten.

die sie in die habitable Zone hinein und wieder aus ihr heraus tragen.

- Viele Sterne haben mehr als einen Planeten; der derzeitige Rekord geht an *HD 10180*, der mindestens neun Planeten hat.
- Exoplaneten wurden auch in Umlaufbahnen um die größten Sterne gefunden, zum Beispiel um Pollux, der zehnmal die Masse unserer Sonne hat.[8]
- Exoplaneten wurden auch um Rote Zwerge gefunden, die kleinsten scheinenden Sterne. Wir werden später sehen, dass das Leben auf diesen Planeten ganz anders aussehen könnte als das Leben auf der Erde.
- Exoplaneten wurden um junge Sterne gefunden, die sich erst gerade gebildet haben. Aber Planeten wurden auch um uralte Sterne, die fast so alt wie das Universum sind, gefunden. Es fällt schwer, sich die Art und die Intelligenz einer Zivilisation vorzustellen, die auf einer solch uralten Welt vielleicht bereits vor langer Zeit entstanden ist.

Was haben wir erfahren? Die meisten Sterne, die wir sehen, haben Planeten, und deren Vielfalt geht über das hinaus, was wir in unserem Sonnensystem finden. Diese Entdeckungen sind vielleicht die ultimative Bestätigung des Kopernikanischen Prinzips, dass die Erde in diesem riesigen Universum keinen besonderen Platz einnimmt.

Das Potenzial für Leben anderswo in unserer Galaxie ist immens. Es würde mich ernsthaft überraschen, wenn die Erde der einzige Ort in unserem riesigen Universum ist, auf

---

8 In einer Episode von *Star Trek* aus dem Jahr 1967 besucht das Raumschiff *Enterprise* Pollux, wo die Mannschaft auf einem den Stern umlaufenden Planeten auf Außerirdische trifft. Der Drehbuchautor konnte nicht wissen, wie nah seine erfundene Geschichte später einmal der Realität kommen würde!

dem es Leben gibt. Aber bevor wir uns den Möglichkeiten und Eigenschaften außerirdischen Lebens zuwenden, das auf diesen fernen Welten existieren könnte, müssen wir erst einmal bestimmen, was das Leben überhaupt ist und wie es entstand.

Kapitel 2

WAS IST DAS LEBEN?

Angesichts der vielen Planeten, die dem Leben als mögliche Heimat dienen könnten, fragt man sich, wie Leben auf ihrer Oberfläche aussehen könnte. Einige dieser Welten werden unserer Erde ähnlich sein, aber die meisten sehen wohl ziemlich anders aus. Manche ihrer Sonnen sind klein, rot und blass, andere sind groß, hell und blau. Manche dieser Planeten haben keine Ozeane, andere kein Land – Wasserwelten mit einem einzigen, allumfassenden Meer. Manche haben zwei Sonnen, andere keine. Es gibt Planeten, auf deren einen Seite immer Nacht ist, auf der anderen immer Tag; andere Planeten drehen sich schnell und haben Tage, die nur wenige Stunden lang sind. Manche haben heftiges Wetter und extreme Klimaverhältnisse; andere haben weder Wolken noch Wind. Leben auf solchen Welten müsste in der Lage sein, sich unter ganz anderen Umständen zu entwickeln und zu gedeihen als auf unserer Erde.

Bevor wir aber weiter über diese Dinge nachdenken, sollten wir definieren, was Leben überhaupt ist, damit wir auch wissen, wonach wir suchen. Wir können dann besser abschätzen, wie Leben sich anpasst und entwickelt, und was manche der Eigenschaften außerirdischen Lebens sein könnten. Einfache Fragen sind manchmal am schwersten zu beantworten. Bei einem Planteten wie unserem, der von Leben erfüllt ist, würde man doch eine einfache Antwort auf die Frage »Was ist das Leben?« erwarten. Immerhin sehen wir überall um uns herum lebendige Dinge. Machen Sie eine Pause, legen Sie das Buch weg, und denken

Sie einen Moment darüber nach, wie Sie diese Frage beantworten würden.

Der Oxford English Dictionary definiert Leben als den *»Zustand, der Tiere und Pflanzen von anorganischen Stoffen unterscheidet, einschließlich der Fähigkeiten des Wachstums, der Reproduktion, der funktionellen Aktivität und ständigen Veränderung vor dem Tode«*. Dies ist eine schöne Summe an Eigenschaften, aber es ist keine präzise oder allumfassende Definition. Sie könnte zum Beispiel einschließen, dass ein brennendes Feuer am Leben ist, oder ausschließen, dass ein Organismus, der auf etwas anderem als Kohlenstoff basiert, lebendig ist.

Es gibt keine einfache Definition des Lebens. Die Antwort auf diese Frage hängt davon ab, wen man fragt: Ein Biologe, eine Chemikerin, ein Physiker und eine Philosophin werden je eine unterschiedliche Antwort haben.

Obwohl von den alten Griechen bis heute Wissenschaftler aller Disziplinen versucht haben, das Leben zu definieren, gibt es keinen Konsens. Keine der kurz gefassten Klassifikationen des Lebens umfasst alles, was wir sehen können, sei es mit unseren Augen oder mit einem Mikroskop. Der Grund dafür ist, dass es die eine Eigenschaft, die alles Lebendige einschließt und gleichzeitig alles ausschließt, was offensichtlich nicht lebendig ist, nicht gibt.

Der beste Weg, eine Antwort auf unsere Frage zu finden, ist, die Gemeinsamkeiten und Eigenschaften des Lebens auf der Erde zu untersuchen. Hier eine Liste von zehn gemeinsamen Merkmalen allen Lebens. Es gibt noch andere, aber meiner Meinung nach sind diese hier die wichtigsten:

- Leben ist eine organisierte Ansammlung von Molekülen.
- Leben basiert auf sechs Elementen und verwendet über ein Dutzend weitere in sehr kleinen Mengen.
- Leben benötigt Wasser.
- Leben basiert auf den immer gleichen Aminosäuren.

- Leben kann Energie aus seiner Umgebung metabolisieren.
- Leben wächst und entwickelt sich.
- Leben kann auf seine Umgebung reagieren.
- Leben enthält einen genetischen Code; eine Blaupause davon, was es sein wird und wie es funktioniert.
- Leben basiert auf der Zelle – einem Behälter, der seinen genetischen Code schützt und verbreitet.
- Leben kann sich reproduzieren.

Die meisten dieser Merkmale sind allem Leben auf der Erde gemeinsam, von den Bakterien zu den Bäumen und bis hin zu den Elefanten. Aber es gibt auch Ausnahmen. Zum Beispiel das Maultier, das Ergebnis aus der Paarung eines weiblichen Pferdes mit einem männlichen Esel. Die Mischung seiner Chromosomen macht es steril und es kann sich nicht vermehren. Maultiere haben 63 Chromosomen, eine Mischung aus den 64 des Pferdes und den 62 des Esels. Die unterschiedliche Struktur und Anzahl halten die Chromosomen üblicherweise davon ab, sich richtig zusammenzutun und erfolgreiche Embryos zu kreieren – daher sind Maultiere unfruchtbar. Aber obwohl ein Maultier sich nicht vermehren kann, würden wir es auf jeden Fall lebendig nennen. Es besteht aus Zellen, von denen viele dauernd Kopien herstellen – als Teil der natürlichen Abläufe in einem Tier. Und jede einzelne dieser Zellen besitzt eine Kopie des genetischen Codes, der bestimmt, was das Maultier sein könnte.[9]

Es gibt auch Dinge, die eindeutig nicht lebendig sind und dennoch einige dieser Bedingungen erfüllen. Ein Kristall ist

---

9 Ein Maultier kann sich dann vermehren, wenn es sich mit einem Esel oder einem Pferd paart – und 2003 klonten Wissenschaftler ein Maultier mithilfe seiner DNS; seine genetische »Bedienungsanleitung« ist also intakt.

eine organisierte Ansammlung von Molekülen, die wächst. Ein Feuer verwendet Sauerstoff zur Energiezufuhr, kann wachsen und vermehrt sich, indem es sich ausbreitet – und schließlich stirbt es. Aber wir würden dennoch weder Kristalle noch Feuer als lebendig bezeichnen. Sie sind nicht lebendiger als eine Pfütze Wasser, die bei Regen größer wird. Manch lebendige Dinge, Samen zum Beispiel oder Bakterien, können in ein Ruhestadium eintreten, wenn die Bedingungen ungünstig werden. Sind sie in dieser Zeit tot, weil sie nicht wachsen, keinen Stoffwechsel haben und nicht mit ihrer Umgebung interagieren?

Wir sollten nicht versuchen, uns anhand der aufgeführten Eigenschaften an eine allgemeine Definition des Lebens zu wagen. Ich gehe nicht davon aus, dass außerirdisches Leben alle aufgezählten Merkmale des Lebens auf der Erde teilt. Es ist möglich, dass das Leben auf Exoplaneten einen evolutionären Weg eingeschlagen hat, der sich sehr von dem auf der Erde unterscheidet. Außerirdisches Leben könnte sich anderer Flüssigkeiten als Wasser und anderer struktureller Elemente als Kohlenstoff bedienen.

Meine eigene, kurze Definition des Lebens ist: »Jegliche molekulare Struktur, die fähig ist, die Information und den Mechanismus in sich zu tragen, die zur Reproduktion nötig sind.« Diese Definition dürfte sich auch auf außerirdisches Leben anwenden lassen. Immerhin kennen wir in unserem Universum nichts anderes, aus dem Leben bestehen könnte, als Atome und Moleküle.

Ein Tier in all seiner Komplexität ist das Produkt zahlloser Generationen weniger komplexer Lebewesen. Bevor in der Geschichte der Evolution Tiere in Erscheinung traten, war die Erde voller Leben in einfacherer Form – Einzeller wie zum Beispiel Bakterien. Wir sind eines der evolutionären Ergebnisse dieser Entwicklung, und später in diesem Buch werden wir uns auf die Suche nach unseren möglichen ersten Vorfahren machen. Nun aber ist ein guter Zeitpunkt, uns mit einem einfachen Beispiel des Lebens zu beschäftigen und es auf seine wichtigsten Bestandteile und Funktionen zu reduzieren.

Die grundlegenden Eigenschaften eines einfachen Lebewesens

Bakterien erfüllen alle oben genannten Kriterien des Lebens, und sie sind die kleinsten und einfachsten Lebewesen auf der Erde. Bakterien gibt es überall – in Steinen, im Regenwasser, in den Ozeanen, in heißen vulkanischen Quellen und sogar tief unter der Erde. In einem Gramm Dreck oder einem Tropfen Wasser aus dem Ozean können wir mehrere Millionen von ihnen finden. Ihre Biomasse übersteigt jene der Pflanzen und Tiere zusammengenommen. Bakterien leben seit über drei Milliarden Jahren auf der Erde und können als der erfolgreichste Zweig des Lebens auf unserem Planeten angesehen werden.

Bakterien spielen eine wichtige Rolle im Lebenszyklus aller Lebewesen, und alle Tiere sind auf sie angewiesen. Ein bis zwei Kilo Ihres Körpers bestehen aus Bakterien, die den Weg in Sie hinein gefunden und sich multipliziert haben. Denken Sie nicht einmal daran, sie loszuwerden – wir können ohne sie nicht leben. Wir haben eine freundschaftliche und symbiotische Beziehung zu den meisten Bakterien in unserem Körper. Sie helfen uns, gesund zu bleiben, und sie spalten auf, was wir essen. Ihre Existenz ist aber ebenso von unserem Körper abhängig, und wenn wir sterben, fressen sie uns. Pflanzen sind auch auf Bakterien angewiesen, vor allem als Quelle für Stickstoff. Diese Symbiose von komplexen Lebewesen und Bakterien hat schon immer bestanden. Und obwohl es viele Bakterien gibt, deren Überleben von Tieren und Pflanzen abhängt, gibt es auch viele, die gut ohne andere Lebensformen überleben können.

Bakterien, Hefe, Algen, Gras, Bäume, Insekten und Menschen haben alle eine Gemeinsamkeit: Ihre Struktur basiert auf der Zelle. Alle lebendigen Dinge, die wir um uns herum sehen, bestehen aus einer enormen Anzahl Zellen.

Bakterien sind Einzeller und zu klein, als dass wir sie mit bloßem Auge sehen könnten. Ihre Größe reicht von 0,001 bis zu 0,7 Millimetern Durchmesser. Die kleinsten von ihnen sind zehnmal kleiner als ein Körnchen Talkumpuder. Es gibt eine untere Grenze für ihre Größe, denn eine Zelle muss groß genug sein, um alle Moleküle zu enthalten, die sie benötigt. Einfache Moleküle sind etwa einen Millionstel Millimeter groß. Das ist tausendmal kleiner als das kleinste Bakterium – was bedeutet, dass sogar die kleinste Zelle Hunderte Milliarden von Molekülen enthalten kann.

Nehmen wir, nur so zum Spaß, eine typische Bakteriengröße von 0,01 Millimetern. Man nimmt an, dass es auf der Erde etwa 10^{30} Bakterien gibt. Wenn sie diese nun alle aneinanderreihen würden, wäre die so entstandene Reihe eine Milliarde Lichtjahre lang. Sie reicht bis zu unserer Nachbargalaxie Andromeda und zurück – und das tausendmal!

Aber was ist nun mit diesem wichtigsten Aspekt eines Lebewesens, der Fähigkeit zur Reproduktion?

Jede Zelle eines jeden Lebewesens enthält die Anweisungen und die molekulare Maschinerie, die ihre inneren Funktionen kontrollieren und neue lebende Zellen konstruieren können – den genetischen Code. Die Komplexität eines Tieres, das aus ein paar Strängen genetischen Codes heranwächst, ist unglaublich. Es ist, als hätte man den Bauplan einer Stadt, würde ihn auf den Boden werfen und zusehen, wie sich ihre ganze Infrastruktur von selbst errichtet. Von der Kanalisation über Stromgeneratoren, medizinische

Versorgung und Abfallentsorgung bis hin zu Kommunikations- und Transportnetzen.

In einem Bakterium treiben das genetische Material und die anderen Moleküle, die es benötigt, frei in der mit Flüssigkeit gefüllten Zelle. Organismen mit dieser Art von Zellstruktur, ohne Zellkern oder innere Organisation, nennen wir *Prokaryoten*. Die einzelligen Bakterien gehören zu den Prokaryoten und sind eine der drei Domänen des Lebens. Eine weitere Domäne bilden die *Eukaryoten*. Ihre Zellen enthalten zusätzliche, von Membranen umschlossene Strukturen namens Mitochondrien, die spezielle Aufgaben ausführen, und sie enthalten einen Zellkern, in dem sich das genetische Material befindet. Eukaryotische Organismen können ein- oder mehrzellig sein. Alle Tiere und Insekten, Bäume und Pflanzen sind Eukaryoten. Zusätzlich zu diesen beiden Domänen des Lebens gibt es noch eine Dritte, die *Archaeen*, von denen ich später noch erzählen werde.

Eine einzelne bakterielle Zelle kann sich durch Zellteilung vermehren. Sie ist darin auch sehr effizient. Das Bakterium *Escherichia coli* (abgekürzt als *E.coli*) lebt in den Därmen von Tieren und ist von der Wissenschaft eingehend studiert worden. Wenn genug Nährstoffe vorhanden sind, teilt sich *E.coli* in nur zwanzig Minuten in zwei neue Zellen. Zuerst wird der existierende genetische Code in zwei neue Teile kopiert. Diese werden dann getrennt und die Zellmembran formt eine Trennwand, welche bricht, um zwei neue Zellen zu formen. Dies ist der natürliche Prozess der Selbstreplikation. Zwanzig Minuten später können die beiden Bakterien wiederum je zwei neue bilden. Innerhalb von zwei Stunden gäbe es 64 Bakterien und nach vier Stunden 4096. Ein einzelnes *E.coli*-Bakterium kann im Laufe eines halben Tages eine Population erschaffen, die größer ist als jene der Menschen auf unserem Planeten!

Die Reproduktion und Konstruktion von Bakterien erfordern Material, Werkzeuge, Energie und einen sicheren Arbeitsbereich. All dies geschieht innerhalb der Zelle. Diese muss ein flüssiges Medium enthalten, in welchem Material vom einen Ort zum anderen transportiert werden kann. In einem Festkörper lassen sich Dinge nicht einfach bewegen, und in einem Gas sind die Abstände zu groß, als dass sich häufige Interaktionen ergeben könnten. Wasser ist eine gute Wahl, denn davon gibt es in unserer Galaxie und unserem Sonnensystem reichlich. Es kann auch aufgespalten werden, um freie Protonen und Elektronen zu schaffen, die dann in anderen chemischen Reaktionen verwendet werden können.

Die einfachste Form des Lebens ist ein durchlässiger Behälter, der Molekülen den Zugang von außen nach innen erlauben kann. Das mit Flüssigkeit gefüllte Innere ist der Arbeitsplatz und die Heimat des genetischen Codes, welcher die Anweisungen für die Funktion und die Reproduktion des Organismus enthält. Ein Organismus benötigt auch einen Mechanismus, der den genetischen Code liest und die Anweisungen ausführt. Eine Zelle ist eine kleine Fabrik, die dafür optimiert ist, Moleküle und Atome zu handhaben. Sie ist die kleinste funktionierende Lebensform.

Wie können wir Dinge sehen, die unser Auge nicht sehen kann?

Die mikroskopische Welt der Bakterien ist für unsere Augen so gut wie unsichtbar. Genauso, wie wir Teleskope brauchten, um die Milchstraße als das zu erkennen, was sie ist, wurde die Zellstruktur, auf welcher das Leben basiert, erst durch die Erfindung des Mikroskops entdeckt.

Im letzten Kapitel habe ich erörtert, wie die minimale Größe eines Objekts, welches ein menschliches Auge auflösen kann, durch das Phänomen der Beugung bestimmt wird. Je näher etwas ist, desto besser sehen wir es. Das ist einfache Geometrie. Wenn wir also etwas wirklich Kleines sehen wollen, wie zum Beispiel ein Bakterium, dann halten wir es so nah wie möglich an unser Auge. Die kleinste Distanz aus der wir noch gut auf ein Objekt fokussieren können, liegt bei etwa 20 Zentimetern. Aus dieser Distanz können wir Objekte von lediglich 0,1 Millimetern unterscheiden. Die meisten Bakterien sind zehn- bis hundertmal kleiner als das. Um sie zu studieren, brauchen wir daher ein Gerät, das sie vergrößert.

Das Teleskop und das Mikroskop gehören zu den bedeutendsten Erfindungen, welche die Menschheit je gemacht hat. Das Teleskop hat es uns erlaubt, das Universum zu beobachten und uns die Möglichkeit gegeben, unseren Platz in der Zeit und im Raum zu bestimmen. Das Mikroskop hat uns einen Einblick in die Funktionsweise des Lebens selbst ermöglicht. Bei beiden Instrumenten geht man davon aus, dass sie zu Beginn des 17. Jahrhunderts in den Niederlanden erfunden wurden. Es dauerte erstaunlich lange bis zu der simplen Entdeckung, dass zwei Glaslinsen zusammen gebraucht werden können, um ferne Dinge heller und klarer erscheinen zu lassen, und um kleine Dinge zu vergrößern.

Die erste uns bekannte Anleitung für die Glasherstellung wurde 650 v. Chr. geschrieben, und Lupen, die Feuer entfachen und kleine Dinge vergrößern können, waren den alten Griechen durchaus bekannt. Ein Teil des vergessenen Wissens der alten Griechen fand gegen Ende der geistigen Finsternis seinen Weg zurück ans Licht. Viele Kirchenleute prahlten in jener Zeit mit großen Entdeckungen. Kein Wunder – waren sie es doch, welche die Schriften der alten Griechen versteckt hatten und Zeit hatten, sie zu übersetzen und zu studieren.

Die älteste Erwähnung eines Glaslinsenpaares, das dazu

verwendet wurde, weitsichtigen Menschen das Lesen zu ermöglichen, stammt von italienischen Mönchen Ende des
13. Jahrhunderts. Es ist nicht bekannt, wer genau die Brille
erfunden hat, aber sie war schon bald darauf sehr gefragt.
Die Linsenherstellung nahm in Venedig und Florenz ihren
Anfang und verbreitete sich von dort nach Deutschland und
in die Niederlande.

Bis zu der zufälligen Entdeckung, dass ein fernes Objekt
viel besser zu erkennen ist, wenn man es durch zwei vor-
einander gehaltene Linsen betrachtet, dauerte es noch einmal 300 Jahre. Die vordere, konvexe Linse sammelt Licht aus
einem größeren Bereich, als wir mit dem Auge zu erfassen
vermögen, und lenkt dieses Licht auf eine zweite Linse, welche das Licht wiederum ins Auge lenkt. Gebraucht man auf
diese Weise zwei konvexe Linsen, wird ein weit entferntes
Objekt auf dem Kopf stehen. Doch ersetzt man die zweite
Linse durch eine konkave, ist das Bild richtig herum. Das ist
doch wirklich einfach, oder etwa nicht?

Es würde mich überraschen, wenn diese Anordnung
nicht bereits 200 Jahre früher bekannt war. Wie dem auch
sei, die Ehre, als Erster zwei Linsen genommen und sie sich
so vors Auge gehalten zu haben, gebührt dem niederländi-
schen Brillenmacher Hans Lippershey, so geschehen im
Jahr 1608. Es kursiert die Anekdote, dass es eigentlich seine
Kinder waren, die sich zwei Linsen in der Kombination
eines Teleskops vors Auge hielten. Außerdem gibt es Hinweise darauf, dass die Entdeckung gar nicht von Lippershey
gemacht wurde, sondern von Hans und Zacharias Janssen,
einem Vater-Sohn-Gespann, das im gleichen Ort ebenfalls
eine Brillenmanufaktur betrieb. Obwohl es damals weder
Telefon noch Internet gab, verbreiteten sich Neuigkeiten
schnell. Bereits im folgenden Jahr hatte Galileo von der
Erfindung gehört, sie verfeinert und damit angefangen, die
Planeten und Sterne zu beobachten.

Ein Mikroskop funktioniert gleich wie ein Teleskop. Der Unterschied liegt lediglich darin, wie weit man die beiden Linsen auseinanderhält. Die Erfindung des Teleskops war zugleich auch die Erfindung des Mikroskops. Antoni van Leeuwenhoek war ein anderer Niederländer, der sich ebenfalls für die Linsenherstellung interessierte. Er war ein Geheimniskrämer, der eine Methode zur Herstellung hochwertiger Linsen entwickelt hatte, seine Techniken aber nie preisgab. Manche der von ihm gebauten Mikroskope sind noch immer intakt und können Dinge bis zu 300-fach vergrößern. Van Leeuwenhoek veröffentlichte keine einzige wissenschaftliche Abhandlung, sondern teilte der britischen *Royal Society* seine Entdeckungen per Brief mit. 1672 war er der Erste, der beobachtete, dass der Grundbaustein des Lebens die Zelle ist. Dies begründete die wissenschaftliche Disziplin der Mikrobiologie.

Das Programm des Lebens

Um 1860 hatten Biologen die Grundlagen der Zelltheorie entdeckt: Zellen sind die elementaren Einheiten des Lebens und entstehen aus der Teilung älterer Zellen. Diese Entdeckungen waren möglich, weil inzwischen stärkere Mikroskope gebaut worden waren, die die innere Struktur einer Zelle sichtbar machen konnten. Etwa zur gleichen Zeit veröffentlichte Darwin sein Buch *Über die Entstehung der Arten (On the Origin of Species)*, in dem er dafür plädierte, dass die Vielfalt der Arten durch natürliche Auslese entstanden sei. Wenig später folgte die Keimtheorie für Krankheiten.

Die Suche nach dem Mechanismus, durch den das Leben seine Erbanlagen weitergibt, begann im frühen 20. Jahrhundert. Das lange Molekül, welches unseren genetischen Code enthält, ist als *DNS (Desoxyribonukleinsäure)* bekannt.

Es wurde bereits 1869 von dem Schweizer Arzt Friedrich Miescher in Zellkernen beobachtet. Seine Funktion war zu jener Zeit aber noch ein Rätsel. Die beeindruckende Struktur des DNS-Moleküls wurde 1952 von der englischen Biophysikerin Rosalind Franklin enthüllt.

Franklin machte mithilfe einer neuen Technik Aufnahmen der DNS und erkannte so ihre Doppelstrang-Struktur. Ohne Franklins Einwilligung zeigte ein Forscherkollege ihre Bilder James Watson und Francis Crick, die ebenfalls damit beschäftigt waren, die Beschaffenheit der DNS zu untersuchen. Watson und Crick bedienten sich der Resultate von Franklin für ihre Abhandlung *Die molekulare Struktur von Nukleinsäuren (Molecular Structure of Nucleic Acids)* von 1953. Obwohl Franklins Arbeit in der gleichen Ausgabe einer wissenschaftlichen Zeitschrift veröffentlicht wurde, wurden Watson und Crick für die Entdeckung berühmt.

Erst Jahre später räumten Watson und Crick ein, dass Franklins Arbeiten ihre Resultate überhaupt erst ermöglicht hatten. Einen Teil des Verdienstes für ihre Entdeckung schrieben sie außerdem dem Buch *Was ist Leben? Die lebende Zelle mit den Augen des Physikers betrachtet (What is life?)* zu, das der theoretische Physiker Erwin Schrödinger 1944 veröffentlicht hatte. Schrödinger, einer der Hauptverantwortlichen für die Theorie der Quantenmechanik, beginnt sein Buch mit einer ausführlichen Entschuldigung dafür, dass er über ein Thema außerhalb seines eigentlichen Forschungsgebietes schreibe. Aber er argumentiert, dass Wissenschaftler sich manchmal aus ihrer eigenen Behaglichkeitszone herauswagen sollten, und dass ein umfassendes Verständnis nur dann möglich sei, wenn Wissenschaftler aus verschiedenen Disziplinen zusammenarbeiten.

Er fährt fort, indem er den von ihm so genannten »aperiodischen Kristall« als Schlüssel zum Leben bezeichnet. Mit »aperiodisch« meint er eine molekulare Struktur, die weder zufällig noch repetitiv ist. Er argumentiert, dass ein langes Molekül, welches aus einer variierenden Anordnung einiger weniger Arten von Atomen besteht, eine große Menge an Information enthalten könnte. In etwa so, wie wir aus einem kurzen Buchstabenalphabet Zehntausende von sinnvollen Wörtern formen können.

Es war Schrödingers Beitrag zu unserem Verständnis von der Natur des Lebens, der das Thema in einen größeren Kontext stellte. Bereits 1927 hatte der russische Biologe Nikolai Koltsov vermutet, dass Eigenschaften über ein »riesiges Vererbungsmolekül« weitergegeben werden. Er vermutete eine Struktur, die aus zwei einander spiegelnden Strängen besteht und sich vervielfältigt, indem sie jeden der beiden Stränge als Vorlage für einen jeweils neuen nutzt. Die Vorstellungen von Koltsov und Schrödinger erwiesen sich als korrekt.

Die DNS ist eine der Nukleinsäuren, jener Moleküle in der Zelle, welche Informationen enthalten (die andere Nukleinsäure ist die *Ribonukleinsäure*). Sie findet sich in jeder lebenden Zelle, vom Bakterium bis hin zu den zahlreichen Zellen in unserem Körper. Das lange DNS-Molekül entspricht der Software auf unseren Computern; es enthält einen Code, der bestimmt, was zu tun ist und wann es zu tun ist, wer wir sein werden und wie wir aussehen werden. Es ist der einzige Bestandteil von uns, den unsere Kinder erben und behalten werden – ob sie es nun wollen oder nicht!

Durch Mutationen und die sich daraus ergebende natürlich Auslese verändert sich die DNS und beschreitet neue Wege und Richtungen. Aber wie viele dieser Möglichkeiten hat das Leben auf der Erde ausgeschöpft, und was ist grundsätzlich möglich? Könnte sich eine Lebensform entwickeln, die uns weit überlegene Sinne und Fähigkeiten hat, zum Beispiel Gliedmaßen aus einer Titanlegierung? Um die möglichen Eigenschaften außerirdischen Lebens zu erkunden, müssen wir zuerst verstehen, wie das Leben auf der Erde seine Vielfalt erreicht hat.

Eine selbstreplizierende molekulare Maschine

Ein DNS-Molekül hat die Struktur einer Wendeltreppe. Die beiden Stützgeländer an den Seiten sind eine Abfolge von Phosphat- und Zuckermolekülen. Jede Treppenstufe besteht aus einem Basenpaar – entweder Adenin kombiniert mit Thymin oder Guanin kombiniert mit Cytosin. Diese vier Moleküle sind die »Buchstaben« des genetischen Codes. Gemeinsam mit ihrem jeweiligen Stück »Geländer« aus Zucker und Phosphat formt die Base ein Nukleotid.

Die aufgerollte DNS ist in jeder Zelle straff verpackt – wenn Sie die DNS einer einzigen Zelle Ihres Körpers entwirren würden, erhielten Sie einen Strang von etwa zwei Metern Länge! Und wenn Sie die DNS-Stränge Ihres gesamten Körpers entrollen und aneinanderreihen würden, könnten Sie damit über eine Million Mal die Erde umwickeln.

In unserem Körper vermehren sich verschiedene Arten von Zellen in unterschiedlicher Geschwindigkeit. Manche teilen sich andauernd, wie jene unserer Haare und Fingernägel und unseres Knochenmarks. Andere vollziehen mehrere Teilungsdurchgänge, hören dann aber auf (dazu gehören auch spezialisierte Zellen wie jene im Gehirn, in der Muskulatur und im Herzen). Manche Zellen hören auf, sich zu teilen, können aber wieder dazu angeregt werden, um eine Verletzung zu reparieren (zum Beispiel Hautzellen oder Leberzellen). Bei Zellen, die sich nicht dauernd teilen, geben chemische Stoffe wie die Hormone in unserem Körper den Anreiz für die Zellteilung.

Wenn die Zelle sich reproduziert, muss sie all diese Informationen an die Tochterzelle weitergeben. Daher muss sie zuerst eine Kopie ihrer DNS machen. Der Doppelstrang der DNS ist optimal dafür geeignet. Die Schönheit dieser Struktur liegt darin, dass sie sich in der Mitte öffnet und jede der Seiten als Muster oder Vorlage für die andere, fehlende Hälfte dienen kann. Das Resultat sind zwei identische Kopien des Originals, da die fehlenden Teile durch Nukleotide, die frei in der Zelle herumtreiben, ersetzt werden. Jede Seite der geteilten DNS kann eine Kopie herstellen, weil jedes Nukleotid sich nur mit einem bestimmten anderen verbinden kann, um ein Paar zu bilden. All diese Arbeit wird von Molekülen namens Enzymen verrichtet, und die Biomechanik dieses Prozesses ist wirklich beeindruckend.

Der genetische Code kann Milliarden von Nukleotiden lang sein, und pro Sekunde werden etwa 50 Nukleotide kopiert. Auf diese Weise würde das Kopieren einer so langen DNS ein Jahr dauern, aber die DNS kann sich an verschiedenen Stellen aufteilen und so von Hunderten geschäftigen Enzymkomplexen zugleich kopiert werden. Und während die beiden neuen Kopien entstehen, ist ein anderes Enzym damit beschäftigt, die neuen Stränge auf Fehler zu überprüfen!

Es gibt in keinem Lebewesen einen Mechanismus, der DNS aus dem Nichts erschaffen kann. Sie wird immer von einem bereits existierenden Stück kopiert. Diese Kopien können leicht fehlerhaft sein, was für die nächste Generation entweder gut oder schlecht ist. Wenn die entstandene neue Eigenschaft oder Fähigkeit nützlich ist, wird die neue Tochterzelle einen Vorteil gegenüber ihren Verwandten haben. Ist die Veränderung dagegen nachteilig, wird sie wahrscheinlich zur Ausrottung der Zelle führen. Auf diese Weise wird die DNS mit der Zeit komplexer, behält aber dennoch alle Aufzeichnungen ihrer Vergangenheit.

Dieser eher zufällige Weg der Entwicklung, Buchstaben

auf einer Leiter anzuordnen, hat zu der großen Vielfalt der Lebensformen auf der Erde geführt: 5416 Arten von Säugetieren, 10000 Arten von Vögeln, 30000 Arten von Fischen, eine Million verschiedene Insekten und Pflanzen – und zehn Millionen verschiedene Bakterien. Diese enorme Diversität ist aus der Kombination von nur 28 Molekülen entstanden. Organismen lassen sich zusammensetzen wie ein Lego-Bausteinset mit 28 verschiedenen Bausteinen: 20 Aminosäuren, um daraus Proteine zu bilden, fünf Nukleinbasen, zwei Zuckern und einem Phosphatmolekül für das Rückgrat der Nukleinsäuren. Aber was macht der Gencode eigentlich während der Lebensdauer eines Lebewesens?

Proteine und Aminosäuren

Die DNS enthält die Anleitungen für die Reproduktion und für den Bau von Proteinen, die der Organismus benötigt, um zu funktionieren. Proteine erfüllen eine Vielzahl von Aufgaben. Sie können als Gerüstsubstanzen für verschiedene Bereiche des Körpers dienen; sie können Substanzen wie Sauerstoff in unserem Blut transportieren; sie können unsere Muskeln dazu bringen, sich zusammenzuziehen und sie können als Hormone agieren, die chemische Boten zwischen den Zellen sind. Sie können in der Form von Antikörpern zum Schutz eines Organismus dienen und als Werkzeuge, zum Beispiel in einem Spinnennetz – oder als Waffen wie in Krallen.

Proteine sind große organische Moleküle mit Eigenschaften, die durch die Zusammensetzung von Aminosäuren in verschiedenen Sequenzen entstehen. Eine Aminosäure ist ein Molekül, das sowohl eine Aminogruppe ($-NH_2$) als auch eine Carboxygruppe ($-COOH$) enthält. Es gibt rund 500 uns bekannte Aminosäuren, aber das uns bekannte Leben basiert auf nur 20 von ihnen (einige seltene Fälle verwenden 22). Neun davon sind für den Menschen *essenziell*, weil unser Körper sie nicht herstellen kann und sie daher durch die Nahrung aufgenommen werden müssen.

Die Gestalt der Aminosäuren, aus denen die Proteine in Lebewesen bestehen, liefert uns einen Hinweis darauf, dass alles Leben auf einen einzigen gemeinsamen Vorfahren zurückgeht. Jede Aminosäure kann in zwei leicht unterschiedlichen Konfigurationen konstruiert sein. Diese sehen verschieden aus, haben aber die gleichen funktionalen Eigenschaften. Die Anordnung der Atome und Moleküle unterscheidet sich in ihrer Händigkeit (oder *Chiralität*). Die »linksdrehenden« und »rechtsdrehenden« Versionen sind Spiegelbilder voneinander. Es ist etwa so, als würde man seine rechte und linke Hand miteinander vergleichen – die Finger und der Daumen sind unterschiedlich angeordnet, und man könnte seine rechte nicht durch die linke Hand ersetzen. Aminosäuren, die nie Teil eines Lebewesens waren, können rechts- oder linksdrehend sein. Das Leben wiederum hätte sich für die eine oder die andere Variante entscheiden können, aber hat es sich einmal entschieden, muss es bei dieser Wahl bleiben – und Lebewesen verwenden fast ausschließlich linksdrehende Versionen.

Molekulare Fabriken

Die Anleitung zum Aufbau jedes Proteins ist in einem Segment des genetischen Codes enthalten, dem Gen. Wenn ein Protein benötigt wird, werden die relevanten Stellen der DNS gelesen und die passenden Aminosäuren identifiziert und kombiniert, um das Protein zu bilden. Diese Arbeit wird von verschiedenen Arten der *Ribonukleinsäure (RNS)* erledigt. Das RNS-Molekül ist dem der DNS ähnlich, aber einfacher. Es ist – im Gegensatz zur Doppelhelix der DNS – einsträngig und verwendet anstatt des Thymins die Base Uracil. Das ist der Grund, warum die 28 Lego-Bausteine des Lebens fünf Basenmoleküle und zwei Zucker enthalten, denn die RNS verwendet auch ein anderes Zuckermolekül als die DNS.

Ein einzelnes Gen wird von der Boten-RNS aus der DNS herauskopiert. Ein weiteres RNS-Molekül identifiziert daraufhin die nötigen Aminosäuren und ist beim Zusammensetzten des Proteins behilflich. Kontrolliert wird der gesamte Prozess von einem langen, komplizierten Molekül namens *Ribosom*, welches ebenfalls auf einer Form von RNS basiert.

Diese RNS klingt ziemlich wichtig, und das ist sie auch. Sie ist allen Lebewesen gemeinsam, und ich habe ihre Funktionen hier so detailliert beschrieben, weil ich später noch einmal auf sie zurückkommen werde. Die RNS-Maschinerie ist ebenfalls zur Selbstreplikation fähig und der wahrscheinlichste Kandidat für den Vorläufer des Lebens.

Für jede Nukleinbase der DNS steht ein Buchstabe (T für Thymin, A für Adenin, G für Guanin und C für Cytosin). Gruppen von drei Buchstaben formen ein Wort (ein Codon). Die Reihenfolge dieser drei Buchstaben definiert, welche Aminosäure als Nächstes zum Bau eines Proteins verwendet werden soll. Arrangiert man vier Buchstaben in Dreiergruppen, gibt es 64 mögliche Kombinationen. Zum Beispiel GGG, GGA, GGC, GGT, GAG und so weiter. Es gibt vier Möglichkeiten für jede Position, daher ist die Zahl der möglichen Kombinationen $4 \times 4 \times 4 = 64$. Dies bedeutet, dass der DNS-Code 64 verschiedene Aminosäuren darstellen könnte, viel mehr als die 20, die das Leben verwendet. Also gibt es Wiederholungen im Code, und unterschiedliche Buchstabenkombinationen können die gleiche Aminosäure beschreiben. Beispielsweise repräsentieren sowohl GGG als auch GGA die Aminosäure Glycin. Es gibt auch Buchstabensequenzen, die Dinge wie »hier mit dem Lesen beginnen« und »hier mit dem Lesen aufhören« bedeuten. Die Sequenz von Codonen (Wörtern), die benötigt wird, um ein komplettes Protein zu bauen, wird Gen genannt.

In den meisten Fällen bestimmen allein die ersten beiden Buchstaben des Codons die Aminosäure. Wenn zum Beispiel die ersten beiden Buchstaben CT sind, ist die Aminosäure immer Leucin, egal, wie der dritte Buchstabe lautet. Dies deutet darauf hin, dass der heutige genetische Code aus einer früheren Version entstand, die statt drei nur zwei Buchstaben pro Wort verwendete. Aus vier Buchstaben in Zweierkombinationen ließen sich nur 16 Worte formen. Also haben Lebewesen vielleicht früher einmal weniger Aminosäuren verwendet.

Unsere DNS enthält Anweisungen zum Bau von etwa 20000 verschiedenen Proteinen. Das längste menschliche Gen, das der Zusammensetzung eines Proteins gilt, ist die Bauanleitung für Dystrophin. Dieses Protein wird verwendet, um Muskelfasern mit den umgebenden Zellen zu verbinden. Es ist 2,2 Millionen Basenpaare lang und macht 0,7 Prozent des menschlichen Genoms aus. Eine Zelle benötigt etwa 16 Stunden, um dieses eine Gen zu transkribieren. Wenn dieses Gen fehlt oder nicht funktionsfähig ist, hat dies eine Krankheit zur Folge, die Muskeldystrophie.

Die nötige Information, um Proteine zu konstruieren, macht nur einen kleinen Teil des DNS-Strangs aus. Manche jener Sequenzen, die nicht der Kodierung von Proteinen dienen, befähigen unsere Zellen dazu, zu unterschiedlichen Zeiten verschiedene Mengen an Proteinen zu produzieren. So gibt es zum Beispiel Sequenzen, die der Zelle sagen, dass sie mit der Herstellung eines bestimmten Proteins beginnen soll, und wann sie damit aufhören soll. Der Zweck des restlichen Codes ist noch nicht genügend erforscht. Genetiker versuchen zurzeit herauszufinden, ob ein Großteil der übrigen DNS nützlich ist oder einfach nur Müll – ein Relikt inzwischen nutzloser Instruktionen, die im Laufe der Generationen überflüssig wurden. Ich gehe davon aus, dass es wohl ein bisschen von beidem ist.

Wie viel Code braucht ein Lebewesen?

Das 2003 beendete *Human Genome Project* war eine beeindruckende Zusammenarbeit von Forschern aus der ganzen Welt. Sein Ziel war, den gesamten genetischen Code eines Menschen zu lesen. Das Ergebnis ist eine Liste von Zeichen, gelesen von den Stufen der DNS, Molekül für Molekül. Die Liste ist über 3,2 Milliarden Zeichen (Basenpaare) lang. Dieses Buch enthält etwa 500 000 Zeichen, also würde ein Ausdruck der DNS-Buchstaben etwa 6000 Bücher dieser Größe füllen.

Die Anleitung zum Bau eines Tieres oder Baumes ist unglaublich komplex, weil die vielzelligen Organismen, die daraus entstehen, enorm kompliziert sind. Aber die Größe des Genoms gibt nicht zwingend einen Hinweis auf die Komplexität der daraus entstehenden Kreatur. Es gibt Pflanzen, deren genetischer Code über fünfzigmal länger ist als jener des Menschen. *Paris japonica* ist eine Blütenpflanze, die ein Genom von 150 Milliarden Basenpaaren aufweist. Der Großteil ihres Genoms scheint dabei keinen Zweck zu haben.

Doch was sind die genetischen Mindestanforderungen für einen einfachen Organismus?

Pelagibacter ubique, ein Organismus im Ozeanplankton, ist eines der häufigsten und kleinsten Bakterien auf unserem Planeten. Es ist nur rund einen halben Mikrometer groß – das ist etwa ein Hundertstel der Dicke eines Blatts Papier.

Pelagibacter ubique hat das kleinste bekannte Genom eines frei lebenden Organismus, 1389 Gene (1 308 759 Basenpaare), von denen 1354 dem Aufbau von Proteinen dienen. All seine essenziellen Funktionen sind kodiert, und es gibt keine Abschnitte mit Müll-DNS.

Pelagibacter ubique ist ein stark rationalisierter und effizienter Organismus. Seine DNS ist nicht viel länger als der minimale Satz an Instruktionen, den das Leben braucht. Es ist interessant, dass für einen erfolgreichen Organismus nicht unbedingt lange, komplizierte DNS-Moleküle vonnöten sind. Aber vielleicht könnte ein funktionierendes Genom sogar noch kleiner sein.

Mycoplasma genitalium ist ein parasitäres Bakterium und Träger des kleinsten bekannten Genoms. Es hat nur 480 proteinkodierende Gene (580 070 Basenpaare). Allerdings kann *Mycoplasma genitalium* nicht außerhalb der Körper von Tieren überleben. Studien haben gezeigt, dass 380 seiner Gene unentbehrlich sind. Wenn nur eines von ihnen entfernt wird, stirbt das Bakterium.

Die englische Schriftstellerin Mary Shelley schrieb ihren berühmten Roman *Frankenstein oder Der moderne Prometheus* 1818. Die Hauptfigur Victor Frankenstein baut eine lebende Kreatur aus alten Körperteilen. 2010 sind der amerikanische Biologe Craig Venter und seine Kollegen sogar noch weitergegangen. Statt Körperteilen nahmen sie nämlich einzelne Moleküle und konstruierten aus dem Nichts einen genetischen Code.

Um dies zu erreichen, wurde ein Computermodell eines funktionierenden Genoms mit einer Million Basenpaaren angefertigt. Dieses wurde als Bauplan genommen, um die DNS in einem Labor herzustellen. Dabei kam keine natürliche DNS zum Einsatz. Künstliche DNS wurde in eine lebende Hefezelle ohne genetisches Material eingebracht. Die Zelle wurde lebendig, versorgte sich selbst und replizierte sich. Das nächste Ziel des Forschungsteams ist nun, den Bauplan so weit zu reduzieren, dass man die minimale Anleitung findet, die es zum Leben braucht – und dieses Leben im Labor zu erschaffen. *Mycoplasma laboratorium* wurde bereits 2006 im Voraus patentiert!

Die kleinste organische Struktur, die einen genetischen Code in sich trägt, ist ein Virus. Viren finden sich in nahezu jedem Ökosystem der Erde. Es gibt sie in allen möglichen Formen und Größen – das kleinste hat nur einen Durchmesser von einem Hunderttausendstel Millimeter. Viren bestehen aus Strängen von genetischem Code, die von einer Proteinhülle geschützt werden. Sie sind keine Zellen und haben nicht das Werkzeug, Kopien von sich selbst zu machen. Viren haben nicht die Fähigkeit, sich selbst zu versorgen, und sie benötigen zur Replikation einen Wirtsorganismus.

Der Name Virus stammt vom lateinischen Wort für Gift. Tatsächlich fallen Viren in eine Wirtszelle ein und übernehmen die Kontrolle über sie, damit sie Kopien der Viren herstellt. Dies führt zur Zerstörung der Zelle. Obwohl wir Viren nicht besonders mögen, werden wir später sehen, dass wir ihnen vielleicht unsere Existenz verdanken. Viren erfüllen einige der grundlegenden Kriterien für Leben – sie entwickeln sich über natürliche Auslese und enthalten einen genetischen Code, aber sie haben weder die Werkzeuge noch den Arbeitsbereich, um sich selbst zu reproduzieren. Sie entsprechen daher nicht meiner persönlichen Definition eines Lebewesens.

Molekulare Batterien

In der Schule lernen wir alle, dass das Leben Energie benötigt, um zu funktionieren, und dass das Sonnenlicht einen Großteil dieser Energie liefert. Aber warum braucht Leben Energie, welche Form nimmt diese in unseren Körpern an – und gibt es andere Energiequellen als das Sonnenlicht? Die chemischen Reaktionen, die in einer Zelle vor sich gehen, damit sie funktioniert, werden Stoffwechsel (Metabolismus) genannt. Doch was sind die grundlegenden Energiebedürfnisse einer simplen Kreatur, und wie werden diese erfüllt?

Lebewesen funktionieren auf der molekularen Ebene – die meisten Vorgänge innerhalb einer Zelle haben mit dem Auf- oder Abbau von Molekülen zu tun, und dazu wird Energie benötigt. Organismen speichern Energie, indem sie unter Ausnützung einer externen Energiequelle molekulare Batterien zusammensetzen. Und sie können die gespeicherte Energie nutzen, indem sie diese Batterien zerlegen.

Alle lebenden Kreaturen – vom einfachsten Bakterium bis hin zum komplizierten menschlichen Körper – verwenden zur Speicherung von Energie ein kompliziertes organisches Molekül namens *Adenosintriphosphat (ATP)*. Jede ATP-Batterie besteht aus Kohlenstoff, Wasserstoff, Stickstoff, Sauerstoff und Phosphor ($C_{10}H_{16}N_5O_{13}P_3$). Jedes Phosphoratom verbindet sich mit drei Sauerstoffatomen zu einem Phosphatmolekül. Diese drei Phosphatgruppen verbinden sich wiederum mit einem Zuckermolekül und einem Adeninring. Wenn Energie benötigt wird, trennt ein Enzym die Verbindung zum äußeren Phosphatmolekül, welches freigesetzt wird.

Das abgetrennte Phosphatmolekül ist negativ geladen und hochreaktiv. Es kann neue chemische Reaktionen ermöglichen und dazu verwendet werden, negative Ladung zu konzentrieren. Diese Ladung ist die Energiequelle, die das Leben auf der mikroskopischen Ebene verwendet. Sie kann für eine Vielzahl von Aufgaben verwendet werden, zum Beispiel für den Aufbau neuer Moleküle, um Materialien über die Zellwände hinaus zu transportieren oder für die Muskelkontraktion und die Übertragung von Nervensignalen.

In einer bakteriellen Zelle – und auch in der Zelle eines Tieres – können Milliarden dieser winzigen Batterien vorhanden sein. Im Ganzen enthält unser Körper rund 200 Gramm an ATP-Batterien, welche in etwa die Energie einer einzelnen AA-Batterie liefern. Das klingt nicht gerade nach viel, und das ist es auch nicht. Diese 10^{23} Moleküle liefern gerade einmal genug Energie, um das Herz zehn Minuten lang anzutreiben.[10] Glücklicherweise können die ATP-Batterien wiederverwendet werden und werden nach Gebrauch innerhalb von Minuten neu aufgeladen, Tausende Male pro Tag.

Die Energie, die benötigt wird, um das ATP-Molekül wiederherzustellen, kann aus der Photosynthese gewonnen werden, aus Fermentation oder aus Atmung und der Aufspaltung komplexer Moleküle. In den meisten lebenden Organismen ist eine komplexe Sequenz chemischer Reaktionen, der sogenannte *Zitratzyklus*, für den Wiederaufbau der ATP-Moleküle verantwortlich, die sodann wiederverwendet werden können.

Photosynthetische Organismen können Zuckermoleküle bilden, indem sie dafür Kohlendioxid und Wasser verwenden. Das Sonnenlicht wird dazu genutzt, sechs Wassermoleküle in Wasserstoff und Sauerstoff aufzubrechen. Sauerstoff ist hochreaktiv, und die frei gewordenen Sauerstoff- und Wasserstoffatome verbinden sich mit sechs Kohlendioxidmolekülen zu einem Glukosemolekül ($C_6H_{12}O_6$), was sechs überzählige Sauerstoffatome zurücklässt. Zuckermoleküle können an einem anderen Ort aufgespalten werden, um Energie freizusetzen oder ATP-Moleküle neu zu binden.

Die meisten Tiere vollziehen die sogenannte *aerobe Atmung* – sie nehmen Nahrung zu sich, die Zellen von Orga-

---

10 Die mechanische Leistung des Herzens beträgt etwa zwei Watt, doch seine Effizienz liegt lediglich bei rund 10 Prozent.

nismen enthält, welche bereits Energie in Form von Zuckermolekülen gespeichert haben. Freie Sauerstoffmoleküle aus der Luft werden dabei genutzt, um ein einzelnes Zuckermolekül zu oxidieren. Es bricht auseinander, wobei als Nebenprodukte Wasser und Kohlendioxid produziert werden – sowie genug Energie, um 38 ATP-Moleküle wiederaufzuladen.

Manche photosynthetischen Organismen, so zum Beispiel Grüne Schwefelbakterien, verwenden als Reaktionsmittel keinen Sauerstoff. Tatsächlich sterben Grüne Schwefelbakterien, die anstelle von Sauerstoff Schwefel und Eisen verwenden, in der Gegenwart von Sauerstoff. Wir werden später auch auf Organismen treffen, die zur Energiegewinnung kein Sonnenlicht verwenden. Es gibt in der Tat eine Vielzahl möglicher Varianten des Stoffwechsels und der Verkettung molekularer Interaktionen, die stattfinden können, um dem Leben die nötige Energie zu liefern.

Die Zusammensetzung des Lebens

Ein einfaches Lebewesen wie beispielsweise ein *E.coli*-Bakterium ist eine einzelne Zelle, die aus 70 Prozent Wasser, 15 Prozent Proteinen, 7 Prozent Nukleinsäuren, 3 Prozent Kohlehydraten und 3 Prozent Lipiden besteht. Die übrigen zwei Prozent sind Moleküle wie Nukleotide und Mineralien. All dies ist hergestellt aus einer großen Zahl von Verbindungen, die auf folgenden Elementen basieren (wobei wir den flüssigen Wasseranteil ignorieren): 50 Prozent Kohlenstoff, 20 Prozent Sauerstoff, 14 Prozent Stickstoff, 8 Prozent Wasserstoff, 3 Prozent Phosphor, 1 Prozent Schwefel, 0,5 Prozent Magnesium, 0,5 Prozent Kalzium, 0,2 Prozent Eisen. Die restlichen 1,8 Prozent bestehen aus Spuren anderer Elemente, von denen viele lebenswichtig sind.

Kohlenstoff macht etwa die Hälfte der Trockenmasse einer Zelle aus, und über 95 Prozent eines jeden Lebewesens bestehen aus nur sechs Elementen. Eine komplexe eukaryotische Kreatur wie der Mensch besteht aus 100 Billionen Zellen, die je etwa 100 Billionen Atome enthalten. Viele dieser Atome spielen eine lebenswichtige Rolle. Andere (Elemente) dringen in winzigen Mengen in unseren Körper ein – über das, was wir essen und trinken. Unser Körper enthält etwa 0,0002 Gramm Gold, und man geht davon aus, das dieses keinen biologischen Zweck erfüllt. Wenn wir unseren Körper in seine chemischen Elemente auflösen würden, wäre er etwa 200 Euro wert. Der wertvollste Bestandteil ist das Kalium, welches pro Gramm etwa einen Euro kostet, und von dem ein durchschnittlicher Mensch etwa 150 Gramm im Körper hat.

Ein Lebewesen mag hauptsächlich auf sechs Elementen basieren, aber es benötigt winzige Mengen vieler anderer Elemente. Eisen ist zum Beispiel ein wichtiges Spurenelement, und Enzyme und Proteine, die Eisen enthalten, finden sich in fast allen lebenden Organismen. Wir haben etwa vier Gramm Eisen in unserem Körper, und ohne Eisenquelle würden wir sterben. Glücklicherweise ist Eisen auf der Erde sehr häufig – es ist im Wasser, in Steinen und in fast allen lebenden Organismen anzutreffen. Unter den Zehntausenden von Lebewesen, deren Stoffwechsel bisher untersucht wurde, hat man nur eines gefunden, das kein Eisen braucht. Und es ist ein fieses.

Borrelia burgdorferi ist ein krankheitserregendes Bakterium, welches die Lyme-Borreliose auslöst und zum Überleben kein Eisen benötigt. Sein genetischer Code enthält keine Anweisungen zum Bau gewisser wichtiger Enzyme, die Eisen enthalten. Der entsprechende Abschnitt seines Codes enthält eine Anleitung, stattdessen Mangan zu verwenden. Der Nachweis von Eisen in diesen Kreaturen ist nicht gelungen. Dies ist ziemlich problematisch für uns Menschen, denn einer unserer Selbstverteidigungsmechanismen gegen gefährliche Bakterien ist es, das Eisen in unserem eigenen Blut zu reduzieren. Dies verlangsamt das Wachstum der meisten gemeinen Bakterien, weil es ihnen einen der wichtigsten Rohstoffe entzieht, die sie für ihre Reproduktion benötigen.

Warum Kohlenstoff?

Das Leben muss auf Atomen und Molekülen basieren, denn es gibt nichts anderes, was zu dieser Komplexität führen könnte. 4,6 Prozent unseres Universums bestehen aus Atomen. Und obwohl wir die wahre Natur der restlichen 95,4 Prozent nicht kennen, wird davon ausgegangen, dass dunkle Materie und dunkle Energie nicht aus Partikeln bestehen, die sich verbinden können. Es ist daher eine realistische Annahme davon auszugehen, dass Leben anderswo in unserem Universum ebenfalls auf Atomen und Molekülen basieren würde. Aber müsste dieses Leben die gleichen Kombinationen von Atomen verwenden wie das Leben auf der Erde? Der wichtigste Baustein des hiesigen Lebens ist der Kohlenstoff. Er ist neben Wasser der häufigste Bestandteil in allen Lebewesen.

Die Chemie kennt heute über zehn Millionen organische Verbindungen. Ohne Zweifel gibt es in der Natur noch viele mehr, und die organische Chemie stellt künstlich fortlaufend neue her.

In einem Temperaturbereich, in welchem Wasser flüssig bleibt, ist Kohlenstoff das einzige Element, welches so viele verschiedene Verbindungen bilden kann. Und man geht davon aus, dass Wasser auf den meisten Planeten die häufigste Flüssigkeit ist.

Kohlenstoffatome haben sechs Elektronen, von denen

vier Verbindungen mit anderen Kohlenstoffatomen oder anderen Elementen eingehen können. Das Element, mit dem sich Kohlenstoff am häufigsten verbindet, ist Wasserstoff, und die Familie dieser Verbindungen wird als Kohlenwasserstoffe bezeichnet. Aber Stickstoff, Sauerstoff, Phosphor, Schwefel, Halogene und noch einige andere Arten von Atomen können auch angefügt werden, um Teile eines organischen Moleküls zu bilden.

Obwohl Kohlenstoff sich zu vielen Verbindungen zusammenfügen kann, tut er dies am leichtesten bei tiefen Temperaturen. Viele organische Verbindungen, einschließlich der Aminosäuren, spalten sich bei über 300 Grad Celsius auf und schmelzen. Dies beschränkt die Umgebungen, in welchen auf Kohlenstoff basierendes Leben existieren kann. Kohlenstoff kann auch sehr widerstandsfähige Materialien bilden, wie Diamanten, die erst bei 3500 Grad Celsius schmelzen. Allerdings benötigt man eine Menge Energie, um Kohlenstoffatome in die kristalline Struktur eines Diamanten zu pressen – mehr als eine molekulare Batterie wie ATP liefern könnte.

Hätte das Leben sich anders entwickeln können?

Das Leben hat viele verschiedene Pfade beschritten und dennoch in vielen Aspekten gemeinsame Mechanismen entwickelt, vom Stoffwechsel bis hin zur Reproduktion. Es gibt gute Gründe dafür, dass das Leben auf der Erde auf Kohlenstoff basiert – aber hat es auch wirklich alle Pfade beschritten, die möglich wären? Auf anderen Planeten könnten die Bedingungen nicht für auf Kohlenstoff basierendes Leben geeignet sein – gibt es also Alternativen?

Eine mögliche Alternative zu Kohlenstoff als wichtigstem Baustein für das Leben ist Silicium. Wie Kohlenstoff kann

Silicium vier stabile Verbindungen mit anderen Siliciumatomen oder anderen Elementen eingehen. Es kann in Verbindung mit Wasserstoffatomen lange chemische Ketten namens Silane bilden, die große Ähnlichkeiten mit den Kohlenwasserstoffen haben, die für das Leben auf der Erde unerlässlich sind. Silicium ist reaktionsfreudiger als Kohlenstoff, was es zum idealen Baustein für Leben in extrem kalten Umgebungen machen könnte.

In der Gegenwart von Sauerstoff entzünden sich Silane spontan. Daher wäre eine sauerstoffreiche Atmosphäre tödlich für alles auf Silicium basierende Leben. Aus dem gleichen Grunde sollte es auch nicht mit Wasser in Kontakt kommen. Der Sauerstoff würde die Siliciummoleküle zerstören. Jede Umgebung mit einem Potenzial für Leben, das auf Silicium basiert, müsste daher sehr kalt und frei von Sauerstoff und Wasser sein. Stattdessen bräuchte es ein anderes kompatibles Lösungsmittel, zum Beispiel flüssiges Methan. Wir werden später sehen, dass auf Titan, dem größten Mond des Saturns, genau solche Bedingungen herrschen. Gäbe es auf seiner Oberfläche Leben, so wären wir Menschen eindeutig nicht kompatibel mit diesen außerirdischen Lebensformen!

Später, wenn wir uns die Vielfalt der möglichen Lebenswelten in unserer Galaxie vor Augen führen, werden wir noch weiteren hypothetischen Varianten der Biochemie begegnen.

Der Zweck eines Lebewesens

Ein einzelnes Bakterium ist ungleich schwerer zu verstehen als unsere Sonne. Ich kann fünf Formeln niederschreiben, die den Lebensweg der Sonne ziemlich akkurat aufzeichnen. Diese Formeln können Auskunft über ihre Temperatur,

Luminosität und Farbe geben – und das für jeden Zeitpunkt ihrer Vergangenheit oder Zukunft. Wir können berechnen, wann die Sonne geboren wurde und wann sie sterben wird. Aber es gibt keine Formel, die ein Lebewesen beschreiben könnte, nicht einmal ein so kleines wie ein Bakterium.

Was ist also der Zweck eines solch komplexen Dings?

Das Leben hat ohne Sinn begonnen. Die ersten Organismen auf der Erde, die wir identifizieren können, waren Bakterien. Ein Bakterium ist eine autonome Maschine, die nicht denkt. Es tut, was es tut, weil es das tun kann. Es ist, was es ist: Eine hochentwickelte Ansammlung von Molekülen, die den Gesetzen der Physik und Chemie Folge leisten. Es hat keinen Grund zu leben und es macht ihm nichts aus, wenn es stirbt. Warum existiert es dann überhaupt, warum tut es, was es tut? Wir sind froh darum, denn seine Existenz führte zu unserer – nur: Warum?

Aus dem gleichen Grund, wie Regen aus Wolken fällt und Kristalle größer werden. Ein Bakterium vermehrt sich nicht, weil es ein Verlangen danach hat. Es kann nicht anders als das zu tun, was in seinem DNS-Programm steht. Und dieses Programm beginnt zu laufen, sobald eine neue Zelle geboren ist. Einem Bakterium ist es egal, ob es uns umbringt oder von uns umgebracht wird. Es ist das ultimative Beispiel einer selbstgesteuerten, autonomen Maschine.

Die fernen Vorfahren allen Lebens auf der Erde waren einzellige Organismen. Die enorme Vielfalt dessen, was wir um uns herum sehen, ist komplett aus einfachen Dingen entstanden. Komplexere Lebewesen wie Delfine und Menschen haben sich nicht aus einem bestimmten Grund entwickelt. Das Leben ist nichts als die Konsequenz einer bemerkenswerten Abfolge von molekularen Interaktionen. Das Leben hat nicht mehr Zweck oder Sinn als eine Schneeflocke.

Nichts befiehlt den Billionen von Wassermolekülen, die

eine Schneeflocke bilden, sich in solch schönen Mustern zu arrangieren. Sie tun es einfach, weil die Bedingungen dafür passend sind und es das ist, was Moleküle unter diesen Bedingungen tun. Der Unterschied zwischen dem Leben und einer Schneeflocke ist, dass die Schneeflocke keine Kopie von sich selbst machen kann. Eine Schneeflocke wird nie der natürlichen Auslese folgen und dadurch zu weiterer Komplexität gelangen.

Intelligentes Leben

Ab einem gewissen Punkt müssen wir zwischen intelligentem Leben mit einem Bewusstsein und einfachem Leben, welches nicht die Fähigkeit zum Denken hat, unterscheiden. Schließlich interessieren wir uns vor allem für jene Außerirdischen, mit denen wir auch kommunizieren können, und nicht für Welten, in denen die komplizierteste Lebensform einem Bakterium ähnlich ist.

Einzellige Strukturen wie ein Bakterium haben kein Nervensystem oder Gehirn. Sie haben kein Bewusstsein von der Welt, die jenseits ihrer direkten Umgebung liegt. Aber sie können ihre Umgebung wahrnehmen und ansteigende oder abfallende Konzentrationen von Nährstoffen oder Giften erkennen, und sie können sich zu diesen Konzentrationsgefällen hin oder von ihnen weg bewegen. *E.coli*-Bakterien können Unterschiede in mindestens zehn verschiedenen Umweltfaktoren wahrnehmen und auf sie reagieren; darunter zum Beispiel Temperatur, Säuregehalt, giftige Chemikalien, DNS-schädigende Stoffe, Mineralmengen, Energiequellen, Stoffwechselprodukte, Parasiten und chemische Signale von anderen Bakterien.

Bakterien sprechen auf Nährstoffe außerhalb der Zelle an, und manche reagieren auch auf Licht, eine Analogie zum Gesichtssinn. Ein bestimmter Bakterienstamm, der im Erdboden gefunden wurde, hat sogar einen Geruchssinn – diese Bakterien können Ammoniakmoleküle in der Luft erkennen und sich daraufhin zu einem schleimigen Biofilm organisieren, der ihnen das Überleben und die Massenfortbewegung ermöglicht.

Die meisten dieser bakteriellen Sinne sind kurzlebig – die Wahrnehmung hält nur für ein paar Sekunden an, denn es handelt sich um direkte chemische Reaktionen auf die Umgebung. Es sind zwar Sinne, die der Definition dieses Begriffes entsprechen, aber sie haben nur wenig mit den hochentwickelten Sinnen von Tieren zu tun, die über ein Gehirn als Kontrollzentrum verfügen, welches ihr Bewusstsein und ihre Erinnerungen enthält.

Die allermeisten der heutigen Tiere sind *Bilateria* (Zweiseiter) mit einer rechten und einer linken Seite, die jeweils ein akzeptables Spiegelbild der anderen Seite abgeben. Es wird angenommen, dass alle Bilateria von einem gemeinsamen, wurmähnlichen Vorfahren abstammen, der vor rund 550 Millionen Jahren lebte. Ihre Grundform ist eine Röhre mit einer Darmhöhle, die von Mund zum Anus verläuft, und einem Nervenstrang mit einer Vergrößerung (einem Ganglion) für jedes Körpersegment und einem besonders großen Ganglion an der Vorderseite – dem Gehirn.

Das Gehirn ist eine späte evolutionäre Entwicklung, aber als es einmal da war, lieferte es einen evolutionären Vorteil gegenüber jenen Lebensformen, die nicht zu Gedanken oder einem Gedächtnis fähig waren. Eine große, mehrzellige Kreatur braucht zum Leben nicht zwingend ein Gehirn. Aber als das Gehirn sich entwickelt hatte, wurde aus ihm schnell Nutzen gezogen, und es wurde über die Generationen hinweg optimiert.

Unsere Gehirne sind ausgeklügelte molekulare Computer, die fähig sind, die enorme Menge an Informationen, die sie aufnehmen, rasch zu verarbeiten und zu speichern. Sie sind mit ihrer physischen Umgebung durch mindestens zehn verschiedene Sinne verknüpft, und die Menge an Informationen, welche sie gleichzeitig verarbeiten können, ist schlicht überwältigend. Unser Gehirn speichert unsere Erinnerungen, trifft unsere Entscheidungen und ist der Sitz unseres Bewusstseins.

Aber was ist der Zweck unserer Körper und Gehirne? Warum haben sich unsere Zellen in dieser merkwürdigen, symmetrischen, menschlichen Anordnung organisiert? Der Grund ist ziemlich demütigend. Alle Lebensformen – wir Menschen eingeschlossen – sind autonome molekulare Maschinen, die über zahllose Generationen optimiert wurden, um das Überleben und die Verbreitung ihres genetischen Codes zu sichern. Der englische Evolutionsbiologe Richard Dawkins schrieb 1976 in seinem Buch *Das egoistische Gen (The Selfish Gene):* »*... wir sind alle Überlebensmaschinen ... Robotervehikel, die blind programmiert wurden, um die egoistischen Moleküle zu bewahren, die als Gene bekannt sind. Dies ist eine Wahrheit, die mich noch immer mit Staunen erfüllt.*«

Ein einzelner bakterienähnlicher Organismus würde ausreichen, um all dies in Gang zu setzen und alle Wesen, die heute auf der Erde leben, entstehen zu lassen. Der genetische Code ist das Herzstück allen Lebens. Wenn wir verstehen wollen, wie das Leben entstanden ist, müssen wir die möglichen Wege kennen, die zu seinem Auftauchen auf der Erde geführt haben. Aber wo kam dieser erste Strang genetischen Codes her? Wie begann das Leben auf unserem Planeten?

Kapitel 3

DER URSPRUNG DES LEBENS

Dass komplexes Leben mit Gehirnen sich aus einfachen, bakterienähnlichen Organismen entwickeln kann, ist ein zentraler Leitsatz der Evolutionsbiologie. Es gibt keinen Biologen, der behaupten würde, dass das Leben sich nicht weiterentwickelt hat und dass unsere fernen Vorfahren keine Fische waren. Oder dass Fische sich nicht aus noch einfacheren Organismen wie Algen entwickelt haben. Eine enorme Menge an Beweisen ist entdeckt worden, und jeder einzelne unterstützt diese allgemeine Annahme.

Die Theorie zur Evolution des Lebens hat in etwa den gleichen Stellenwert wie das Urknall-Modell für unser Universum. Alles, was wir über die kosmologische Geschichte herausgefunden haben, stimmt mit dem Bild überein, dass unser sichtbares Universum einst klein, dicht und heiß war. Als das Universum expandierte und sich abkühlte, konnten sich aufgrund der Anziehungskraft Sterne, Planeten und Galaxien bilden. Kein Astrophysiker oder Kosmologe wird sich gegen dieses Bild stellen – alle Hinweise stimmen mit dem Modell überein.

Ebenso wie das Urknall-Modell die Entwicklung unseres Universums nach seiner Entstehung beschreibt, beschreibt die Evolutionstheorie, wie die Komplexität des Lebens zunimmt, nachdem es aufgetreten ist. Keine der beiden Theorien ist also vollständig. Kosmologen wissen noch nicht, wie das Universum begann, und Biologen wissen noch nicht, wie das Leben begann. Sie werden sich nun denken, dass dies erhebliche Lücken für unser Verständnis sind – und Sie haben recht.

Unser Verständnis der Funktionsweise des Lebens und des Kosmos ist dank Generationen von Wissenschaftlern und frei denkenden Menschen beeindruckend. Wenn wir berücksichtigen, dass unser Gehirn nicht entstanden ist, um zu verstehen, woher wir kommen, sondern um unser Überleben zu sichern, haben wir bisher viel erreicht. Die unbeantworteten Fragen zu unserer Herkunft sind komplex, und wir sind noch weit davon entfernt, sie zu beantworten. Dies bedeutet aber nicht, dass das Urknall-Modell oder die Evolutionstheorie falsch sind. Sie beschreiben lange Zeiträume in der Geschichte des Lebens und des Universums absolut zutreffend. Ich würde sogar so weit gehen, sie nicht mehr als Theorien zu bezeichnen.

Das Fehlen eines allumfassenden Verständnisses ist das einzige Argument, welches den Kreationisten und Vertretern der Idee geblieben ist, dass das Universum und das Leben durch *intelligent design* entstanden sind, also von einem intelligenten Urheber geschaffen wurden. All dies kann ja schließlich nicht aus dem Nichts entstanden sein. Oder etwa doch?

Den Ursprung unseres Universums zu begreifen, ist aus verschiedenen Gründen schwierig. Unser Verständnis der Physik ist unvollständig – uns fehlt die Verbindung zwischen der Quantenmechanik und der Gravitation. Wir können das frühe Universum nicht beobachten und wir können die extremen Bedingungen, die in jener Zeit herrschten, nicht im Labor nachahmen.

Die Ausgangslage, um den Ursprung des Lebens zu verstehen, ist deutlich besser. Wir kennen die Physik, Mathematik und Chemie, welche die Funktionsweise von Molekülen erklären. Und wir können die Bedingungen, unter welchen das Leben begann, im Labor nachstellen. Eine Komplikation bei der Suche nach dem Ursprung des Lebens ist, dass es keine Überreste der Vorläufer des Lebens gibt. Die

Beobachtungsdaten sind unvollständig, ebenso wie sie es für die ersten Sekunden unseres Universums sind. Eine weitere Komplikation ist, dass es eine enorme Anzahl an möglichen Verbindungen und chemischen Reaktionen gibt, und dass wir nicht alle möglichen Pfade kennen, die das frühe Leben beschritten haben könnte. Wir wissen nicht einmal, wo das Leben entstanden ist – und unter welchen Bedingungen.

Es ist ein faszinierendes Thema. Zum Teil, weil es noch so viel zu verstehen gibt, aber auch, weil nichts darauf hindeutet, dass es unmöglich wäre, dieses Rätsel zu lösen.

Trotz aller Beweise fällt es manchen schwer sich vorzustellen, dass wir uns aus einem einfachen einzelligen Organismus entwickelt haben. Aber hat man einmal alle Belege gesichtet, ist dies die Darstellung, die man akzeptieren wird. Eine einfache prokaryotische Zelle enthält etwa 10^{10} Moleküle, ein Mensch etwa 10^{27}. Diese enorme Zunahme an Größe und Komplexität geschah durch Evolution und natürliche Auslese. Gibt es einen Grund, dass eine kleine Anzahl der Bausteine des Lebens nicht ebenso zu dieser ersten prokaryotischen Zelle hätte führen können?

Es gibt sicherlich kein Experiment und keine Naturgesetze, die besagen, dass dies nicht möglich ist.

Vom Staub zur DNS

Die *Abiogenese* beschreibt, wie das Leben aus natürlichen Prozessen entstehen könnte, wobei am Anfang einfache Verbindungen wie organische Moleküle stehen. Die Theorie vertritt die Vorstellung, dass Leben spontan aus nicht lebendigem Material entstehen kann. Für mich ist dies der einzige Weg hin zum Leben, der Sinn macht. Und er machte auch für den griechischen Wissenschaftler Anaximander Sinn –

vor über 2500 Jahren. Anaximander (ca. 610–547 v. Chr.) vertrat die Idee, dass das Leben ursprünglich im Wasser entstand und sich allmählich von einfachen zu komplizierteren Formen entwickelte. Ein Jahrhundert später mutmaßte Empedocles (ca. 492–432 v. Chr.), dass Kreaturen, die sich nicht genügend an ihre Umwelt anpassen können, zugrunde gehen – womit er die modernen Ideen der evolutionären Anpassung vorausnahm.

Aber nicht alle waren dieser Meinung. Aristoteles schrieb in seiner *Naturgeschichte der Tiere* ausführlich über die spontane Entstehung des Lebens aus anderem Leben. Er schrieb, dass lebendige Dinge aus anderen lebendigen Dingen hervorgehen, dass sich Belebtes aus Unbelebtem bilde und dass manches Leben spontan entstehen könnte. Dennoch brachte er einiges durcheinander, indem er versicherte, das Belebtes aus Unbelebtem entstehe, weil das nichtlebendige Material eine »vitale Wärme« enthalte – eine Seele.

Ach Aristoteles, ich wünschte, du hättest diese unsinnigen und unphysikalischen Gedanken nie zum Ausdruck gebracht! Jahrhunderte später wurde ein Teil dieses verworrenen Gedankenguts in ein ebenso verworrenes Buch über den Ursprung des Lebens namens *Genesis* eingearbeitet. Seit den einflussreichen Schriften von Aristoteles sind über 2000 Jahre vergangen, und die meisten Menschen auf der Erde vertreten noch immer den Gedanken, dass dem Leben eine Art Seele innewohnt.

Bis ins 19. Jahrhundert hinein gab es unter den Wissenschaftlern unterschiedliche Ansichten über den Ursprung des Lebens. Aber viele glaubten, dass das Leben möglicherweise ohne die Hand Gottes entstanden war. Andere waren gegenteiliger Überzeugung, und manche wussten schlicht nicht, was sie denken sollten. Um 1860 hatte Louis Pasteur viele davon überzeugt, dass kein neues Leben beginnen kann, ohne dass bereits Leben existiert. Er demonstrierte,

dass Organismen wie Bakterien und Pilze in sterilen, nähr-
stoffreichen Umgebungen nicht spontan auftreten, sondern
von außen in diese eindringen.

Zur derselben Zeit, als Louis Pasteur mit Bakterien ex-
perimentierte, untersuchte Charles Darwin die Vielfalt des
Lebens, und wie dieses sich verschiedenen Umgebungen
angepasst hatte. Sein Buch *Über die Entstehung der Arten (On
the Origin of Species)* beschäftigte sich hauptsächlich mit der
Evolution durch natürliche Auslese. Er machte nur wenige
Aussagen über den Ursprung des Lebens, hielt aber fest,
überzeugt zu sein, dass das Leben von einem einzigen Ur-
ahnen abstamme. In der ersten Auflage seines Buchs schreibt
Darwin, dass »*… wahrscheinlich alle organischen Wesen, die je
auf dieser Erde gelebt haben, von einer Urform abstammen, in welche das Leben ursprünglich eingehaucht wurde*«.

Der englische Anatom Richard Owen kritisierte Darwin
für die Worte »Leben einhauchen«, da sie die Idee heraufbe-
schwören, das Leben sei durch eine Art okkulte Magie entstanden. 1849 hatte Owen selbst einen Aufsatz mit dem Titel *On the Nature of Limbs (Über die Natur der Gliedmaßen)*
herausgegeben, in welchem er anregte, dass Menschen sich
letztlich aus Fischen entwickelt hätten und dies eine Folge
der natürlichen Gesetze sei.

Darwin äußerte zwar später Bedauern über seine Wort-
wahl, blieb aber unsicher bezüglich der Frage, wie das Leben
wohl begonnen habe. Nur ein Jahr nach der Niederschrift
von *Über die Entstehung der Arten* machte Darwin deutlich,
dass er die Idee eines schöpferischen Entwurfs nicht akzeptieren könne. 1860 schrieb er in einem Brief an seinen Kollegen Asa Gray: »*Aber es schmerzt mich zu sagen, dass ich hinsichtlich des Entwurfs ehrlicherweise nicht so weit gehen kann wie
Sie. Mir ist bewusst, dass ich in einem absolut hoffnungslosen
Schlamassel stecke. Ich kann nicht glauben, dass die Welt, wie wir
sie wahrnehmen, das Resultat eines glücklichen Zufalls ist; und*

dennoch kann ich nicht jedes einzelne Ding als das Ergebnis eines Entwurfs ansehen.«

Darwin schrieb auch über die Möglichkeit, dass das Leben im Verlauf von Millionen von Jahren aus blinden mechanischen Prozessen entstanden sein könnte. Interessanterweise war Darwins Großvater, der englische Arzt, Philosoph und Poet Erasmus Darwin, schon lange vor seinem Enkel zu diesem Schluss gekommen. Erasmus schrieb in seinem wissenschaftlichen Gedicht *The Temple of Nature*: *»Und so, ohne Eltern, durch spontane Geburt, erheben sich die ersten Samen belebter Erde.«*[11]

Heute glaubt die Mehrheit der Erdbevölkerung daran, dass das Leben durch einen großen Entwurf entstanden ist, erschaffen durch ein außerordentlich intelligentes Wesen namens Gott. Diese Sichtweise wird von den meisten Wissenschaftlern nicht geteilt. Und sogar dann, wenn das Leben tatsächlich ein grausames Experiment wäre, ausgeführt von einem unendlich weisen Wesen, würde ich keine Ruhe geben, bis ich wüsste, wie und warum dieses Wesen entstanden ist.

Da es weder Beweise für noch gegen einen Schöpfer des Lebens gibt, können wir glauben, was wir wollen. Aber ein Glaube ist kein Verstehen und keine Antwort auf die Frage nach dem Ursprung des Lebens. Ich hoffe, Sie überzeugen zu können, dass die Abiogenese eine mögliche Antwort bereithält. Beginnen wir damit, einen Blick auf die Beweise dafür zu werfen, dass alles Leben von einem einzigen gemeinsamen Vorfahren abstammt.

11 Im Original: *»Hence without parents, by spontaneous birth. Rise the first specks of animated earth.«* Das Gedicht wurde nach seinem Tod im Jahr 1803 veröffentlicht, sechs Jahre vor der Geburt seines Enkelsohns Charles Darwin.

Der Stammbaum des Lebens

Wissenschaftler mögen es, ihre Beobachtungen zu klassifizieren und zu ordnen. Dies hilft ihnen dabei, Muster zu erkennen und die Herkunft und Entwicklung ihrer Forschungsobjekte zu verstehen. Lebewesen sind in einem »Stammbaum des Lebens« organisiert, der drei Hauptäste hat: die Domänen der Bakterien, Archaeen und Eukaryoten. Jede Domäne verzweigt sich weiter zu Reichen und bis hin zu den Arten, welche quasi die Blätter des Baumes wären. Die drei Domänen treffen am Fuß des Baumes zusammen, beim Beginn des Lebens.

Die am breitesten akzeptierte Theorie für die Wurzel dieses Stammbaums ist ein Organismus, dessen Nachfahren sich in zwei Äste aufteilten; einer der Äste führte zur Domäne der Bakterien, und der andere Ast verzweigte sich ein weiteres Mal in Archaeen und Eukaryoten. Die komplexesten Zellen finden sich in eukaryotischen Organismen. Diese Zellen haben die Fähigkeit entwickelt, sich aneinander zu binden und auf eine Weise zu kooperieren, welche die Zusammenarbeit eines Biofilms von Bakterien bei Weitem übertrifft. Diese Fähigkeit führte zur einer besseren Überlebenschance und letztlich auch zu allen Eigenschaften der Tiere.

Der Urahn allen Lebens wird als der *letzte gemeinsame Vorfahre* bezeichnet, und es gibt eine Menge indirekter Beweise für seine Existenz.

Die Anordnung der Lebewesen im Stammbaum wurde traditionell von den Charakteristiken lebender Kreaturen abgeleitet, oder von jenen ausgestorbenen Kreaturen, die Fossilien oder chemische Spuren hinterlassen haben. In den 1970er-Jahren regte der amerikanische Mikrobiologe Carl Woese an, dass Variationen in jenem Teil der DNS, der allen Organismen gemeinsam ist, Erkenntnisse über die evolutionäre Verwandtschaft liefern könnten. Ähnliche Arten sollten aufgrund ihrer natürlichen Erbanlagen ähnliche Gene aufweisen und deshalb im Stammbaum des Lebens nah beieinander liegen. Jene mit der kleinsten Verbindung sollten im Stammbaum am weitesten voneinander entfernt sein.

Diese Herangehensweise ist unter dem Begriff *Phylogenetik* bekannt. Sie hat uns ein detaillierteres Bild vom Stammbaum des Lebens ermöglicht. Indem wir die Geschichte der DNS rekonstruiert haben, können wir ein ungefähres Bild der Lebensform an der Wurzel des Stammbaums – des ersten gemeinsamen Vorfahren – skizzieren.

Es handelte sich um einen kleinen, einzelligen Organismus mit einer Zellwand und einer ringförmigen DNS-Spule, die frei in der Zelle trieb – ähnlich wie bei einem modernen Bakterium. Während seine allgemeine Anatomie eher unklar ist, können seine inneren Mechanismen überraschend genau beschrieben werden.

Die Genome von vielen Tausend verschiedenen lebenden Organismen sind vollständig sequenziert worden. Es gibt einige Gene, die allen Lebewesen gemeinsam sind. Dazu gehören jene Gene, welche die Funktion von ATP und RNS steuern. Es ist wahrscheinlich, dass bereits der letzte gemeinsame Vorfahr diese Gene in sich trug, was darauf hinweisen würde, dass dieser Organismus über einen Stoffwechsel verfügte sowie über ein Mittel, seine genetische Information zu erhalten (zumindest in der Form von RNS), und auch einen Mechanismus für die Reproduktion beherbergte.

Lassen Sie mich die Beweise dafür, dass es einen einzigen gemeinsamen Vorfahren gibt, kurz zusammenfassen:

Alle bekannten Lebensformen basieren im Grunde auf derselben biochemischen Organisation: Genetische Information wird in DNS kodiert, welche in einer Zelle beheimatet ist. Teile der DNS werden verwendet, um mithilfe von RNS und ihren Enzymen Proteine aufzubauen. Alles

Leben verwendet als primären Energiespeicher ATP-Moleküle. Alles Leben bedient sich der gleichen Auswahl an Aminosäuren und diese Aminosäuren haben alle die gleiche Chiralität – sie sind die linksdrehende Version des jeweiligen Moleküls.[12]

Vielleicht am entscheidendsten ist, dass der genetische Code (das Wörterbuch, nach welchem die Codone in Proteine übersetzt werden) für alle bekannten Lebensformen nahezu identisch ist – von Bakterien und Archaeen bis hin zu Pflanzen und Tieren. Die gleiche Sequenz an Nukleinbasen wird immer die gleiche Aminosäure kodieren. Die Universalität dieses Codes wird von Biologen gemeinhin als klarer Beweis für die Theorie eines einzigen Vorläufers allen Lebens angesehen.

Es wäre schon ein bemerkenswerter Zufall, wenn das Leben sich an verschiedenen Orten unabhängig von einander entwickelt hätte, dabei die gleichen Entscheidungen getroffen hätte und die gleichen Eigenschaften teilen würde. Wäre dies der Fall gewesen, hätten wahrscheinlich manche dieser ersten Organismen eine andere Code-Sequenz gewählt, um ein gewisses Protein zu spezifizieren, und manche hätten rechtsdrehende statt linksdrehender Aminosäuren gewählt.

Dies sind überzeugende, aber indirekte Beweise. Es wird immer noch darüber debattiert, ob wirklich ein einzelner Organismus als Ursprung allen Lebens angesehen werden kann. Herauszufinden, wie das Leben seinen Anfang nahm, wird außerdem durch die Tatsache erschwert, dass Gene zwischen Spezies übertragen werden können, was ebenfalls

---

12 Es gibt eine vergleichbare Einseitigkeit in der Chiralität bei den Zuckern der DNS und RNS, die alle rechtsdrehend sind. Allerdings ist nicht bekannt, ob diese beiden Dinge miteinander zu tun haben.

zu gewissen Gemeinsamkeiten in den verschiedenen biologischen Prozessen führt.

Diese Vermischung von Genen ist bekannt als *horizontaler Gentransfer*. So kann zum Beispiel ein Bakterium seinen genetischen Code mit einer anderen Zelle, die es berührt, austauschen. Aus diesem Grund entwickeln Bakterien sehr schnell Resistenzen gegen Antibiotika. Jene Bakterien, die von Natur aus resistent sind, können ihre resistenten Gene an andere Arten weitergeben. Auch Viren können im horizontalen Gentransfer eine Rolle spielen. Die Phylogenetik geht sogar davon aus, dass manche Gene von einer Domäne des Lebens an eine andere weitergegeben werden können. Dieser Genvermischungsprozess könnte beim Anstieg der Vielfalt des Lebens auf der Erde eine wichtige Rolle gespielt haben.

Wie groß oder klein die Rolle des horizontalen Gentransfers auch sein mag – die Beweise sprechen dafür, dass das Leben auf unserem Planeten nur einmal und nur in einer besonderen Form aufgetreten ist. Dies wiederum wirft die Frage nach dem Warum auf. Vielleicht ist die Entstehung von Leben ein so seltener Prozess, dass dieser nur einmal stattgefunden hat? Oder ist es möglich, dass die Bedingungen auf der Erde sich verändert haben und nicht mehr dafür geeignet sind, dass sich komplett neue Organismen bilden können? Und selbst wenn sich ein neuer Organismus unabhängig von existierendem Leben herausbilden würde, wäre unser bereits existierendes Leben vielleicht so dominant, dass es ihn rasch ausrotten würde.

Ordnung aus Unordnung

Dass das Leben einfach begann und sich zu komplexeren Formen entwickelt hat, ist durch die fossilen Funde und die Analyse des genetischen Codes in allen Lebewesen belegt.

Diese einfache, aber grundlegende Beobachtung ist die Basis für Theorien über den Ursprung des Lebens. Atom für Atom, Molekül für Molekül nimmt die Komplexität zu, angetrieben durch die Kräfte, die auf sie wirken – die Schwerkraft und der Elektromagnetismus –, und die Regeln der Physik, die ihr Verhalten bestimmen. Eine dieser Regeln ist das erste Gesetz der Thermodynamik – dass Energie immer erhalten bleibt. Dies impliziert, dass man nicht aus Nichts Energie gewinnen kann; daher benötigt das Leben eine Energiequelle.

Es gibt ein zweites Gesetz der Thermodynamik, welches besagt, dass eine Zustandsgröße namens *Entropie* in einem isolierten System nur zunehmen kann. Die Entropie beschreibt den Fluss und die Ausbreitung von Energie. Das zweite Gesetz besagt, dass ein System immer versuchen wird, seine Energie so gleichmäßig und breit zu verteilen wie möglich. Und das ist auch schon alles.

Dieses Gesetz wird oft als Grund angeführt, weshalb das Leben nicht durch Abiogenese entstanden sein kann. Das Konzept der Entropie wird fälschlicherweise damit in Verbindung gebracht, wie geordnet oder ungeordnet ein System sein kann. Manche scheinen deshalb das zweite Gesetz so zu verstehen, dass alles mit der Zeit nur ungeordneter werden kann. Dies würde implizieren, dass ein lebender Organismus mit all seiner Organisation und Ordnung sich nicht spontan aus einer unorganisierten Ansammlung von Molekülen bilden könnte. Aber die Entropie hat, wie gesagt, gar nichts damit zu tun, wie organisiert und unorganisiert eine Ansammlung von Molekülen sich verhalten kann.

Alle Moleküle in einem Lebewesen versuchen, in einen Zustand des Gleichgewichts zu gelangen, in dem alles die gleiche Temperatur hat. Und ohne die Anwesenheit einer externen Energiequelle würde dies auch passieren. Das Leben ist ein Prozess fern jeden Gleichgewichts. Und das ist gut so, denn hat etwas einmal ein chemisches und thermodynamisches Gleichgewicht mit seiner Umgebung erreicht, ist es tot.

Das fundamentale Gesetz der Entropie hat den russisch-amerikanischen Autor und Biochemiker Isaac Asimov zu der klassischen Science-Fiction-Kurzgeschichte *The Last Question (Wenn die Sterne verlöschen)* von 1956 inspiriert. Die Geschichte beschreibt die Zukunft der Menschheit, während diese sich mit den unausweichlichen Konsequenzen des zweiten Gesetzes der Thermodynamik auseinandersetzen muss. *The Last Question* ist mein persönlicher Favorit unter den Science-Fiction-Geschichten, und ich werde Ihnen hier nicht mehr darüber erzählen – für den Fall, dass Sie sie noch nicht gelesen haben.

Wenn die Bedingungen geeignet sind, können sich Moleküle zu organisierten Strukturen verbinden. Schneeflocken sind dafür ein wunderbares Beispiel. Sie fügen sich, Molekül für Molekül, aus einer riesigen Wolke sich zufällig bewegender Wassermoleküle zusammen. Es wurde lange angenommen, dass ein Staubkorn als Auslöser für die Bildung einer Schneeflocke dient. Doch 2008 untersuchten der Biologe Brent Christner und seine Kollegen dies genauer. Etwa 15 Prozent der Schneeflocken enthielten tatsächlich ein mikroskopisches Staubkorn in ihrer Mitte. Aber die Forscher waren überrascht, als sie entdeckten, dass im Zentrum der meisten Schneeflocken ein einzelnes Bakterium steckte! Bakterien bevölkern nicht nur fast alle Landmassen und Ozeane der Erde – sie leben sogar in der Atmosphäre und sind verantwortlich für einen Großteil des Schnees, der uns solche Freude bereiten kann.

Das mit Eis umhüllte Bakterium wächst, indem es nach dem Zufallsprinzip mit Wassermolekülen in der umgebenden Luft kollidiert. Die Moleküle formieren sich, indem sie versuchen, ihre Energie zu verteilen, so wie es das zweite Gesetz verlangt. Unter den richtigen Temperaturbedingungen ist eine wunderschöne, sechsseitige symmetrische Form die optimale Strategie, dies zu erreichen. Eine äußerst geordnete Struktur mit 10^{20} Wassermolekülen entsteht so aus einem ursprünglich ungeordneten System von Wassermolekülen.

Die eigenständige Anordnung einer Schneeflocke ist das Resultat einer riesigen Zahl von Molekülen, die versuchen, mit ihrer Umgebung ins Gleichgewicht zu kommen. Die Entwicklung einer einfachen lebenden Struktur ist noch um Vieles komplizierter als die Entwicklung einer Schneeflocke, aber beide Prozesse müssen sich den gleichen Gesetzen der Natur beugen.

Ein Rezept für das Leben

Die Bausteine einer Schneeflocke sind einfach: eine große Zahl von Wassermolekülen. Das Leben braucht auch Wasser, benötigt aber noch eine ganze Menge weiterer Bausteine, und jeder von diesen ist komplizierter aufgebaut als ein Wassermolekül. Neben Wasser benötigt eine funktionierende Zelle lange organische Lipidketten, um Membranen zu bilden, Aminosäuren, um Proteine zu bilden, Phosphate für das Rückgrat der Nukleinsäuren, die Buchstaben des genetischen Codes und zwei verschiedene Zucker (einen für die RNS und einen für die DNS). Damit sich das Leben spontan entwickeln könnte, müssten all diese Moleküle bereits vorhanden sein.

Es hat sich herausgestellt, dass es für diese grundlegenden Moleküle, aus denen das Leben besteht, anorganische chemische Reaktionen und Quellen gibt.

Im 19. Jahrhundert wurden mehrere Experimente durchgeführt, die einfache organische Moleküle aus nichtorganischem Material synthetisierten. In jener Zeit wurde noch kein Bezug zur Abiogenese hergestellt. Es wurde allgemein angenommen, dass die ersten Lebewesen Autotrophen waren – Organismen wie Algen oder Pflanzen, die ihre eigenen organischen Verbindungen herstellen konnten. Die Präexistenz organischer Verbindungen wurde nicht als Bedingung für die Entstehung des Lebens angesehen.

In den 20er-Jahren gingen der russische Biochemiker Aleksandr Oparin und der englische Evolutionsbiologe John Haldane dann aber vom Gegenteil aus. Unabhängig voneinander verfolgten sie den Ansatz, dass einfache Organismen entstehen und gedeihen konnten, weil organische Moleküle bereits auf der Erde vorhanden waren, bevor das Leben seinen Anfang nahm. Beide zeigten auf, wie die Bedingungen auf einer jungen Erde – eine Atmosphäre ohne Sauerstoff und mit Energiequellen wie Blitzen oder ultraviolettem Sonnenlicht – chemische Reaktionen erleichterten, durch die organische Verbindungen aus anorganischen Stoffen entstanden.

Oparin beschäftigte sich damit, wie diese organischen Verbindungen in einer wässrigen Umgebung eine Folge immer komplexerer Interaktionen durchleben könnten. Dies könnte zu Strukturen führen, die sich organische Verbindungen aus der Umwelt einverleibten und an evolutionären Prozessen beteiligt wären, was zu den ersten lebenden Organismen führen würde. Haldane war der Meinung, dass das Meer so zu einem vorzeitlichen Chemielabor wurde, angetrieben durch die Sonne. Er nannte diese Umgebung, aus der sich das Leben spontan entwickeln würde, die *präbiotische Suppe* (auch bekannt als *Ursuppe*). Die allgemeinen Vorstellungen von Oparin und Haldane bilden die Grundlage der modernen Theorie der Abiogenese.

Wie schmeckte die Ursuppe?

Der amerikanische Chemiker Harold Urey und sein Doktorand Stanley Miller führten 1953 ein Experiment durch, um die Theorien von Oparin und Haldane zu testen. Ihr Plan war es, die atmosphärischen Bedingungen auf der Erde vor vier Milliarden Jahren im Labor nachzustellen. Es war ein eher einfaches Experiment mit den Inhaltsstoffen Wasser (H_2O), Methan (CH_4), Ammoniak (NH_3) und Wasserstoff (H_2). Die chemischen Stoffe wurden alle in einer sterilen Abfolge von Glasflaschen versiegelt, die in einem Kreislauf miteinander verbunden waren. Eine Flasche, die halb mit Wasser gefüllt war, stellte den Ozean dar. Sie wurde erwärmt, damit das Wasser zu verdampfen begann und der Wasserdampf in die zweite Glasflasche übergehen konnte, in welcher eine Gasmischung die Atmosphäre darstellte. In dieser Flasche befand sich auch eine Energiequelle – zwei Elektroden, zwischen denen ein Funke abgefeuert wurde, um Blitze zu simulieren. Die »Atmosphäre« wurde wieder abgekühlt, damit die atmosphärische Flüssigkeit kondensieren konnte und in einem kontinuierlichen Kreislauf in die erste Flasche zurücktröpfelte.

Innerhalb eines Tages hatte sich der »Ozean« pink verfärbt. Am Ende von zwei Wochen Dauerbetrieb war er dunkelrot. Ganze 15 Prozent des Kohlenstoffs innerhalb des Systems befanden sich nun in organischen Verbindungen. Zwei Prozent des Kohlenstoffs hatten mehrere Aminosäuren gebildet, wobei Glyzin (NH_2CH_2COOH) die häufigste war. Es hatten sich auch Zucker gebildet, aber keine Nukleinsäuren. Ein Fünftel der Methanmoleküle hatte sich in komplexere organische Verbindungen verwandelt, und der Rest war zu Kohlenwasserstoffen wie Bitumen (Teer) geworden.

Millers Doktorand Jeffrey Bada erbte nach Millers Tod 2007 die Anlage. Die Flaschen waren 50 Jahre lang versiegelt geblieben und wurden geöffnet, um ihren Inhalt mit modernen, empfindlicheren Geräten zu untersuchen. Sie enthielten gleich viel links- und rechtsdrehende Aminosäuren, was darauf hindeutet, dass diese von chemischen Reaktionen herrührten und nicht von einer Verunreinigung von außen. 22 Aminosäuren wurden gefunden – mehr als die 20, welche das Leben auf der Erde verwendet!

Miller hatte 1958 noch eine weitere atmosphärische Zusammensetzung getestet, um starke vulkanische Aktivität nachzuahmen. Der Wasserstoff war durch Kohlendioxid und Schwefelwasserstoff ersetzt worden. Aus irgendeinem Grund hatte Miller den Inhalt dieser Flasche nie analysiert, obwohl dieser ebenso interessant war. Bada behauptet, dass Miller es hasste, mit Schwefelwasserstoff zu arbeiten, weil dieser wie faule Eier riecht. Diese Ursuppe möchte ich auf keinen Fall probieren! 23 Aminosäuren wurden darin gefunden, darunter mehrere, die Schwefel enthielten und in Lebewesen eine besonders wichtige Rolle spielen.

Ähnliche Experimente haben gezeigt, dass es wohl zahlreiche mögliche Reaktionen gibt, die zur Bildung von organischen Molekülen führen könnten. Komplexe organische Moleküle können sich in diversen Umgebungen auf natürliche Weise bilden, und sie wurden sogar in interstellaren Gaswolken und auf Kometen nachgewiesen. Die faszinierendste dieser neueren Entdeckungen stammt aus der Analyse des Murchison-Meteoriten.

Organische Moleküle aus dem All

1969 beobachteten die Einwohner der Kleinstadt Murchison in Australien den Feuerball eines großen Meteors, der in Stücke zerbrach, während er über ihre Köpfe hinwegflog. Über 100 Kilogramm des Meteoriten wurden eingesammelt. Obwohl Meteoriten schon früher auf organische Verbindungen untersucht worden waren, lag das Problem jener Untersuchungen darin, dass die meisten der eingesammelten Fundstücke bereits Hunderte oder Tausende von Jahren auf der Erde gelegen hatten. In dieser Zeit waren sie vom Leben auf der Erdoberfläche verunreinigt worden. Der Murchison-Meteorit war außergewöhnlich, weil er bei seiner Landung beobachtet worden war und man rasch große Stücke von ihm einsammeln konnte.

Viele Proben wurden eingelagert und analysiert. Schnell wurde klar, dass dieser Brocken aus dem All Aminosäuren enthielt. Mit der Zeit wurden die Geräte, welche die verschiedenen Verbindungen aufspüren können, immer empfindlicher, und es wurden viele verschiedene Moleküle entdeckt. Eine neue Analyse aus dem Jahr 2010 konnte über 15000 Verbindungen feststellen, darunter 70 Aminosäuren. Siebzig! Es wurden auch Zuckermoleküle und Fettsäuren gefunden. Aber noch viel überraschender war die Entdeckung von Nukleinbasen, darunter auch Adenin, Guanin und Uracil. Man stelle sich das einmal vor: einige der Buchstaben unseres genetischen Codes, dazu die meisten Zutaten, die es zum Leben braucht – alles eingeschlossen in einem Felsbrocken, der seit 4,65 Milliarden Jahren unsere Sonne umkreist.

Der Astrobiologe Michael Callahan hat kürzlich versucht, mit Experimenten herauszufinden, wie sich die Nukleinbasen im Murchison-Meteoriten gebildet haben könnten. Er zeigte auf, dass sich in Experimenten, wie Miller und Urey sie durchgeführt hatten, die gleichen Nukleinbasen herausbildeten, wenn die Flaschen Cyanwasserstoff (Blausäure), Ammoniak und Wasser enthielten – eine komplett nichtbiologische Reaktion.

Wo also bildeten sich nun die organischen Bausteine des Lebens?

Ein möglicher Ort liegt in diesen riesigen interstellaren Gaswolken, aus denen sich neue Sonnensysteme bilden. Ihr Durchmesser beträgt mehrere Lichtjahre, die gesamte Gasmenge ist also sehr groß. Groß genug, damit aus einer Wolke viele neue Sterne und Planeten entstehen können. Die Dichte des Gases ist sehr niedrig, viel niedriger als die Dichte der Luft um uns herum – tausend Billionen Mal weniger dicht. Aber sogar in diesen Wolken wirbeln Atome herum und prallen hin und wieder aufeinander. Wenn diese Kollision die richtige Energie hat, können sich die Atome verbinden und ein Molekül bilden. Weitere Kollisionen können weitere Atome zu der Struktur hinzufügen.

Wie können wir auf eine solche Entfernung überhaupt Moleküle feststellen?

Das Gas im interstellaren Raum wird vom Licht der Sterne erhellt. Dies führt dazu, dass Moleküle im Raum vibrieren und sich drehen. Und wenn ein Molekül vibriert, kann es auf charakteristischen Frequenzen Lichtphotonen aussenden, die wir mit unseren Messinstrumenten wahrnehmen können.

Hunderte von anorganischen und organischen Molekülen sind im All entdeckt worden, unter anderem Methan, Ammoniak, Cyanwasserstoff, Alkohol, Propen und sogar Graphen. Aber was noch viel interessanter ist: Im interstellaren Raum finden sich auch Zuckermoleküle und sogar die Aminosäure Glycin. Es ist möglich, dass die chemischen Reaktionen, die zu diesen Molekülen führten, auf winzigen Eiskörnchen in den interstellaren Wolken stattgefunden haben. Irgendwann könnte sich aus diesem Material ein neues Sonnensystem bilden und es würde in Asteroiden eingebunden, welche dann bei einem Einschlag einige der Bausteine des Lebens auf einen Planeten gebracht haben könnten.

Die großen, eisigen Asteroiden und Kometen liefern eine weitere Umgebung, in welcher die Bildung von komplexen organischen Molekülen stattfinden könnte. Vielleicht vollzogen sich alle Schritte, die zum letzten gemeinsamen Vorfahren führten, im von Wasser getränkten Inneren eines großen protoplanetaren Objekts in der Zeit des frühen Sonnensystems. Manche dieser riesigen Asteroiden kollidierten mit unserer Erde, und es ist möglich, dass sie so lebendige Organismen auf ihre Oberfläche brachten. Dies ist eine Vermutung, der wir zurzeit an der Universität Zürich nachgehen, und ich werde im nächsten Kapitel genauer darauf eingehen.

Fehlende Bausteine und Wege, die sich nicht kreuzen

Wie Oparin bereits anmerkte, hätte der erste Organismus eine natürliche Quelle all der nötigen Zutaten für seine Bildung und Vervielfältigung benötigt. Das erste lebende Ding hätte keinen eingebauten Mechanismus zum Bau neuer Nukleotide oder Zuckermoleküle gehabt. Meteoriten und Kometen könnten große Mengen dieser notwendigen Zutaten auf die Oberfläche unseres jungen Planeten gebracht haben. In unserer frühen Atmosphäre und in den Ozeanen und Gezeitenbecken könnten noch mehr davon entstanden sein. Ein zusammenhängendes Bild fehlt allerdings, weil viele chemische Reaktionen, die zu den Bausteinen des Lebens führen, nur unter speziellen Bedingungen stattfinden. Manche Reaktionen bedürfen eines hohen Säuregehalts, andere eines tiefen. Manche Reaktionen gehen bei hohen Temperaturen schneller vor sich, andere bei niedrigen.

Obwohl viele der Bausteine relativ leicht synthetisiert werden können, ist es bei einigen von ihnen eher schwierig. Zu diesen gehören der Ribosezucker, den die RNS für ihr Rückgrat benötigt, und manche der Nukleinbasen. Eine dieser Nukleinbasen ist Cytosin ($C_4H_5N_3O$). Cytosin ist bisher weder in Meteoriten noch im All entdeckt worden. Anders als die anderen Nukleinbasen ist es in Laborexperimenten unter präbiotischen Bedingungen sehr schwer herzustellen.

Cytosin ist zwar synthetisiert worden, aber die Bedingungen, unter welchen dies geschehen kann, verlangen nach einer sich verändernden Umwelt. Miller-Urey-Experimente können kleine Mengen der organischen Verbindungen Cyanoacetaldehyd und Harnstoff (Urea) hervorbringen. Diese Verbindungen könnten dann reagieren und Cytosin bilden, aber nur, wenn sich ihre Konzentration erhöht. Dies hätte auf der Erde zum Beispiel in einer Lagune verdampfenden Wassers der Fall sein können. Allerdings ist Cytosin bei warmen Temperaturen instabil und baut sich innerhalb weniger Tage ab. Damit sich komplexere Moleküle bilden könnten, müsste auf das warme Wetter eine schnelle und dauerhafte Kälteperiode folgen. Solche Bedingungen könnten auf der frühen Erde häufig gewesen sein.

Es ist auch möglich, dass das erste Leben andere Verbindungen für seinen Replikationszyklus genutzt hat und dass das Cytosin erst später hinzukam – vielleicht wurde es gar von Leben selbst synthetisiert. Es gibt hier noch viel Erklärungsbedarf, aber das ist es auch, was die Forschung auf diesem Gebiet so spannend macht. Sogar dann, wenn all diese notwendigen Bausteine durch natürliche Prozesse auftraten und sich am richtigen Ort in den nötigen Mengen ansammeln konnten, muss man in einem nächsten, riesigen Schritt herausfinden, wie diese Stoffe die erste molekulare Struktur, die Kopien von sich selbst herstellt, bilden konnten – die erste, einfache Form der Reproduktion.

Eine RNS-Welt als Vorläufer

Die Nukleinsäure RNS spielt eine entscheidende Rolle in der Zellfunktion. Sie kann genetischen Code speichern, übertragen und lesen, und sie kann als Enzym agieren, um chemische Reaktionen und die Replikation zu erleichtern. Sie ist ein bemerkenswert vielseitiges Molekül, das alle für einen lebenden Organismus nötigen Funktionen übernommen haben könnte. Die RNS hat eine einfachere Struktur und ist leichter zu konstruieren als die DNS.

Die erste replizierende Struktur könnte daher ein RNS-Strang gewesen sein, der als Vorlage für seine Nachkommen diente. Wenn wir davon sprechen, dass das Leben mit selbstreplizierenden RNS-Strängen begonnen hat, sprechen wir auch von der *RNS-Welt*.

Ein Vorteil der RNS im Vergleich zur DNS ist ihre höhere Widerstandsfähigkeit gegen das ultraviolette Licht der Sonne. Bevor in der Atmosphäre genug Sauerstoff vorhanden war, um eine Ozonschicht zu bilden, war das ultraviolette Licht der frühen Sonne sehr intensiv. DNS würde im Licht einer jungen Sonne sehr schnell auseinanderbrechen.

Ein weiterer Hinweis darauf, dass es vor der DNS-Welt eine RNS-Welt gab, kommt von Viren. Die sogenannten »RNS-Viren« speichern ihren genetischen Code mittels RNS. Die kleinsten Viren können Information für gerade einmal drei Gene codieren: Anweisungen, das Protein zu bauen, welches im Wirtsorganismus seine Synthese beschleunigt, eine Proteinschicht, welche die RNA vor dem Zerfall schützt, und ein Protein, das mit den Wirtszellen interagiert. Diese minimale Bedienungsanleitung reicht für eine virale Todesmaschine aus.

RNS-Viren haben im Vergleich zu DNS-Viren im Allgemeinen sehr hohe Mutationsraten, weil ihnen die korrekturlesenden und fehlerkorrigierenden Enzyme der DNS fehlen. Dies ist ein Grund, warum es schwerfällt, wirksame Impfstoffe gegen Krankheiten, die von RNS-Viren verursacht werden, herzustellen. Es ist nicht bekannt, welche Rolle Viren in frühen Lebensformen spielten, aber ihre Funktionsweise weist darauf hin, dass sie ein Überbleibsel dieser frühen, von der RNS dominierten Welt sein könnten.

Am Anfang

Lassen Sie uns den ersten Schritten hin zum Leben nachgehen, die sich in einer mutmaßlichen RNS-Welt abgespielt haben könnten. Die grundlegende Idee ist, dass die Bausteine der RNS in einer wässrigen Umgebung vorhanden sind. Kleine Stücke des RNS-Moleküls würden sich durch die spontane Verbindung von bereits existierenden organischen Molekülen bilden – Zuckern, Phosphaten und den Nukleinbasen. Auf diese Weise würden sich zahlreiche verschiedene RNS-Ketten in verschiedenen Längen und mit zufälligen Nukleotid-Sequenzen bilden.

Experimente haben gezeigt, dass eine Wasserlösung, die nur die Bausteine der RNS und ein RNS-Replikaseenzym enthält, spontan selbstreplizierende RNS-Moleküle generiert. Die Schwierigkeit liegt in der Bildung des ersten effizienten Replikaseenzyms, aber es gibt abiotische Wege zu seiner Entstehung.

So könnten sich RNS-Ketten (*Ribozyme*) bilden, welche die korrekte Form haben, um als Enzym zu agieren, was wiederum verschiedene molekulare Interaktionen beschleunigen könnte. Diese Ribozyme können RNS-Moleküle miteinander verbinden und RNS-Ketten bilden, indem sie Nukleinbasen beschaffen und anbringen. Ist einmal ein effizientes Enzym entstanden, kann es die Vervielfältigung der RNS-Ketten beschleunigen, was zu einem schnellen Wachstum der Anzahl und Vielfalt dieser Strukturen führt.

Eine mögliche Umgebung, welche solche Reaktionen begünstigt hätte, sind sandige oder lehmige Strände, die den Gezeiten ausgesetzt waren. An solchen Orten hätte das Meerwasser alle nötigen Zutaten geliefert, und diese Zutaten hätten sich in kleinen, eintrocknenden Lagunen und Tümpeln konzentriert. Die oberen Lagen aus Sand hätten vor der starken ultravioletten Strahlung der Sonne geschützt. Lehmschichten unter dem Sand könnten sich als ideale Oberfläche für die Bildung von RNS hervorgetan haben.

Es war der britische Chemiker und Molekularbiologe Alexander Graham Cairns-Smith, der diese Theorien entwarf und sie 1985 in seinem Buch *Biologische Botschaften – Eine Detektivgeschichte der Evolution (Seven Clues to the Origin of Life)* ausführlich besprach.

Die lehmähnlichen Mineralien wären geeignete katalytische Oberflächen für den Aufbau von Nukleinbasen und ihren zuckrigen Rückgraten gewesen. Lehm hat eine verschachtelte und feinlagige Struktur, die aus positiv geladenen Mineralkörnern besteht. Dies macht es der negativ geladenen RNS möglich, sich an die Lehmoberfläche zu binden und die sich bildenden Strukturen so gegen die Zersetzung im Wasser zu schützen.

Die regelmäßigen Waschgänge durch Wellen oder Gezeiten könnten ein ideales Umfeld für die RNS-Welt dargestellt haben – die Zyklen von Feuchte und Trockenheit hätten nicht nur frische Bausteine geliefert, sondern auch die Bildung langer RNS-Moleküle gefördert. Cairns-Smith hat aufgezeigt, dass sich Polymere (lange Molekülketten) von etwa 40 bis 50 Nukleotiden bilden können, wenn man Nukleotide in einer wässrigen Lösung und in Gegenwart von Tonmineralien reagieren lässt.

So weit, so gut. Es ist also möglich, dass eine sich selbst

vervielfältigende molekulare Struktur unter den passenden Bedingungen auf natürliche Weise entsteht. Aber sobald diese Struktur sich gebildet hat, muss sie von einer Zellwand gefunden werden, denn sie hat selbst keinen Mechanismus, eine solche zu bilden.

Die erste Zelle

Die heutigen Zellwände bestehen aus *Lipiden*, Molekülen, die sich in Gegenwart von Wasser von selbst in zellulären Strukturen organisieren. Das heutige Leben konstruiert Lipide zu diesem Zweck, aber das frühe Leben könnte stattdessen auch natürlich vorkommende Fettsäuren genutzt haben. Ist die Konzentration an Fettsäuren hoch genug, können sich diese ebenfalls in stabilen zellulären Strukturen organisieren. Fettsäuren wurden im Murchison-Meteoriten nachgewiesen, wenn auch in niedriger Konzentration.

Experimente mit Fettsäure-Molekülen belegen, dass sich Zellstrukturen tatsächlich selbst aufbauen. Darüber hinaus weisen diese Strukturen einige der wichtigsten Eigenschaften der Membranen von lebenden Zellen auf. Sie können selektiv gewissen Molekülen erlauben, in ihre Kapsel einzudringen oder sie zu verlassen, und manche können entlang ihrer Oberfläche Energie in Form von elektrischer Spannung speichern, welche so entladen werden kann, dass dadurch die Reaktionen innerhalb der Kapsel erleichtert werden. In manchen Fällen können sie auch anwachsen, bis sie eine instabile Größe erreicht haben. An diesem Punkt teilen sie sich, um Tochterkapseln zu bilden.

Es ist auch beobachtet worden, wie sich zelluläre Membranen auf der Oberfläche der gleichen Tonmineralien bildeten, die auch beim Zusammensetzen von RNS-Molekülen hilfreich sind. Und manchmal bilden sie sich sogar mit eingeschlossenen RNS-Molekülen! Diese Zellwände schließen die RNS-Polymere ein, erlauben aber kleineren molekularen Bausteinen wie Nukleotiden den Zugang.

Die Suppe mit Proteinen würzen

Während die Komplexität dieser selbstreplizierenden Ur-organismen zunimmt, wird immer mehr Funktionalität hin-zugefügt. Ab einem gewissen Punkt würden wir den Orga-nismus als lebendig bezeichnen. Aber wie viel Komplexität braucht es, damit etwas als lebendig gilt? Heute wird die RNS-Maschinerie dazu verwendet, all die Proteine zu kon-struieren, die Lebewesen zum Funktionieren brauchen. Ohne Proteine ist ein RNS-Molekül nur ein Molekül, das Kopien von sich selbst macht, und sonst nichts.

Aminosäuren könnten sich an die RNS-Enzyme gehängt haben, welche sie zu kleinen Proteinen zusammengefügt hätten. Diese ersten Proteine waren für die Zelle von Vor-teil, oder sie waren es vielleicht auch nicht. Ab einem ge-wissen Punkt hätte die Sequenz von Nukleotiden eine Be-deutung bekommen. RNS-Ketten mit häufigen Sequenzen würden entstehen, welche zur Bildung des gleichen vorteil-haften Proteins führten. Zu diesem Zeitpunkt hätte die na-türliche Auslese tatsächlich eingesetzt.

Der Beginn der Proteinsynthese war höchstwahrschein-lich der Schlüsselmoment in der Entwicklung des letzten gemeinsamen Vorfahren. Dieser Moment wird als so wich-tig angesehen, dass die erste Kreatur, die Proteine bildete, in der Fachsprache als *breakthrough organism* bezeichnet wird.

Das erste Leben

Ist dies der Punkt, an dem wir die erste selbstreplizierende Struktur als lebendig bezeichnen?

Sie entwickelte sich durch eine Abfolge von Verbesserungsschritten aus einfacheren Systemen. Ab einem gewissen Punkt waren die Protein-Enzyme in der Lage, die RNS-Informationen in eine DNS-Form zu übertragen. Weil die DNS viel stabiler war als die RNS, konnte sie sich zu viel größeren Strängen entwickeln und eine immer größere Zahl an Proteinen benennen. Schließlich wurden die RNS-Moleküle zu Arbeitstieren der DNS, welche von da an die Rolle der Bewahrerin der genetischen Instruktionen übernahm.

Die ersten Schritte erforderten keine eingebaute Energiequelle. Die Komplexität der RNS nahm zu, weil die organischen Bausteine bereits vorhanden waren. Früher oder später wäre aber eine Energiequelle nötig geworden, um komplexere Enzyme, Proteine und DNS zu synthetisieren. Obwohl die molekulare ATP-Batterie in heutigen Lebewesen allgegenwärtig ist, könnten frühe Organismen einfachere Moleküle verwendet haben. In der Natur vorkommende Eisen-Schwefel-Verbindungen, Thioester und Diphosphate könnten für die Produktion und Speicherung von Energie eingesetzt worden sein. Diphosphate entstehen durch vulkanische Aktivität, die auf einer jungen Erde viel häufiger war. Manche Bakterien verwenden auch heute noch Diphosphate als Energiequelle, wenn die Bildung von ATP gehemmt ist.

Der Ursprung des Lebens auf der Erde ist eine der ganz großen Geschichten, die darauf warten, niedergeschrieben zu werden. Die RNA-Welt als Vorläufer erscheint dabei plausibel. Aber die Details bleiben unklar, und sie müssen erst noch in einen Zusammenhang gebracht werden. Die sich ergebenden Schwierigkeiten wurden bereits von namhaften Forschern herausgestrichen. Der Biochemiker Harold Bernhardt nennt die Theorie einer RNS-Welt im Titel eines Artikels gar *»Die schlechteste Theorie für die frühe Evolution des Lebens (abgesehen von allen anderen)«*.

Aber trotz aller Schwierigkeiten gibt es nichts, was der Theorie grundsätzlich im Wege stünde. Es gibt keinen fundamentalen Widerspruch, der in eine Sackgasse ohne Leben führen würde.

Es wird wohl noch viele Jahre dauern, bis wir diese Prozesse im Detail verstanden haben. Und es warten bestimmt noch einige Überraschungen auf uns. Vielleicht wird sich zeigen, dass der Weg, der zu unserer DNS-Welt führte, ein ganz anderer war als jener der ersten RNS-Welt. Obwohl die ersten replizierenden Organismen keine direkten Beweise ihrer Existenz hinterlassen haben, ist es nicht undenkbar, dass man viele der Schritte zu ihnen hin in einem Labor nachstellen könnte. Das wäre ein faszinierendes Experiment.

Kapitel 4

FRÜHE ERDE UND FRÜHES LEBEN

Wir kennen nun die biologischen Grundlagen für die Funktionen des Lebens und die Theorien über seinen Ursprung. Aber wo und wann das Leben entstanden ist, und warum es die Erde besiedelt hat, wissen wir noch nicht. Die Venus hätte ein Erdzwilling sein können, aber sie wurde Opfer eines unkontrollierten Treibhauseffekts und erwärmte sich so stark, dass auf ihr kein Leben möglich ist. Der Mars verlor einen Großteil seiner Atmosphäre und fror ein. Was ist so besonders an unserem Planeten, dass das Leben auf ihm während Milliarden von Jahren gedeihen konnte?

Als das Leben auf einer noch jungen Erde seinen Anfang nahm, waren die Bedingungen ganz anders als heute. 500 Millionen Jahre vergingen nach der Entstehung der Erde, bis Leben auf ihr auftauchte. Das ist der einzige Zeitplan, den wir für das Auftreten von Leben haben. Dauerte es so lange, bis die RNS-Welt ihren Anfang nahm und der letzte gemeinsame Vorfahr in Erscheinung trat? Oder waren die Bedingungen auf der Erde in den ersten 500 Millionen Jahren nicht geeignet für das Leben? Danach, sobald sich die Bedingungen verbesserten, wäre das Leben schnell entstanden.

Die Erforschung des Lebens auf der Erde geht Hand in Hand mit der Erforschung der Entstehung der Erde und ihrer geophysikalischen Entwicklung. Um die Herkunft, die Entwicklung und die Fortdauer des Lebens auf der Erde zu verstehen, müssen wir Forschungsergebnisse aus verschiedenen Fachbereichen hinzuziehen. Wir müssen die Grenzen zwischen den Disziplinen überschreiten und Wissen aus Astronomie, Geologie, Geophysik und Biologie kombinieren.

Die frühe Erde hatte nur wenig gemeinsam mit unserer wohlbekannten Heimat. Es gab kein Land und keine Ozeane, nur ein kochendes Meer aus rotem, flüssigem Gestein. Die Atmosphäre war erfüllt von brennendem Staub und giftigen Gasen. Ein Regen aus geschmolzenem Glas fiel vom Himmel. Der gerade erst entstandene Mond war zehnmal näher an der Erde als heute und erschien am Himmel zehnmal größer. Seine Oberfläche glühte rot wegen der Resthitze von seiner Entstehung. Tag und Nacht waren je nur ein paar Stunden lang und die Sonne schien viel weniger hell vom Himmel.

Dies sind die vermuteten Bedingungen auf der Erde vor 4,5 Milliarden Jahren. Es war eindeutig kein Ort für Leben welcher Art auch immer. Die molekulare Ursuppe, aus der das Leben sich entwickelte, stellt man sich allgemein in seichten Ozeanen oder Gezeitenbecken vor. Aber der viel nähere Mond hätte große Gezeitenwellen verursacht, die alle paar Stunden über die Oberfläche des Landes hinwegfegten.

Doch vielleicht nahm das Leben seinen Anfang gar nicht auf der Erde. Ich bevorzuge die Theorie, dass es anderswo in unserem Sonnensystem begann, an einem Ort, wo die Bedingungen für die Abiogenese besser waren. Später werden wir sehen, wo das Leben hätte beginnen können und wie es auf die Erde gekommen sein könnte.

Warum war die Erde kurz nach ihrer Entstehung so unwirtlich? Und wie lange dauerte es, bis die Bedingungen angenehmer wurden, bis sich Ozeane und eine Atmosphäre bildeten? Um die Frühgeschichte der Erde zu verstehen, müssen wir den Schritten nachgehen, die zu ihrer Entstehung führten. Dies wird uns die Prozesse näherbringen, welche die Zusammensetzung, die Struktur und das Klima unseres Planeten bestimmen.

Vom Sternenstaub zu Planeten

Der Raum zwischen den Sternen in unserer Galaxie ist nicht komplett leer. Das *interstellare Medium* ist ein extrem diffuses Gas, das hauptsächlich aus Wasserstoff und Helium besteht. Es enthält auch eine Mischung aus Atomen und Staub, die während kosmischer Zeiten von Generationen von Sternen synthetisiert wurde. Diese Asche lang verloschener Sterne ist es, aus der sich Planeten bilden. Obwohl es über die Entstehung von Sternen und Planeten noch viel zu lernen gibt, werde ich hier das allgemeine Szenario wiedergeben, welches die Forschungsergebnisse der modernen Astrophysik für uns bereithalten.

Jedes Jahr tauchen mehrere neue Sterne in unserer Galaxie auf. Im turbulenten interstellaren Medium bilden sich fortlaufend große Gaswolken, aufgewühlt durch die Supernova-Explosionen sterbender Sterne. Manche dieser Wolken werden so groß, dass sie kollabieren. Während die Gravitation alles nach innen zieht, wird jede kleinste Rotation innerhalb der ursprünglichen Wolke vervielfacht, wobei sie immer weiter schrumpft. Der dichte, zentrale Kern der kollabierenden Wolke bildet einen Protostern. Übrig bleibt eine wirbelnde Scheibe aus Gas und Staub. Innerhalb dieser rotierenden protoplanetaren Scheibe bilden sich die Planeten.

Die Atome und Moleküle innerhalb der protoplanetaren Scheibe beginnen zu kollidieren und bleiben aneinander haften. Es bilden sich kleine Staubklumpen, zusammengehalten von schwachen intermolekularen Kräften und so zerbrechlich wie eine Schneeflocke. Manche dieser staubigen Klumpen wachsen schnell über den Rest hinaus, indem sie immer mehr Material »aufwischen« während sie den neu entstandenen Stern umlaufen. Wenn diese Klumpen größer werden, unterstützt die Gravitation sie dabei, zusätzliches

Material anzuziehen und festzuhalten. Schließlich entstehen auf diese Weise Billionen von Objekten aus Staub, Eis und Gestein – viele erreichen die Größe enormer Felsklumpen, andere die von Bergen.

Manche dieser Objekte werden so groß, dass ihre eigene Gravitation ausreicht, um sie zur Kugel zu formen. Es bleiben Tausende von kleinen Protoplaneten, welche die Sonne umlaufen. Kollisionen zwischen diesen Objekten sind an der Tagesordnung. Manche dieser Kollisionen zerschlagen die Objekte in Stücke, andere führen zur Verschmelzung der Objekte. Schließlich könnten sich mehrere erdähnliche Planeten gebildet haben, welche die meisten kleineren Objekte in der Nähe ihrer Umlaufbahn aufgewischt haben. Beobachtungen und numerische Simulationen lassen uns davon ausgehen, dass es »vom Staub bis zum Planeten« weniger als 100 Millionen Jahre dauert.

Die Asteroiden sind die letzten Überreste von Planetenbausteinen und zertrümmertem Schutt aus unserem frühen Sonnensystem. Aus radiometrischen Datierungsverfahren wissen wir, dass sie alle zwischen 4,55 und 4,59 Milliarden Jahre alt sind. In dieser Zeit hat auch, wie Astrophysiker errechnet haben, unsere Sonne ihren Fusionsantrieb gestartet. Zwei Drittel der bisherigen Geschichte unseres Universums waren bereits vergangen, als unsere Sonne vor 4,57 Milliarden Jahren zu scheinen begann. Zu diesem Zeitpunkt gab es in unserer Galaxie bereits über 100 Milliarden Sterne, und viele von ihnen leuchteten schon seit mehreren Milliarden Jahren.

Der letzte wirklich gewaltige Einschlag spielte sich kurz nach der Entstehung der Erde ab. Vor etwa 4,5 Milliarden Jahren kollidierte ein Planet von der Größe des Mars mit der Erde. Der Zusammenstoß war so heftig, dass das Gestein der Erde und des kleineren Planeten schmolzen und feuerflüssig wurden. Der Schutt, der bei diesem Einschlag herausgeschleudert wurde, bildete eine sich um die Erde drehende Scheibe, und aus diesem Material bildete sich unser Mond.

Unterstützt wird diese Theorie von der Analyse seines Gesteins. Es hat die gleiche isotopische Zusammensetzung wie das Gestein auf der Erde, was darauf hinweist, dass der Mond einst Teil unseres Planeten war. Wir wissen nicht, wie schnell sich die Erde vor diesem Einschlag drehte. Die Kollision allerdings beschleunigte die Rotation der Erde; ein Erdtag war kurz nach dem Einschlag nur wenige Stunden lang. Die Tatsache, dass die Umlaufzeit des Mondes auf die Drehung unseres Planeten ausgerichtet ist, passt ebenfalls zum Einschlagsszenario. Unser massiver Mond macht die Erde tatsächlich zu einer Besonderheit unter den Gesteinsplaneten in unserem Sonnensystem. Er könnte sogar eine Bedingung dafür sein, dass auf der Erde über lange Zeit lebensfreundliche Bedingungen herrschten und noch immer herrschen.

Diese riesige Kollision hatte genug Energie, um die Erde komplett zu verflüssigen. Danach kühlte sie langsam ab, indem sie ihre Hitze ins All abgab. Es lässt sich nur schwer abschätzen, wie lange es dauerte, bis sich Festland und Ozeane bildeten. Die Schätzungen reichen von zehntausend bis zehn Millionen Jahren. Wir werden in Kürze sehen, dass es 50 Millionen Jahre nach dem Einschlag, der den Mond entstehen ließ, Anzeichen für flüssiges Wasser und eine feste Erdkruste gab. Das Bombardement durch riesige Brocken aus dem All ließ langsam nach.

Luft und Wasser

Nach dem Einschlag, durch den der Mond entstand, und bevor sich die ersten Landmassen bildeten, erstreckte sich der Ozean verflüssigten, kochenden Gesteins in alle Richtungen. Giftige Gase stiegen aus dem Magma auf, und eine dichte, heiße Atmosphäre bedeckte die Erde.

Moderne Vulkane stoßen Gase aus, wenn das heiße Magma bei hohen Temperaturen und unter starkem Druck an die Oberfläche gebracht wird. Diese Gase geben uns einen Hinweis auf die Zusammensetzung der frühesten Erdatmosphäre: Wasserdampf, Kohlendioxid, Kohlenmonoxid, molekularer Stickstoff, molekularer Wasserstoff und Chlorwasserstoff.

Es könnte Millionen von Jahren gedauert haben, bis Regen aus der dampfend heißen Atmosphäre den Boden erreichte. Enorme Stürme umkreisten die sich schnell drehende Erde. Wasserdampf wurde hoch in die Atmosphäre hinaufgetragen, wo er abkühlte und als Regen oder Schnee auf die Erde fiel. Dies half, das Gestein der Oberfläche abzukühlen, und es bildeten sich die ersten Ozeane. Wo das Wasser auf der Erde herkommt, ist seit Jahrzehnten Gegenstand von Diskussionen, aber neueste Forschungsergebnisse könnten nun die Frage beantwortet haben.

Nach ihrer Entstehung herrschten in der sonnennahen protoplanetaren Scheibe Temperaturen von mehreren Tausend Grad Celsius. Bei den tiefen Druckverhältnissen konnte Wasser erst unter minus 100 Grad Celsius kondensieren. Die Details kennen wir nicht, aber wir denken, dass sich erst jenseits der Distanz der Erde von der Sonne Wassereis bilden konnte, wo die Temperaturen unter der sogenannten *Schneelinie* lagen. Näher an der Sonne, in der Region, wo unsere Erde sich bildete, konnten sich nur metallische Gesteinskomponenten wie Eisenoxide und Silikate verbinden. Dies ist der Grund, weshalb die Asteroiden hauptsächlich aus Gestein bestehen und die weit entfernten Kometen mehrheitlich aus Eis.

Bis 2012 ging man davon aus, dass Kometen das Wasser auf die Erdoberfläche gebracht hätten. Diese Theorie wurde kürzlich geprüft, indem man die Wassermoleküle in Kometen mit Wassermolekülen auf der Erde verglich. Es zeigte sich, dass sie verschieden waren.

Nicht alle Atome eines Elements sind gleich. Elektrisch neutrale Atome haben die gleiche Anzahl an Protonen und Elektronen. Aber die Zahl der Neutronen, die sich an Protonen binden, kann variieren. Diese Variationen eines Elements nennt man *Isotope*. Wasserstoffatome haben normalerweise ein Proton und ein Elektron. Der fachsprachliche Name dafür ist Protium. Ein winziger Anteil der Wasserstoffatome enthält aber zusätzlich ein Neutron, welches an das Proton gebunden ist. Dieses schwerere Wasserstoffisotop heißt Deuterium.

Der Anteil an Deuterium im Wasser war, als man ihn überprüfte, in Kometen deutlich höher als auf der Erde. Dies deutet darauf hin, dass das Wasser auf der Erde aus einer anderen Quelle stammt. Man geht inzwischen davon aus, dass es von Asteroiden kam, die sich jenseits der Umlaufbahn des Mars bildeten. Der Deuteriumanteil im Wasser der sogenannten *chondritischen* Asteroiden liegt sehr nah an dem des Wassers auf der Erde.

Wenn Sterne älter werden, werden sie auch heller. Die junge Sonne war nur etwa 70 Prozent so hell wie sie heute ist. Wenn die Erde keine Atmosphäre hätte, wäre ihre Oberfläche daher während eines Großteils ihrer Geschichte gefroren gewesen. Wir werden den Nachweisen für flüssiges Wasser und Leben auf der frühen Erde noch begegnen. Dies bedeutet, dass die Temperaturen deutlich höher waren, als zu erwarten wäre. Das Paradox der blassen jungen Sonne (*faint young Sun*) wurde bereits in den 70er-Jahren vom amerikanischen Astrophysiker Carl Sagan und seinen Kollegen angesprochen.

Die wahrscheinlichste Lösung für das Paradox der blassen jungen Sonne ist, dass eine dichte Atmosphäre, gefüllt mit einer großen Menge Treibhausgase, die Oberfläche der Erde warm hielt. Abgesehen davon, dass sie für habitable Temperaturen sorgt, schützt unsere Atmosphäre das Leben auf der Erde auch vor den schädlichen Folgen der hochenergetischen kosmischen Strahlen und vor dem Sonnenwind. Aber wodurch wird die Erdatmosphäre geschützt?

Eine heiße Erde

Während und nach ihrer Entstehung wurde die Erde einem Prozess namens *magmatische Differenziation* unterzogen. Die Schwerkraft führte dazu, dass schwerere Elemente wie Eisen, Nickel oder Gold zum Zentrum hin absanken. Das häufig vorkommende Eisen zog alle Elemente, die sich chemisch mit ihm verbinden konnten, mit sich. Es entwickelte sich ein enormer metallischer Kern von mehreren Tausend Kilometern Durchmesser. Das leichte, silikatreiche Magma trieb an die Oberfläche und bildete einen tiefen Magma-Ozean. Schließlich kühlte die Oberfläche genügend ab, um eine Schicht Basaltkruste zu bilden, so wie sie sich noch heute auf dem Grund der Ozeane findet.

Während dieser Periode der Differenziation des Erdinneren sanken die meisten Schwermetalle zum Erdkern hin ab. Aus diesem Grunde sind Elemente wie Gold, Palladium, Wolfram und Platin nur selten in der Erdkruste anzutreffen. Im Zentrum der Erde könnten sich 100 Billionen Tonnen Gold befinden – genug, um die gesamte Oberfläche des Planeten mit einer Schicht von einem Meter Gold zu überziehen!

Die Zusammensetzung der Erdkruste wird hauptsächlich von den Bestandteilen jener Asteroiden bestimmt, die auf unserem Planeten einschlugen, nachdem sich die Erdoberfläche verfestigt hatte. Die meisten Edelmetalle, die wir heute abbauen, stammen von diesen Asteroiden. Etwa 170 000 Tonnen Gold wurden bis heute abgebaut, und das meiste davon kommt aus dem Weltall.

Das Innere unserer Erde ist auch heute noch feuerflüssig, mit Temperaturen von rund 5400 Grad Celsius im Erdkern. Das entspricht der Temperatur auf der Oberfläche der Sonne! Wenn es im Inneren unseres Planeten keine anderen Wärmequellen gäbe, wäre das Erdinnere heute allerdings viel kühler. Es gäbe keine Vulkane, keine Plattentektonik und vielleicht auch kein Magnetfeld. Wir werden noch sehen, dass es unter diesen Bedingungen dem Leben schwer gefallen wäre, sich zu etwas Komplexerem als einem Bakterium zu entwickeln.

Der radioaktive Zerfall von instabilen Isotopen von Uran, Thorium und Kalium ist die primäre Hitzequelle im Innern unseres Planeten. Wenn diese Atome spontan ihre Struktur ändern, wird die kinetische Energie der Zerfallsprodukte freigesetzt – geladene Partikel und Photonen. Dass die Erde eine interne Hitzequelle hat und innen feuerflüssig ist, ist aus zwei Gründen wichtig für das Leben auf ihr:

Erstens sind die Konvektionsströmungen im Erdmantel die treibende Kraft hinter der Plattentektonik. Und ohne Plattentektonik gäbe es keinen Kohlenstoffkreislauf. Wir werden später noch sehen, warum ein Kohlenstoffkreislauf wirklich wichtig ist für das Leben. Zweitens werden die elektrischen Ströme, die im heißen, konvektiven Erdmantel gebildet werden, vom leitfähigen, sich drehenden metallischen Kern in Zentrum der Erde verstärkt. Die Rotation unseres Planeten richtet die elektrischen Ströme aus, was wiederum das globale magnetische Feld der Erde entstehen lässt.

Es ist dieses unsichtbare Kraftfeld, welches die hochenergetisch geladenen Partikel der kosmischen Strahlung und den Sonnenwind ablenkt. Es schützt unsere Atmosphäre und das Leben auf der Erdoberfläche vor Strahlungsschäden.

Die ersten Steine und Kristalle

Die junge Erde war im Innern noch heißer, als sie es heute ist. Das zirkulierende Magma kochte und brodelte und brach immer wieder durch die sich neu bildende Landkruste. Es muss zahlreiche Hotspots und Spalten gegeben haben, was viele kleine Platten und Subduktionszonen zur Folge hatte. Das Wiedereinschmelzen der Ozeankruste in Kombination mit Wasser entlang der Subduktionszonen führte zur Bildung von leichten, silicatreichen Eruptivgesteinen. Die ersten Kontinente waren kleine Landmassen, die zunahmen und schließlich aneinander wuchsen.

Als Kind war ich fasziniert von der Geologie. Aber als ich von der Plattentektonik erfuhr, schien mir das alles ganz schön furchterregend. Das feste Gestein unter unseren Füssen ist nur eine dünne Schicht, die auf Tausenden von Kilometern feuerflüssigen Gesteins liegt. Was hält eine Kontinentalplatte davon ab, umzukippen und im heißen Abgrund unter ihr zu versinken?

Es stellte sich heraus, dass gehärtetes Eruptivgestein weniger dicht ist als das heiße, flüssige Magma, aus dem es sich bildet. Die durchschnittliche Dichte des Gesteins in der Kontinentalkruste ist ein bisschen niedriger als im darunterliegenden Mantel. Die Kontinente treiben also auf dem flüssigen Gestein.

Der Geschichte der Erde wird in vier geologische *Äonen* (Erdzeitalter) eingeteilt. Diese Zeitabschnitte sind gemäß den sich ändernden Bedingungen auf unserem Planeten und der Entwicklung des Lebens auf seiner Oberfläche eingeteilt. Die erste Zeitepoche ist das Hadaikum. Es erstreckt sich über die 500 Millionen Jahre, die auf die Entstehung der Erde folgten. Der Name leitet sich von Hades ab, dem griechischen Gott der Unterwelt. Er bezieht sich auf die höllenähnlichen Bedingungen auf der Erde in jener Zeit. Neuere

Forschungen haben allerdings gezeigt, dass die Bedingungen spätestens nach der Hälfte des Hadaikums gar nicht mehr so »höllisch« waren.

Diese jüngste Revolution in der Erdwissenschaft stammt von der Erforschung exponierten Urgesteins in Grönland, Kanada und Nordwestaustralien. Diese Gesteine sind alle über drei Milliarden Jahre alt, Überbleibsel früher Landmassen, *Kratone* genannt. Das Gestein in Australien ist besonders interessant, denn es enthält Zirkonkristalle, die noch älter sind als das Gestein, in dem sie lagern.

Kristalle bilden sich in einer Gesteinsmatrix, indem sie langsam Atome, Moleküle und andere Mineralkörner in ihre regelmäßige, glasähnliche Struktur aufnehmen. Zirkonkristalle bestehen hauptsächlich aus den Elementen Zirconium, Sauerstoff und Silicium ($ZrSiO_4$). Sie sind extrem hart und beständig und überdauern auch Bedingungen, welche das Gestein um sie herum erodieren, schmelzen oder in anderer Form verändern. Zirkonkristalle enthalten auch genügend Uran, sodass sie genau datiert werden können. Die australischen Zirkonkristalle begannen sich vor 4,4 Milliarden Jahren zu bilden. Erst viel später wurden sie in das jüngere, dreieinhalb Milliarden Jahre alte Gestein eingelagert. Sie liefern uns eine Aufzeichnung der Bedingungen auf der Erde, kurz nachdem sie entstanden war.

Diese Kristalle sind nicht sonderlich beeindruckend, denn mit bloßem Auge kann man sie kaum sehen. Sie sind gerade einmal einen Zehntel Millimeter groß, nicht viel größer als eine menschliche Zelle. Doch diese winzigen Fragmente urzeitlichen Materials enthalten eine Fülle von Informationen. Sie bildeten sich in Silicatgestein, das bei hohen Temperaturen geschmolzen und dann abgekühlt war. Ungeachtet ihrer Winzigkeit können Forscher den Altersgradienten feststellen, der durch die Kristalle verläuft, und die verschiedenen Atome und Mineralien aufspüren, die in ihnen stecken.

Die bloße Existenz dieser Kristalle gibt Auskunft darüber, dass vor 4,4 Milliarden Jahren bereits Gesteinsmaterial existierte, denn sonst hätten sich die Kristalle gar nicht erst bilden können. Sie benötigen Millionen von Jahren, um zu wachsen, und der Altersgradient in den Kristallen vollzieht sich in Schritten. Ihre Wachstumsbänder sind jeweils durch Intervalle von etwa 50 Millionen Jahren getrennt. Die Wachstumsperioden fanden immer dann statt, wenn Konvektionsströmungen die robusten Kristalle zurück an die Oberfläche trugen, wo sie in sich neu bildendes Silicatgestein aufgenommen wurden. Dies gibt Anlass zur Annahme, dass es bereits eine aktive Plattentektonik gab, und dass Plattenkollisionen und Subduktionen viel schneller vor sich gingen als heute.

Der Titangehalt von Zirkonkristallen kann zur Erfassung der Temperatur dienen, bei welcher sie fest wurden. Titan wird bei hohen Temperaturen leichter in die Kristallstruktur aufgenommen. Seine Häufigkeit in den vorzeitlichen Zirkonkristallen deutet darauf hin, dass sie sich bei Temperaturen um 680 Grad Celsius bildeten. Das ist interessant, weil die Gegenwart von Wasser den Schmelzpunkt von Gestein auf 650 bis 700 Grad Celsius absenkt. Dies ist also ein Hinweis auf die Existenz von Wasser auf der Erde von 4,4 Milliarden Jahren. Die Zusammensetzung der Sauerstoffisotope deutet ebenfalls darauf hin, dass diese Kristalle sich in der Gegenwart von Wasser bildeten.

Aus der Zusammensetzung kleiner Quarzkörner und anderer Mineralinklusionen, die in die Kristallstruktur eingebettet waren, konnten die Tiefe und die Temperatur, bei welcher sich dieser Teil des Kristalls verfestigte, abgeschätzt werden. Das Resultat war 700 Grad Celsius bei einer Tiefe von 20 Kilometern. Dies beinhaltet, dass die Zirkonkristalle sich in einem relativ kühlen Teil der Kruste und weit unter der Oberfläche bildeten. Es liefert weitere Hinweise darauf, dass die Plattentektonik bereits vor über vier Milliarden Jahren aktiv war.

Es ist schon bemerkenswert, wie viel Information über die frühe Erde ein paar kleine Kristalle uns geben können. In der Mythologie der alten Griechen war die Hölle kein Ort voller Feuer und Hitze. Die Unterwelt, in der Hades herrschte, war dunkel, kalt und bedrückend. Und obwohl die frühe Erde einen glühend heißen Start hinlegte, hätte sie wenig später vielleicht ein ideales Heim für Hades abgegeben.

Erste Lebenszeichen auf der Erde

Das Archaikum bezeichnet die geologische Periode von 4 bis 2,5 Milliarden Jahren vor heute. Dies war die Zeit, als es in der Erdatmosphäre keine bedeutsamen Mengen an Sauerstoff gab. Aus diesem Zeitraum stammen auch die frühesten Belege für Leben in der Form von Einzellern. Dichte, harte Strukturen wie Muscheln tauchen unter den fossilen Funden erst vor etwa zwei Milliarden Jahren auf. Und Kreaturen mit Skeletten aus Knochen entwickelten sich erst vor 550 Millionen Jahren. Um das erste Leben auf der Erde aufzuspüren, müssen wir andere Anzeichen für seine Existenz finden.

Ein Hinweis kommt von *Stromatolithen*, Gesteinen aus vielen dünnen Schichten von Sedimentkörnern, die in seichtem Wasser gefunden werden. Winzige Gesteinspartikel werden von Biofilmen aus Mikroorganismen eingefangen und eingebunden. Die prokaryotischen Zellen eines Biofilms sind lose miteinander verbunden und gedeihen gemeinsam. Sie fangen mineralische Körner, welche in Schichten zusammengesetzt sind, die auch nach Milliarden von Jahren noch leicht zu identifizieren sind. Die Schichten lassen Wachstumsperioden erkennbar werden, ähnlich wie die Baumringe in einer Holzscheibe. Stromatolithen sind heute häufig anzutreffen und stammen vor allem von Cyanobakterien, die auch als Blaualgen bekannt sind. Belege für solche urzeitlichen Biofilme aus Mikroben finden sich auch in dem 3,5 Milliarden Jahre alten Gestein in Nordwestaustralien.

Die ältesten uns bekannten Steine auf der Erde befinden sich in der kanadischen Provinz Quebec und an der Südwestküste Grönlands. Es handelt sich um metamorphe Sedimente, die mindestens 3,8 Milliarden Jahre alt sind. Sedimentgesteine wie Sandstein oder Ton entstehen durch die Erosion älterer Eruptivgesteine. Sie bilden sich aus den Partikeln, die Flüsse hinabgeschwemmt und in Seen oder Ozeanen abgelegt werden. Es gibt in diesen ältesten Gesteinen keine Hinweise auf Stromatolithen, aber das muss nicht überraschen, denn diese könnten durch wiederholtes Schmelzen verformt worden sein. Aber das Gestein enthält andere Belege für Leben auf der Erde vor 3.8 Milliarden Jahren.

Tote Organismen hinterlassen chemische Spuren, die wir *Biomarker* nennen. Diese spezifischen Moleküle sind unverwechselbare Überreste ihrer biologischen Vorgänger. So wurden zum Beispiel in den 3,5 Milliarden Jahre alten australischen Gesteinen winzige, etwa zellgroße Mikrofossilien von Pyrit gefunden. Pyrit ist ein Biomarker, der vielleicht von Organismen mit einem Eisen-Schwefel-Stoffwechsel stammt. Organische Moleküle hinterlassen ebenfalls Biomarker, die verwendet werden können, um zwischen prokayotischem und eukaryotischem Leben zu unterscheiden. Das Lipid Cholesterin ($C_{27}H_{46}O$) zum Beispiel, welches in eukaryotischen Zellen vorkommt, zerfällt zu Cholestan ($C_{27}H_{48}$). Cholestan ist stabil und beständig, kommt aber auf der Erde erst seit zwei Milliarden Jahren vor. Dies stimmt mit dem Fehlen von Nachweisen für mehrzelliges Leben vor dieser Zeit überein.

Ein anderer wichtiger Biomarker ergibt sich aus einem Ungleichgewicht in den Anteilen eines Elements mit verschiedenen Isotopen. Dies kann das Ergebnis natürlicher oder biologischer Prozesse sein. Es geschieht, weil jene Atome mit zusätzlichen Neutronen schwerer sind und dies die Geschwindigkeit, bei welcher sich physikalische oder biologische Prozesse abspielen, beeinflussen kann. Ich beschreibe diesen Prozess so detailliert, weil er wichtig ist. Isotopen sind wir bereits im Zusammenhang mit der Frage, woher das Wasser auf der Erde kommt, begegnet. Isotopische Unterschiede werden aber auch verwendet, um das vorzeitliche Klima der Erde zu messen und um erste Anzeichen des Lebens zu identifizieren.

Ein biologischer Stoffwechsel kann ebenfalls zu einem Ungleichgewicht in den Isotopen gewisser Elemente führen. Dies hat zur Folge, dass diese Elemente in Konzentrationsverhältnissen auftreten, die so in lebloser Materie normalerweise nicht vorkommen. Kohlenstoff zum Beispiel kommt in zwei stabilen Formen vor: Kohlenstoff 12, welches 12 Neutronen hat, und Kohlenstoff 13, welches mit 13 Neutronen etwas schwerer ist. Im Mittel ist nur etwa ein Prozent des Kohlenstoffs von der schwereren Sorte. Die chemischen Reaktionen während der Photosynthese gehen mit den leichteren Kohlenstoff-12-Atomen einfacher vonstatten als mit dem schwereren Kohlenstoff 13. Als Folge davon ist der Anteil an Kohlenstoff 13 in photosynthetischen Zellen um 20 bis 30 Prozent niedriger als der Durchschnitt.

Durch die Analyse vorzeitlicher Kohlenstoffablagerungen können Rückstände des Lebens aufgespürt werden. Die frühesten Anzeichen für Leben auf der Erde stammen aus dem 3,8 Milliarden Jahre alten Isua-Grünsteingürtel in Grönland. Das Verhältnis der Kohlenstoffisotope im metamorphen Sedimentgestein von Isua stimmt mit jenem heutiger photosynthetischer Organismen überein. Es könnte auch schon früher Leben auf der Erde gegeben haben, aber wir haben kein älteres Material für unsere Analysen zur Verfügung.

Wo begann das Leben auf der Erde?

Der Grund für das Fehlen von Gestein, das älter als 3,8 Milliarden Jahre ist, liegt in der Effizienz jener Abläufe, welche dieses Gestein wieder in den Mantel zurückwälzten. Zusätzlich zur Erosion und der metamorphen Transformation wurden die urzeitlichen Landmassen von einschlagenden Asteroiden bombardiert. Es wird davon ausgegangen, dass zu Beginn des Archaikums Dutzende von 100 Kilometer großen Asteroiden mit der Erde kollidierten. Diese Einschläge pulverisierten jegliche existierende Landmasse auf der Erdoberfläche. Beweise für dieses *große Bombardement* (die Wissenschaft verwendet für gewöhnlich den englischen Begriff *late heavy bombardment*) liefern uns die riesigen urzeitlichen Krater auf dem Mond. Die frühe Erde war kein Ort, an dem das Leben einen leichten Anfang gehabt hätte.

Als unser Mond entstand, war er etwa zehnmal näher an der Erde. Wegen der gravitativen Wechselwirkung mit der Erde hat sich der Mond immer weiter von der Erde entfernt. Als Folge davon lässt die Drehgeschwindigkeit der Erde immer weiter nach. Manche Schätzungen gehen davon aus, dass der Mond vor 3,9 Milliarden Jahren nicht einmal halb so weit von der Erde entfernt war wie jetzt, und die Erde sich einmal in 14 Stunden drehte. Da es pro Tag zwei Gezeiten gibt, würden bei einer solchen Konstellation alle sieben Stunden bis zu zehn Meter hohe Flutwellen über das Land hereinbrechen. Dies hat nur wenig gemeinsam mit einem Szenario, wo sich das Leben in einem ruhigen Gezeitenbecken entwickelt. Aber wo sonst auf der Erde hätte das Leben beginnen können?

Eine andere weitverbreitete Theorie ist, dass das Leben in der Nähe von tief im Ozean gelegenen Hydrothermalquellen entstanden ist. An Stellen, wo ozeanische Platten auseinandertreiben, wird das Meerwasser, das durch die Ozeankruste zirkuliert, erwärmt. Es löst dabei chemische Stoffe aus dem Gestein. Dieses mineralienreiche Wasser wird unter starkem Druck und hohen Temperaturen durch kaminartige Schlote, sogenannte *Schwarze Raucher (black smokers)*, in den Ozean zurückgeblasen.

Die Hydrothermalquellen, in denen organische Verbindungen synthetisiert werden, sind ein weiterer möglicher Entstehungsort von präbiotischen Molekülen. In der mineralienreichen Umgebung können sich mithilfe von Wasserstoff und Kohlenmonoxidgas, das aus den Quellen strömt, Fettsäuren bilden. Diese Fettsäuren könnten als sich selbst aufbauende molekulare Zellwände genutzt werden. Aber die Hydrothermalquellen bestehen nicht über lange Zeit und können schon nach ein paar Jahrzehnten versiegen. Hat die Quelle ihr heißes Wasser einmal verbraucht, fallen die Temperaturen von 300 auf etwa zwei Grad Celsius.

Die präbiotische Synthese einiger der Vorläufer des Lebens, zum Beispiel der Basen Adenin und Guanin, vollzieht sich vorzugsweise unter kalten Bedingungen. Andere Schritte benötigen Wärme, zum Beispiel das Verbinden der Nukleinsäuren mit Zuckern oder die Bildung von Aminosäuren. Aber höhere Temperaturen führen auch zur Zerstörung von RNS-Molekülen. Es ist daher denkbar, das sich die verschiedenen Schritte zum Leben hin an verschiedenen Orten auf der Erde vollzogen. Ich persönlich bevorzuge allerdings die Vorstellung, dass sich das Leben über längere Zeit an einem einzigen Ort entwickelt hat.

Begann das Leben im All?

Ich behaupte sogar, dass die am besten geeignete Umgebung, in der sich primitives Leben entwickelt haben könnte, sich nicht auf der Erde befand. Ich bevorzuge die Vorstellung, dass das Leben seinen Anfang auf einem riesigen Asteroiden oder einem Zwergplaneten nahm. Und dass ein solches Objekt zu einem Zeitpunkt mit der Erde kollidierte und das Leben hier »ablieferte«, als die Bedingungen sein Gedeihen erlaubten. Wir werden später sehen, dass einzellige Organismen einen solchen Einschlag überleben könnten.

Wie bereits erwähnt, enthalten Asteroiden viele jener organischen Moleküle, die das Leben für seinen Start braucht. Obwohl sie hauptsächlich aus Gesteinen bestehen, enthalten sie auch eine Menge Wasser. Alles Wasser auf der Erde macht gerade einmal 0,04 Prozent ihrer totalen Masse aus. Bei Asteroiden dagegen liegt der Wasseranteil im Durchschnitt bei einem Prozent, und manche bestehen zu 20 Prozent aus Wasser. Wir haben gelernt, dass das Wasser auf der Erde von Asteroiden stammt. Vielleicht haben sie auch das Leben hierher gebracht.

Asteroiden sind poröse Strukturen, voller Risse und Löcher. Sie haben nicht genug Masse für eine eigene Atmosphäre, und ihre Oberflächen sind direkt dem Vakuum des Weltraums ausgesetzt. Ich stelle mir vor, dass das Leben sich im Inneren von Asteroiden oder Zwerg-Protoplaneten mit einem Durchmesser von über 100 Kilometern entwickelt hat. Objekte von dieser Größe waren im frühen Sonnensystem zahlreich, und sie blieben in ihrem Innern für mindestens ein paar 100 Millionen Jahre warm.

Um zu verstehen, wie sich Leben vielleicht in einem Asteroiden hätte entwickeln können, sollten wir einen Blick auf einen von ihnen werfen. Vesta ist ein Asteroid von

500 Kilometern Durchmesser, der sich auf einer Umlaufbahn im Asteroidengürtel bewegt. Das Objekt ist eines der Überbleibsel von der Entstehung unseres Sonnensystems. Es hat einen metallischen Kern, war also früher einmal feuerflüssig. Der radioaktive Zerfall hielt das Innere von Vesta für mindestens einige Hundert Millionen Jahre flüssig. Sein tiefstes Inneres könnte auch heute noch warm genug sein, um flüssiges Wasser zu beherbergen. Als Vesta noch wärmer war, sprudelte das kochende Wasser vom Kern in die äußeren Schichten, und vielleicht bildeten sich in diesem heißen Medium einige der molekularen Bausteine des Lebens. Das an Mineralien und organischen Molekülen reiche Wasser bildete unter der gefrorenen Oberfläche eine dicke, nasse Schicht. An dieser Schnittstelle zwischen warmem Wasser und Eis hätten sich einfache, replizierende Organismen entwickeln können.

Moleküle benötigen flüssiges Wasser als Medium, in dem sie sich bewegen. Aber warmes Wasser kann die Verbindungen beschädigen, die die RNS-Ketten zusammenhalten. Dieser Prozess ist als *Hydrolyse* bekannt. Bei Temperaturen unter null geht dieser Prozess langsamer vor sich. Experimente, die bei Bedingungen unter null durchgeführt wurden, haben gezeigt, dass ein einmal entstandener RNS-Strang die Bildung eines neuen, komplementären Strangs mit einer Länge von bis zu 400 Nukleinbasen lenken kann.

Dass RNS in gefrorenem Wasser stabil ist und wachsen kann, hat mit dem sogenannten *eutektischen* Gefrieren zu tun: Wenn sich ein Eiskristall bildet, bleibt er dabei rein. Nur Wassermoleküle binden sich an den wachsenden Kristall, während Unreinheiten wie Salz ausgegrenzt werden. Dies führt zu winzigen Einschlüssen mit salziger, mineralienreicher Flüssigkeit. Dieses Zusammendrängen erhöht die Zahl der molekularen Interaktionen, die organische Verbindungen und lange molekulare Ketten bilden können. Die Minustemperaturen tragen außerdem dazu bei, den zerstörerischen Prozess der Hydrolyse zu verlangsamen.

Während die erdähnlichen Planten entstanden, gab es Zehntausende massive Asteroiden und Protoplaneten wie Vesta. Unter ihren eisigen Oberflächen hätte eine Vielzahl an molekularen Interaktionen ablaufen können. Dieser dunkle Ort wäre vor der kosmischen Strahlung und dem ultravioletten Licht der Sonne gut geschützt gewesen.

Die niedrige Schwerkraft an einem solchen Ort könnte sich positiv auf die molekularen Interaktionen, die für das Leben wichtig sind, auswirken. Kürzlich erfolgte Experimente an Bord der internationalen Raumstation (*ISS*) haben gezeigt, dass Bakterien wie *E.coli* und *Salmonella* in einer schwerelosen Umgebung besser gedeihen und sich schneller vermehren. In anderen Experimenten bildeten Bakterien, die auf der Raumfähre *Atlantis* gezüchtet worden waren, komplexe, dickflüssige Biofilme mit einer baumähnlichen Struktur, die unter normalen Schwerkraftverhältnissen noch nicht beobachtet wurde.

Asteroiden mit einem Durchmesser von unter 500 Kilometern haben eine unregelmäßige Kontur. Ihre Gravitation ist nicht stark genug, um ihr Material in eine Kugelform zu ziehen. Sie taumeln und drehen sich chaotisch. Manche Asteroiden drehen sich alle paar Stunden; ihre Gravitationskraft ist kaum größer als ihre Zentripetal-Beschleunigung. In dieser porösen Umgebung würde die Ursuppe, die reich an chemischen Verbindungen ist, sanft gemischt.

Ein sich wiederholender Zyklus von warm und kalt könnte die idealen Bedingungen für die Entstehung des Lebens geschaffen haben. Dies sind auch die Bedingungen, die in einem Asteroiden herrschen, wenn er auf einer exzentrischen Umlaufbahn liegt, die ihn nahe an der Sonne vorbeiführt. Unsere Computersimulationen verfolgen die Bildung von Gesteinsplaneten aus kleineren Bausteinen, die *Planet-*

esimale genannt werden. Zu Beginn bewegen sich diese auf elliptischen Flugbahnen, und bei manchen vergehen Hunderte von Millionen Jahren, bevor sie Teil eines größeren Planeten werden. Die Verhältnisse im Inneren sind gemäßigt und verändern sich nur langsam. Der Unterschied zu den Bedingungen auf der Oberfläche einer jungen Erde ist enorm.

Viele dieser potenziellen Heimaten für das entstehende Leben kollidierten mit anderen Asteroiden und zerbrachen dabei. Manche der Fragmente fügten sich schließlich an Planeten. Einige der Protoplanten wurden auf Flugbahnen umgelenkt, die sie auf direktem Kurs in die Sonne schickten, andere kollidierten mit Planeten und schütteten ihren gesamten Inhalt auf deren Oberflächen aus – darunter vielleicht auch die möglichen Vorfahren des Lebens. Es wird davon ausgegangen, dass während des Hadaikums mindestens 30 riesige Asteroiden und Protoplaneten mit einem Durchmesser von über 100 Kilometern auf die Erde trafen.

Oder begann das Leben auf dem Mars?

Die Hypothese, dass das Leben die Reise zwischen Planeten überstehen könnte, ist unter dem Begriff *Panspermie* bekannt. Panspermie ist griechisch für »Samen überall« und wurde erstmals im 5. Jahrhundert v. Chr. von Anaxagoras erwähnt. Im 19. und 20. Jahrhundert ging man erstmals ernsthaft dem Gedanken nach, dass das Leben buchstäblich auf die Erde gefallen sein könnte. Der englische Astrophysiker und Science-Fiction-Autor Fred Hoyle war ein entschiedener Gegner der Theorie, dass das Leben seinen Anfang auf der Erde genommen hat. Er hielt diese Wahrscheinlichkeit für gering und trieb die Idee eines anderen Entstehungsortes voran.

Eine beliebte Hypothese ist, dass das Leben auf dem Mars begann und auf einem riesigen Gesteinsstück, welches durch einen großen Einschlag vom Mars abgesprengt worden war, auf der Erde landete. Das ist nicht so verrückt, wie es klingt. Ein großer Teil unserer Meteoriten kommt nachweislich vom Mond oder vom Mars. Vor mehreren Milliarden Jahren war der Mars mit Ozeanen bedeckt und hatte eine dichtere Atmosphäre. Das Leben könnte tatsächlich auf dem Mars begonnen haben, unabhängig von der Erde. Neuere Computersimulationen zeigen, dass sich vom Mars abgesprengtes Gestein im Sonnensystem verteilen würde. Ein Teil davon würde im Laufe der nächsten 100000 Jahre auf der Erde landen.

Die Panspermie ist keine Theorie für den Ursprung des Lebens, aber sie ist eine faszinierende Hypothese, wie sich das Leben im Sonnensystem verteilt haben könnte. Es wäre nicht überraschend, wenn sich auf der Oberfläche des Mars Überreste irdischen Lebens fänden. Es ist allerdings sehr unwahrscheinlich, dass Leben auf diese Weise seinen Weg in andere Sonnensysteme findet. Die Reise würde über 100000 Jahre dauern, und die Wahrscheinlichkeit, so weit weg auf einem Planeten zu landen, ist winzig.

Eine Welt von Mikroorganismen

Wo auch immer das Leben seinen Anfang nahm, sei es im All oder in den Ozeanen – es blühte eindeutig auf, als die Bedingungen auf der Erde sich etwas verbessert hatten. Zum Ende des Archaikums könnte die Plattentektonik ähnlich gewesen sein wie heute. Neben tiefen ozeanischen Becken und vulkanischen Inselgruppen gab es auch große kontinentale Landmassen. Leben in Form von prokaryotischen Organismen existierte während der Mehrheit des Archaikums.

Aber es gibt keinen Nachweis für mehrzellige Organismen aus dieser Zeit.

Vor rund drei Milliarden Jahren, gegen Ende des Archaikums, machte unsere Atmosphäre eine radikale Veränderung durch. Der Sauerstoffgehalt begann zu steigen. Bevor das Leben sich ausbreitete, wurde aller freie Sauerstoff von den Gesteinen und Ozeanen an der Oberfläche aufgenommen. Die Geschichte des Sauerstoffs in unserer Atmosphäre ist in den Gesteinsschichten gut erhalten, zum Beispiel in Eisenerzformationen mit Schichten von oxidiertem Eisen. Das Leben begann, unsere Atmosphäre zu verändern, als photosynthetische Organismen sich entwickelten und ausbreiteten. Die Sauerstoffmenge, die von photosynthetischen Cyanobakterien ausgeschieden wurde, war zu groß, als dass sie natürlich absorbiert werden konnte, und die Atmosphäre reicherte sich mit Sauerstoff an.

Auf das Archaikum folgte das Proterozoikum, welches die geologische Periode zwischen vor 2,5 Milliarden und 542 Millionen Jahren umfasst. Die Gesteinsschichten aus dieser Periode sind gut erhalten, und darin finden sich die ersten Zeichen von Vergletscherung. Mindestens fünf größere Eiszeiten können datiert werden, und wenigstens einmal in dieser Periode war die Erde komplett zugefroren. Die Gletscher hatten sich bis in die Äquatorialregionen ausgebreitet und bedeckten den gesamten Planeten.

Vor der Sauerstoffanreicherung unserer Atmosphäre und der Bildung einer schützenden Ozonschicht könnte das Leben den Schutz des Wassers bevorzugt haben. Zu Beginn des Proterozoikums stieg der Sauerstoff in der Atmosphäre noch einmal an und erreichte einen Anteil von fast 2 Prozent. Dies ist nur ein Zehntel des heutigen Sauerstoffanteils. Dennoch ist das Ereignis als *große Sauerstoffkatastrophe* (oft wird auch der englische Begriff *great oxygenation event* verwendet) bekannt, da viele anaerobe Organismen daran zugrunde gingen. Das ultraviolette Licht der Sonne spaltete die Sauerstoffmoleküle und führte zur Bildung von Ozon (O_3). Diese Schicht schützte wiederum entstehendes Leben vor ultraviolettem Licht und erlaubte es ihm, die Ozeane zu verlassen, mit dem Atmen zu beginnen und unseren Planeten allmählich zu besiedeln.

Es gibt einige Belege dafür, dass vor zwei Milliarden Jahren einfache Organismen auf der Landoberfläche lebten. Bei winzigen Fossilien, die kürzlich in Südafrika gefunden wurden, könnte es sich um Pilze handeln, eine sehr frühe Form eukaryotischen Lebens. Vielleicht waren die Landmassen mit einer schleimigen, schimmelartigen Substanz überzogen, die schließlich komplexere Lebensformen dazu ermunterte, die Ozeane zu verlassen und sich von ihr zu ernähren.

Von einfachen Zellen zu Tieren mit Augen

Die ältesten bekannten mehrzelligen Kreaturen finden sich in 2,1 Milliarden Jahre altem Gestein konserviert, das in Westafrika entdeckt wurde. Die Gabon-Fossilien sind dreidimensionale, etwa zehn Zentimeter lange Strukturen. Die Fossilien tragen Spuren von Cholestan, einem Biomarker aus den Zellwänden von Eukaryoten, in sich. Diese ersten großen lebenden Kreaturen könnten frühe Vorfahren von uns gewesen sein, die sich kurz nach dem Auftauchen von Sauerstoff in unserer Atmosphäre entwickelten. Es ist allerdings schwierig, diese Lebensformen einzuordnen, denn es gibt nichts Vergleichbares, das heute noch lebt.

Eines der ältesten identifizierten Fossilien mit einem heute noch lebenden Gegenstück sind die Rotalgen. *Bangiomorpha pubescens* ist ein mehrzelliges Fossil, das in Kanada in arktischem Gestein entdeckt wurde. Der Organismus lebte vor

1,2 Milliarden Jahren und gleicht der modernen Rotalge *Bangia*.

Durch die fossilen und geochemischen Funde wissen wir, dass es ab dem Zeitpunkt der Entstehung prokaryotischer Organismen etwa 1,5 Milliarden Jahre dauerte, bis große, mehrzellige Kreaturen auftauchten. Die Vielfalt des Lebens wurde nicht entscheidend größer, bis vor einer halben Milliarde Jahre etwas Dramatisches passierte. Das Phanerozoikum ist die erdgeschichtliche Periode, in der wir heute leben. Es beginnt mit dem Auftauchen vielfältiger hartschaliger Kreaturen vor 542 Millionen Jahren. Dieses Ereignis ist als *kambrische Explosion* bekannt – die plötzliche Herausbildung einer großen Zahl von Tieren und einer Vielfalt an Leben auf der Erde, die der heutigen gleicht.

Die Ursache für die kambrische Explosion ist nicht bekannt. Eine der führenden Erklärungen lautet, dass sie mit einem erneuten Anstieg des Sauerstoffgehalts in unserer Atmosphäre einhergeht. Ich bevorzuge allerdings die Idee, dass sich die kambrische Explosion durch die Entwicklung von Gehirnen ereignete. Die Fähigkeit, Erinnerungen zu speichern und Informationen der Sinne zu verarbeiten, gab Kreaturen mit einem Gehirn einen Vorteil im Überlebenskampf. Ein Sehvermögen, das über das Empfinden von hell und dunkel hinausging, entwickelte sich zusammen mit dem Gehirn, und so entstanden die ersten Kreaturen, die unsere Welt erblickten. Tiere konnten Räuber und Nahrung erkennen und entwickelten Tarn- und Verteidigungsmechanismen. Die Fähigkeit, neue ökologische Nischen zu füllen, könnte zu einer raschen Diversifikation der Arten geführt haben.

In jener Zeit hatten die Landmassen Flüsse und Seen, Gletscher und Schnee, Berge und Wüsten. Diese frühen Superkontinente umfassten etwa die Hälfte der heutigen Landmassen. Sie wuchsen langsam an, indem sich immer mehr

Magma entlang ihrer Ränder abkühlte. Es gibt sehr gut erhaltene Spuren von Kreaturen, die vor etwa 500 Millionen Jahren über die Oberfläche von Sanddünen krabbelten. Das älteste Fossil eines Landtiers ist ein 430 Millionen Jahre alter Tausendfüßler aus Schottland. Die Entdeckung und Bevölkerung der Landmassen hatte nun ernsthaft begonnen.

Um die Zeit der kambrischen Explosion stieg der Sauerstoffgehalt der Luft noch einmal schnell an. Vor 300 Millionen Jahren hatte die Sauerstoffmenge in der Atmosphäre ein Niveau erreicht, das um 50 Prozent höher war als heute. Während dieser sogenannten Karbon-Periode bedeckten riesige Wälder das Land, was große Gebiete von Kohleablagerungen zur Folge hatte. Die üppige Flora konsumierte Kohlendioxid und reicherte die Atmosphäre mit Sauerstoff an. Der hohe Sauerstoffgehalt machte es vielleicht möglich, dass Tiere größere Körper hatten. Spinnen, Skorpione und fliegende Kreaturen wie Libellen waren etwa zehnmal so groß wie ähnliche Arten heute.

Zur gleichen Zeit, als der Sauerstoffgehalt anstieg, kollidierten die existierenden Kontinente und bildeten einen einzigen Superkontinent, der als *Pangaea* bekannt ist. Nach der Bildung von Pangaea vor 250 Millionen Jahren änderten sich die Bedingungen auf der Erde plötzlich. Über 90 Prozent der Meeresbewohner und 70 Prozent der Wirbeltiere an Land starben aus. Dies ist als das Massenaussterben an der Perm-Trias-Grenze bekannt. Zur gleichen Zeit fielen die Sauerstoffwerte in der Atmosphäre ab, und jene des Kohlendioxids stiegen an. Diese dramatische Veränderung in unserer Atmosphäre könnte eine Folge des Massenaussterbens gewesen sein – oder sie hat es verursacht.

Unsere Erde als lebendes System

Es ist nicht bekannt, wie diese Katastrophe für das Leben ausgelöst wurde. Es könnte ein großer Asteroideneinschlag gewesen sein, noch größer als jener, der vor 65 Millionen Jahren die Dinosaurier auslöschte. Vielleicht führte der hohe Sauerstoffanteil zu riesigen Feuern, die sich über Pangaea ausbreiteten und alles Kohlenstoffhaltige verbrannten, egal ob lebendig oder tot. Feuer verbrauchen Sauerstoff und lassen Kohlendioxid zurück. Der Sauerstoff macht heute etwa 20 Prozent unserer Luft aus. Würde der Anteil auf 15 Prozent fallen, könnten wir kein Feuer mehr anzünden. Andererseits würde bei einer Atmosphäre mit 30 Prozent Sauerstoffanteil sogar nasses Holz brennen.

Trotz erneuter Massensterben, weiterer Asteroideneinschläge, Eiszeiten und anderer dramatischer Ereignisse stieg der Sauerstoffanteil in unserer Atmosphäre später wieder langsam an und pendelte sich bei etwa 20 Prozent ein. Die Stabilität des Erdklimas und der Zusammensetzung unserer Atmosphäre wird von einer komplexen Serie physikalischer Prozesse aufrechterhalten, die wir Rückkopplungen (*feedback loops*) nennen. Ereignisse, die zu einer globalen Erwärmung führen, werden als positive Rückkopplungen bezeichnet. Negative Rückkopplungen führen hingegen zu einem globalen Temperaturabfall. Rückkopplungen können für das Leben auf einem Planeten gut oder schlecht sein. Dass die Erde nicht einfror, als die Sonne noch jung und blass war, ist einer Rückkopplung zu verdanken: dem Treibhauseffekt.

Der Treibhauseffekt stellt sich ein, wenn die Atmosphäre eines Planeten Moleküle enthält, die infrarotes Licht reflektieren. Das hochenergetische sichtbare Sonnenlicht wärmt die Oberfläche des Planeten auf, und diese Hitze wird in infraroten Wellenlängen zurück in die Atmosphäre reflektiert. Treibhausgase wie Wasser oder Kohlendioxid werfen die Wärme auf die Oberfläche des Planeten zurück und schließen die Wärme ein, ähnlich wie ein Ofen.

Vulkanismus ist ebenfalls eine Form der positiven Rückkopplung. Erhöhte tektonische Aktivität führt zu mehr Vulkanen und der Freisetzung von Kohlendioxidgasen, die im Mantel gefangen waren. Dies beschleunigt die Geschwindigkeit, mit welcher der Treibhauseffekt die Oberfläche der Erde erwärmt. Dem Temperaturanstieg wirkt die Abstrahlung der Erdhitze ins All entgegen. Und je wärmer etwas ist, desto mehr Wärme strahlt es ab – eine Form der negativen Rückkopplung. Steigende Temperaturen können auch dadurch aufgefangen werden, dass mehr Wasser verdampft. Dies wiederum kann zu mehr Wolken und zu mehr Regen führen.

Die Verwitterung von Gestein durch sauren Regen ist eine weitere Form der negativen Rückkopplung. Wenn die Temperaturen steigen, verdampft mehr Wasser aus den Ozeanen. In der Atmosphäre reagiert dieses Wasser mit Kohlendioxid und bildet Karbolsäure (Phenol). Der saure Regen löst das Gestein auf und bildet an der Oberfläche Tonerden, die als Kohlenstoffspeicher fungieren. Die kohlenstoffreiche Tonerde wird Flüsse hinabgeschwemmt und endet als Sediment auf dem Meeresgrund, wo sie schließlich durch tektonische Aktivität in den Mantel hinabgezogen wird. Die Abnahme des Kohlendioxids in der Atmosphäre durch Verwitterung und durch geologische Prozesse führt zu weniger Treibhausgasen und sinkenden Temperaturen.

Vielleicht denken Sie nun, das System Erde sei ganz schön kompliziert. Und das ist es auch, denn alle Prozesse hängen voneinander ab. Auch das Leben spielt eine wichtige Rolle in den natürlichen Kreisläufen von Kohlenstoff, Sauerstoff und Stickstoff. Immerhin konsumiert das Leben einen nicht unerheblichen Teil des Kohlenstoffs in der Atmosphäre. Wenn Sie sich das nächste Mal einen Kalksteinfelsen anschauen, sollten Sie einen Moment innehalten und an die unzähligen Kreaturen denken, die lebten und starben, um einen so riesigen Block aus Kalziumkarbonat zu erschaffen.

Die gesamte Biomasse an Kohlenstoff in allem Leben auf der Erde beträgt etwa 10^{12} Tonnen. Die Menschen machen davon nur einen kleinen Teil aus, etwa 0,01 Prozent des Gewichts oder 10^8 Tonnen. Die meiste Kohlenstoff-Biomasse findet sich in Pflanzen und Bakterien, die je etwa 500 Milliarden Tonnen ausmachen. Die Gesamtmasse an Kohlenstoff in der Erdkruste wird auf etwa 10^{17} Tonnen geschätzt. Das heutige Leben nutzt nur einen kleinen Teil des verfügbaren Kohlenstoffs, aber ein großer Teil davon ist schon mehrmals von vielen lebenden Kreaturen wiederverwendet worden. Es ist also nicht nur so, dass unsere entfernten Vorfahren Fische waren. Auch ein großer Teil des Kohlenstoffs in unserem Körper war einmal in einem Fisch – in vielen verschiedenen Fischen, um genau zu sein, und wahrscheinlich auch in einem Dinosaurier!

Das Fehlen eines Kohlenstoffzyklus würde die Möglichkeiten des Lebens stark einschränken. Alles Tote würde einfach auf den Grund des Ozeans sinken und dort eine teerähnliche Brühe bilden. Diese würde nicht in die Atmosphäre zurückgeführt, um neuem Leben zur Verfügung zu stehen. Aber was noch viel wichtiger ist: Ohne einen Kohlenstoffkreislauf wären Zusammensetzung, Temperatur und Druck in unserer Atmosphäre ganz anders.

Die Kombination von positiven und negativen Rückkopplungen sichert ein stabiles Klima, und das ist gut für das Leben. Diese Prozesse sind fein aufeinander abgestimmt, und natürliche Veränderungen können über geologische Zeiträume von Millionen von Jahren zu einem Ungleichgewicht führen. Das Leben kann diese Prozesse viel schneller beeinflussen. Führen Sie sich nur einmal vor Augen, dass die industrielle Aktivität der Menschen seit den 60er-Jahren den Kohlendioxidgehalt in unserer Atmosphäre um über 30 Prozent hat ansteigen lassen.

In den vergangenen paar 100 Millionen Jahren hat das Leben auf der Erde eine wichtige Rolle bei der Regulierung der atmosphärischen Bedingungen und des Erdklimas gespielt. Dass die Erde ein ausbalanciertes Lebenssystem ist, erschließt sich aus der in den 70er-Jahren durch den englischen Forscher John Lovelock aufgestellten *Gaia-Hypothese*. Lovelock entwickelte seine Ideen, während er versuchte, mögliche Hinweise auf Leben auf dem Mars zu bestimmen. Er regte an, dass diese Hinweise in der Atmosphäre des Planeten zu finden wären. Wenn die Atmosphäre des Mars in einem chemischen Gleichgewicht wäre, gäbe es auf dem Planeten kein Leben. Das Leben verändert die Zusammensetzung einer Atmosphäre weit über das hinaus, was durch geologische Prozesse allein möglich wäre.

Es gibt mehrere Nichtgleichgewichts-Biomarker, die nur durch Leben in einer Atmosphäre auftreten können. Mikroben geben als Teil des irdischen Stickstoffzyklus Methan und Stickstoffoxid in die Atmosphäre ab, und Algen stoßen Chlormethangas aus. Die Gegenwart von Sauerstoff und Ozon in einer planetaren Atmosphäre wäre ein überzeugender Hinweis auf photosynthetisches Leben. Mit der Technologie, die uns heute zur Verfügung steht, ist es möglich, ein Weltraumteleskop zu bauen, das die Atmosphären von Exoplaneten charakterisieren und so vielleicht die Signaturen von auf Kohlenstoff basierendem Leben identifizieren kann.

Kapitel 5

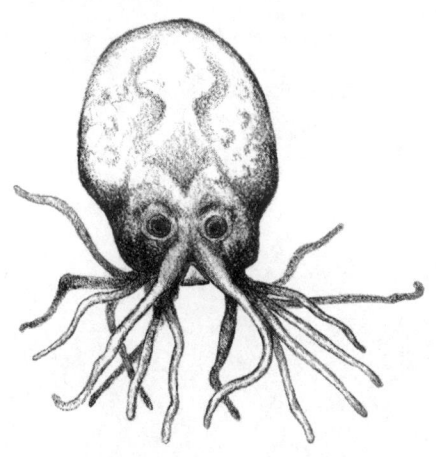

LEBEN UNTER EXTREMBEDINGUNGEN

Obwohl unser Planet wie für das Leben geschaffen erscheint, haben wir feststellen müssen, dass die Bedingungen für das erste Leben ganz anders waren als heute. Das Leben hat sich den Bedingungen auf unserem Planeten angepasst, aber es hat auch die Zusammensetzung der Erdoberfläche und der Atmosphäre verändert. Auf anderen Welten – solchen die wir vielleicht als unbewohnbar betrachten würden – könnte sich Leben ebenfalls so entwickelt haben, dass es im Einklang mit diesen natürlichen Bedingungen lebt. Lebensformen auf einem anderen Planten könnten ganz anders sein als wir. Und sie könnten uns betrachten und sich fragen, wie wir in einer solch lebensfeindlichen Umgebung überhaupt existieren können.

In den vergangenen Jahrzehnten wurden auf der Erde diverse Lebensformen entdeckt, die unter extremen Bedingungen gedeihen. Diese sogenannten *Extremophilen* haben sich an Umstände angepasst, die bei den meisten Organismen zu einem schnellen Tod führen würden. Wir werden noch sehen, dass allein schon auf der Erde viele Organismen Eigenschaften haben, die wir eigentlich für »außerirdisch« halten. Wie ist das geschehen, und warum haben wir Menschen diese Fähigkeiten nicht?

Bei Milliarden von Planeten in unserer Galaxie werden sich die jeweiligen Bedingungen auf ihrer Oberfläche und im Inneren deutlich unterscheiden. Sogar in unserem Sonnensystem gibt es eine erstaunliche Bandbreite an Welten. Aber allein schon durch die Erkundung extremer Lebenswelten auf der Erde können wir etwas darüber lernen, wo dort draußen das Leben sich entwickeln und gedeihen könnte. Auch die Bandbreite an Lebenswelten auf unserem eigenen Planeten ist überraschend groß – von den arktischen Regionen im Permafrost bis hin zu kochend heißen vulkanischen Quellen, von tief im Ozean bis tief unter dem Erdboden. Das Leben auf der Erde vermag enorme physikalische Bedingungen auszuhalten, und die nächsten Seiten dieses Buches werden einige überraschende evolutionäre Fähigkeiten enthüllen.

Unter welchen Bedingungen kann das Leben einfach nur überleben? Und was sind die idealen Bedingungen, damit es gedeiht? Hätte das Leben auf einem Asteroiden seinen Anfang nehmen und die Kollision mit der Erde überdauern können? Wir werden auf einige äußerst merkwürdige Lebensformen stoßen, während wir den Antworten auf diese Fragen nachgehen. Wir werden Kreaturen begegnen, deren Überlebenskünste und Fähigkeiten jene von uns Menschen bei Weitem übertreffen. Wir werden eine enorme Vielfalt des Lebens sehen. Ich werde erklären, wie diese Vielfalt sich entwickelt hat, was uns wiederum dabei helfen wird zu verstehen, warum wir Menschen so sind, wie wir sind.

Leben auf der Überholspur

Leben, das sich in einem Asteroiden oder Protoplaneten entwickelt, müsste ganz andere Bedingungen aushalten können als das Leben auf der Erde. Und wenn sich diese außerirdische Lebensform auf der Erde ausbreiten wollte, müsste sie in der Lage sein, den immensen Schock des Einschlags auf der Erde zu überstehen. Dieses Leben könnte über Millionen von Jahren bei 100 000 Stundenkilometern um die Sonne gereist sein. Innerhalb von nur einer Sekunde wäre diese Bewegung zum Stillstand gekommen, als der Brocken auf die Oberfläche der Erde krachte. Könnte das Leben auf einem Asteroiden einen solchen Aufprall überstehen?

Sie haben den Begriff *g-Kraft* vielleicht schon einmal im Zusammenhang mit beschleunigenden Autos, Flugzeugen oder Achterbahnen gehört. Die Kraft, die wir auf der Oberfläche der Erde aufgrund ihrer Anziehungskraft spüren, heißt *g*. Ihr Wert liegt etwa bei 9,8 Metern pro Sekunde pro Sekunde. Die g-Kraft, die im Ruhezustand auf Ihren Körper einwirkt, liegt bei 1 g. Das Gewicht ist die Kraft, die Sie spüren, weil die Schwerkraft an allen Molekülen Ihres Körpers zieht. Und Beschleunigung hat genau die gleiche Wirkung auf einen Körper wie die Anziehungskraft eines Planeten. Sie können sich die g-Kraft vorstellen als ihr effektives Gewicht als Resultat der Beschleunigung, der sie sich unterziehen.

Dies ist eine ziemlich spitzfindige Erklärung. Dass die Kräfte, die man der Schwerkraft wegen spürt, die gleichen sind wie jene, die man bei einer Beschleunigung wahrnimmt, ist ein grundlegendes Prinzip von Albert Einsteins allgemeiner Relativitätstheorie. Aber etwas einfacher formuliert bedeutet es, dass man den Effekt der Schwerkraft nachahmen kann, wenn man auf die richtige Art und Weise beschleunigt. Dies ist der Grund, warum ein Mensch sich schwerelos fühlt, wenn er sich im freien Fall auf die Erde zubewegt. Unter diesen Bedingungen liegt seine g-Kraft bei 0 g.

Hohe Be- und Entschleunigungswerte können für den Menschen verheerend sein. Bei einer konstanten g-Kraft über 5 verlieren die meisten Menschen das Bewusstsein. Das geschieht, weil jeder einzelne Teil des Körpers fünfmal so viel wiegt. Dies betrifft auch das Blut, welches vom Herzen nicht mehr mit der gleichen Effizienz durch den Körper gepumpt werden kann. Der verminderte Fluss von Sauerstoff führt zur Ohnmacht. Wenn eine Raumfähre abhebt, wird die g-Kraft bei unter 3 gehalten. Die g-Kraft bei einem Autounfall kann bis zu 100 gehen. Dies bedeutet, dass Ihr Gewicht bei einem Autounfall für einen Moment auf mehrere Tonnen ansteigt. So viel Gewicht halten Ihre inneren Organe nicht aus. Sie werden zerquetscht und reißen auseinander.

Und was ist mit Leben auf einem Asteroiden, das mit 100000 Stundenkilometern auf die Erde prallt? Es wird innerhalb einer Sekunde abgebremst, und die g-Kraft wird weit über 10000 liegen. Das ist weit jenseits von dem, was unsere menschlichen Körper aushalten könnten. Aber welche g-Kraft kann ein Einzeller aushalten?

Piloten trainieren das Aushalten hoher g-Kräfte in einer Zentrifuge. Das ist im Grunde ein Stuhl am Ende eines sich drehenden Arms. Obwohl die Rotationsgeschwindigkeit der Zentrifuge konstant ist, ändert sie bei der Drehung die Richtung ihrer Bewegung. Dies bedeutet, dass die Geschwindigkeit sich dauernd ändert und die Beschleunigung dieser Geschwindigkeitsänderung entspricht. Es ist so, als wenn man im Auto bei gleichbleibender Geschwindigkeit um die Kurve fährt und spürt, wie eine Kraft den Körper auf eine Seite drückt.

Eine ultraschnelle Zentrifuge dreht sich mehrere zehntausendmal pro Sekunde. Das kann eine g-Kraft von über 1000000 g zur Folge haben. Häufig vorkommende Bakterien wie *E.coli* wurden in solch einer Maschine während mehrerer Stunden herumgewirbelt. Nicht nur überlebten sie g-Kräfte über 400000 g, sie wuchsen dabei auch weiter und vervielfältigten sich – wenn auch langsamer.

Einzellige mikrobielle Organismen würden den immensen Aufschlag auf der Erde wohl kaum wahrnehmen. Sie überleben wegen ihrer geringen Größe und Masse – ihr effektives Gewicht beim Einschlag ist nicht groß genug, um ihre Zellwände zu zerreißen oder ihre DNS aufzubrechen.

Heißes Leben

Wenn ein Asteroid voller Leben direkt in den feuerflüssigen Magma-Ozean unserer frühen Erde gestürzt wäre, hätte es keine Überlebenschance gegeben. Die Temperatur feuerflüssigen Gesteins beträgt über 1000 Grad Celsius, und keine auf Kohlenstoff basierende Lebensform kann das überstehen. Die meisten molekularen Verbindungen brechen einfach auf und lebende Organismen zerschmelzen. Das Schicksal des Lebens im Innern eines einschlagenden Objekts hängt davon ab, wann und wo der Asteroid auf die Erde fällt und wie schnell er unterwegs ist.

Wenn ein massereicher Asteroid mit einem Planeten kollidiert, fliegen Trümmer in alle Richtungen. Manche dieser Trümmer würden für kurze Zeit in eine Umlaufbahn um die Erde gelangen, bevor sie erneut hinabfallen, in den Ozean oder aufs Land. Was wäre, wenn Trümmer eines riesigen Asteroiden in einen tiefen Ozean fielen, wo die Temperatur nur ein oder zwei Grad über dem Gefrierpunkt liegt? Vielleicht landeten sie auch in einer arktischen Region auf gefrorenem Meereseis, wo Temperaturen deutlich unter null herrschen.

Bei welchen Temperaturen kann Leben überleben? Und wo liegen die Temperaturbereiche, innerhalb derer das Leben nicht nur fortbesteht, sondern gedeiht? In unserem Sonnensystem reichen die Temperaturen von 450 Grad Celsius (auf der Oberfläche der Venus) bis minus 200 Grad Celsius (auf den Oberflächen weit entfernter Zwergplaneten und Asteroiden). Die Temperatur-Grenzwerte für das Leben auf der Erde werden uns bei der Suche nach Leben an anderen Orten im Sonnensystem oder auf Exoplaneten helfen können. Die Rekorde für die Lufttemperatur in der Geschichte ihrer Aufzeichnung liegen bei 56,7 Grad im Death Valley und minus 90 Grad in der Antarktis. Aber es gibt auch Orte auf der Erde, wo die Wassertemperatur 400 Grad Celsius erreichen kann.

Da alles Leben auf der Erde vom Wasser abhängt, könnte man sich denken, dass alles Leben sich in einem Temperaturbereich aufhalten müsste, in dem Wasser flüssig ist, also zwischen 0 und 100 Grad Celsius. Dies klingt vernünftig. Immerhin ist Wasser der Hauptbestandteil von Zellen. Für das Gedeihen biologischen Lebens muss die Temperatur so tief sein, dass Flüssigkeiten existieren können und komplexe organische Moleküle unversehrt bleiben. Chlorophyll zerfällt ab 75 Grad Celsius, obwohl es auf der Oberfläche unseres Planeten nie so heiß wird. Bei hohen Temperaturen zerfallen Nukleinsäuren, Proteine und Zellmembranen für gewöhnlich in ihre Bestandteile. Über dem Siedepunkt von Wasser könnten Zellen durch den hohen Druck des Dampfes explodieren. Noch bis von kurzem hielt man die Existenz von Leben oberhalb des Siedepunktes von Wasser für undenkbar.

Das Bild änderte sich 2003 mit der Entdeckung von *Stamm 121 (Geogemma barossii)*, einer einzelligen Mikrobe, die ihren Lebensraum in der Nähe einer Hydrothermalquelle tief im Ozean hat, mehr als zwei Kilometer unter der Meeresoberfläche. Das Wasser, welches aus den Hydrothermalquellen hervortritt, kann Temperaturen von über 300 Grad Celsius erreichen. Diese Ströme hocherhitzten Wassers treten nicht als Dampf aus. Wegen des hohen Drucks auf dem Ozeangrund bleibt das Wasser auch bei diesen Temperaturen flüssig.

Bis 2003 hielt man medizinische Geräte für steril, wenn sie 15 Minuten lang auf 121 Grad Celsius erhitzt wurden. Laborexperimente zeigten aber, dass *Stamm 121* bei 121 Grad Celsius nicht nur überlebte, sondern sogar gedieh und seine Anzahl sich verdoppelte. Erst bei über 130 Grad Celsius starben die Mikroben ab. Sie mögen es wirklich heiß – bei Temperaturen unter 85 Grad Celsius hören sie auf zu wachsen. Die Mikrobe ist für den Menschen ungefährlich, denn sie kann nicht im gleichen Temperaturbereich mit uns koexistieren. Organismen, die Lebensräume mit hohen Temperaturen wie zum Beispiel in der Nähe von Hydrothermalquellen oder in heißen vulkanischen Quellen bevölkern, werden als *thermophil* bezeichnet.

Stamm 121 ist ein winziger, 0,001 Millimeter großer Einzeller mit einem kreisförmigen Chromosom. Dies ist unsere erste Begegnung mit einem Lebewesen aus der Domäne der Archaeen. Archaeen unterscheiden sich auf verschiedene Weise von Bakterien und Eukaryoten. Zum Beispiel sind die Lipide, welche die Zellwände der Archaeen bilden, ein wenig anders als bei den übrigen Organismen. Sie reagieren weniger empfindlich auf Temperatur, Druck und extreme Säure- oder Laugengrade.

Leben im Dunkeln

Kein Sonnenlicht dringt bis in die Tiefen des Ozeans vor, die dort lebenden Organismen können sich nicht der Photosynthese durch Sonnenlicht bedienen. Dennoch wurde kürzlich in den dunklen Tiefen des Ozeans ein Bakterium entdeckt, welches Photosynthese betreibt. Die sogenannten Grünen Schwefelbakterien nutzen die Energie des infraroten Lichts, welches von ihrer heißen Umgebung abgegeben wird.

Ansonsten liefern die gelösten Gase, Metalle und Mineralien, die aus den Hydrothermalquellen strömen, den meisten der dort lebenden mikrobiellen Gemeinschaften den Treibstoff. *Stamm 121* benötigt für seinen Stoffwechsel weder Photosynthese noch Sauerstoff. Es verwendet molekularen Wasserstoff als Elektronenspender und Eisen als Elektronenempfänger und bildet während des Prozesses das Mineral Magnetit. Aus diesen Reaktionen kann *Stamm 121* verschiedene Zucker gewinnen, die dann wiederum dazu verwendet werden, ATP-Batterien zu bauen. Andere Organismen, die in der Nähe von Hydrothermalquellen gedeihen, verwenden eine Vielfalt von Stoffwechselreaktionen. Manche gewinnen die Energie zum Aufbau von ATP aus Methan, andere verwenden Schwefel oder Mangan.

Das Leben hätte es nicht schwer gehabt, an einem Ort ohne Sonnenlicht seinen Anfang zu nehmen, zum Beispiel in den Tiefen der irdischen Ozeane oder auf einem Asteroiden. Obwohl anaerobes Leben auch heute noch existiert, ist ein aerober Stoffwechsel unter Zuhilfenahme von Sauerstoff viel effizienter. Dies, weil Sauerstoff aufgrund seiner atomaren Struktur ein hochreaktives Element ist. Zucker und Sauerstoff verbinden sich, um ATP-Moleküle zu bilden. Wasser und Kohlendioxid entstehen dabei als Abfallprodukte. Aerobe Atmung kann mit einem Glukosemolekül 36 ATP-Moleküle produzieren. Anaerobe Atmung hat nicht einmal ein Zehntel dieser Effizienz. Sauerstoff für die Zellatmung einzusetzen erwies sich als großer evolutionärer Vorteil.

In tiefen Ozeangräben und in der Nähe von Hydrothermalquellen herrscht absolute Dunkelheit. Aber das ist nicht der einzige komplett dunkle Ort, an dem Leben existieren kann. 2006 wurde drei Kilometer unter der Erde in einer südafrikanischen Goldmine eine isolierte Bakterienpopulation entdeckt. Sie lebt in Wassereinschlüssen, die mehrere Millionen Jahre alt sind. Die Gemeinschaft bezieht all ihre Energie aus dem Zerfall radioaktiver Elemente im sie umgebenden Gestein. Sie ist vollkommen unabhängig vom Sonnenlicht und allem anderen Leben auf unserem Planeten.

Die Strahlung aus dem Zerfall von Uran und anderen Elementen zerteilt die Wassermoleküle. Das Gestein, in dem die

Bakterien leben, enthält Sulfate (SO_4). Die Bakterien nutzen das sich bildende Wasserstoffgas zusammen mit dem Sulfat, um daraus Schwefelwasserstoff (H_2S) zu formen. Im Grunde »atmen« diese Organismen Sulfate statt Sauerstoff. Der Schwefelwasserstoff wird dann zur Bildung von ATP-Molekülen eingesetzt. Genanalysen haben enthüllt, dass diese Bakterien entfernt verwandt sind mit Mikroben, die in der Nähe von Hydrothermalquellen in der Tiefsee leben.

Solche anaeroben Formen der Atmung waren vor der Sauerstoffanreicherung unserer Atmosphäre weitverbreitet. Es wurde ja auch bereits behauptet, dass das Leben tief in den Ozeanen in der Nähe hydrothermaler Quellen entstanden sein könnte. Vor Kurzem wurden in Australien die 3,2 Milliarden Jahre alten Überreste einer Hydrothermalquelle entdeckt. Pyrit ist, wie wir bereits wissen, ein Biomarker und Endprodukt eines Schwefelstoffwechsels. In den steinigen Überresten der Hydrothermalquelle finden sich Mikrofossilien von Pyrit sowie Kohlenstoffablagerungen – es sind die frühesten Zeichen für Leben, das sich an solch extreme Bedingungen angepasst hatte.

Leben unter null

Vor vier Milliarden Jahren, unter dem Licht einer blassen jungen Sonne, waren die Temperaturen auf der Erde vielleicht deutlich tiefer als heute. Könnte das Leben in der Kälte entstanden sein?

Ebenso, wie man Leben oberhalb des Siedepunkts von Wasser für unwahrscheinlich hielt, ging man auch davon aus, dass unter dem Gefrierpunkt kein Leben gedeihen kann. Das Leben ist bei niedrigen Temperaturen mit vielen Problemen konfrontiert. Organismen müssen ihre zelluläre Unversehrtheit und die Fähigkeit, Nährstoff aus der Umgebung aufzunehmen, erhalten. Bei niedrigen Temperaturen spielen sich chemische Reaktionen viel langsamer ab, und die Stoffwechselrate sinkt. Das Innere der Zelle muss flüssig genug sein, um den Bau und Transport von Molekülen zu ermöglichen. In einer gefrorenen Zelle kann sich nichts mehr bewegen. Die Stoffwechselprozesse und die Vervielfältigung müssen zum Stillstand kommen.

Kreaturen, die bei extrem tiefen Temperaturen überleben und gedeihen können, werden als *psychrophil* bezeichnet. Die tiefsten Ozeangräben liegen über 10 Kilometer unter dem Meeresspiegel. Die Wassertemperatur am Ozeangrund beträgt lediglich ein oder zwei Grad Celsius. In diesen Tiefen wurde gedeihendes Leben entdeckt. 2013 offenbarte eine Probe vom Grund des Marianengrabens 10 Millionen Mikroben in einem Kubikzentimeter Sediment. Ihre höchste Wachstumsrate hatten diese psychrophilen Prokaryoten bei einer Temperatur von gerade einmal zwei Grad Celsius.

Das Gewicht des Wassers führt in dieser Tiefe zu einem Druck, der tausendmal höher ist als derjenige, den wir auf Meereshöhe spüren. Die sogenannten *barophilen* Organismen gedeihen unter diesen Bedingungen – Bedingungen, die bei uns Menschen sehr schnell zum Tode führen würden. Hoher Druck hat ähnliche Auswirkungen auf die Zellwände wie niedrige Temperaturen. Er quetscht die Lipidmoleküle buchstäblich aneinander, und die Membran wird steif und undurchlässig für Nährstoffe. Dagegen machen die Membranen, die Psychrophile nutzen, es möglich, auch hohem Druck zu widerstehen. Barophile Organismen verfügen außerdem über spezielle Gene, welche Proteine codieren, die unter hohem Druck funktionieren.

Doch nicht nur einzellige Organismen können extreme Bedingungen überleben. Der Boden des Marianengrabens wurde bisher zweimal besucht – erstmals 1960 und ein weiteres Mal 2012. Obwohl beim ersten Tauchgang von der

Sichtung einiger kleiner Fische die Rede war, bestätigte die spätere Expedition des Filmregisseurs James Cameron diese Beobachtung nicht. Er beschrieb den Grund des Marianengrabens als außerirdisch anmutende Welt ohne jedes Leben. Doch ein Großteil der Tiefsee ist noch unerforscht. 2013 wurde 7 Kilometer unter dem Meeresspiegel im pazifischen Tiefseegraben bei den Neuen Hebriden prächtig gedeihendes Leben gefilmt. Einen Meter lange Aale, leuchtend rote Krabben und Tausende von Schalentieren erfreuten sich in dieser Tiefe bester Gesundheit.

Der Eiswurm ist eine weitere häufig vorkommende Kreatur, die bei Temperaturen unter null lebt und gedeiht. Ich habe diese Kreaturen beobachtet, als ich früher auf Gletschern in der Nähe von Seattle klettern ging. Sie sind ein paar Zentimeter lang und kriechen in der Nacht, wenn die Temperaturen unter den Gefrierpunkt sinken, aus dem gefrorenen Schnee und Eis. Auf einem Quadratmeter leben bis zu 1000 von ihnen. Ein einziger Gletscher kann bis zu zehn Milliarden von ihnen beherbergen – das sind mehr, als es Menschen auf der Erde gibt. Sie ernähren sich von psychrophilen Gletschereisbakterien, die ebenfalls in dieser Umgebung leben.

Sie kommen nur in der Nacht hervor, weil sie bereits bei Temperaturen knapp über dem Gefrierpunkt buchstäblich dahinschmelzen. Ihre dunkle Farbe haben sie wegen der großen Menge an Melanozyten (pigmentbildenden Zellen). Diese schützen sie vor dem intensiven ultravioletten Licht in großer Höhe. Eiswürmer verwenden Proteinstrukturen als natürlichen Gefrierschutz. In den meisten Organismen nehmen das ATP-Niveau und die Stoffwechselrate ab, wenn die Temperatur fällt. Bei den Eiswürmern ist das Gegenteil der Fall – ihr Stoffwechsel läuft besser, wenn es kälter ist!

Es gibt sogar noch kältere Orte, an denen Leben gedeihen kann. Und es gibt Umgebungen, in denen das Wasser weit unter dem Gefrierpunkt flüssig bleibt. Ein Beispiel dafür ist der Permafrost, wo es im umgebenden Meereseis Einschlüsse von sehr salzigem und mineralienreichem Wasser gibt. In diesen immer gefrorenen Welten wurden lebende und sich vermehrende Einzeller gefunden. Der bisherige Rekordhalter ist das 2013 entdeckte Bakterium *Planococcus halocryophilus*. Es ist auch bei minus 25 Grad Celsius noch aktiv und verfügt über mehr Fettsäuren in seinen Membranen, welche seine Strukturen aufrechterhalten und auch einen Protein-Frostschutz enthalten. Es weist auch eine hohe Energieeffizienz auf, denn seine Stoffwechselwege sind für diese Bedingungen optimiert.

Natürlicher Strahlenschutz

Kosmische Strahlung und Sonnenwind können Leben, das den Bedingungen im Weltraum ausgesetzt ist, schwere Schäden zufügen. Kosmische Strahlen sind hochenergetische Protonen und Atomkerne, die sich fast so schnell wie das Licht durch den Raum bewegen. Man geht davon aus, dass kosmische Strahlen ihre Energie erreichen, nachdem sie durch die Druckwelle einer Supernova-Explosion beschleunigt worden sind. Diese Partikel erfüllen unsere Galaxie und sind eine ernsthafte Bedrohung für interstellare Weltraumexpeditionen.

Die abschirmende Atmosphäre und das Magnetfeld der Erde schützen uns vor diesen hochenergetischen Partikeln. Aber im All können sie Raumschiffe beschädigen und sind gefährlich für die Astronauten. Sie bestrahlen auch die Oberflächen von Kometen, Asteroiden und Zwergplaneten, die keine Atmosphäre und kein Magnetfeld haben. Diese Partikel können Zellwände schädigen, DNS auseinanderbrechen und zu bösartigen Proteinen führen. Man ging lange davon aus, dass kein Leben einer längeren Belastung durch diese Strahlen standhalten könnte.

Das Bakterium *Deinococcus radiodurans* wurde entdeckt, als man in den 50er-Jahren versuchte, Nahrungsmittel durch starke Bestrahlung zu sterilisieren. Nachdem man Nahrungsmittel einer Strahlenmenge ausgesetzt hatte, die als ausreichend empfunden wurde, alles Leben abzutöten, verfaulten die Nahrungsmittel dennoch, und dieses Bakterium gedieh hervorragend. Denn in seiner Zelle befinden sich mehrere Kopien seines DNS-Codes, und es verfügt über einen eingebauten Mechanismus, der die Stränge repariert, wenn sie aufbrechen.

Deinococcus radiodurans ist im *Guinness-Buch der Rekorde* offiziell als das widerstandsfähigste Bakterium der Welt eingetragen. Es ist nicht nur in Sachen Bestrahlung der resistenteste Organismus, sondern hält auch, was Temperatur, Druck, Dehydration und Säure betrifft, Extreme aus. Solche Organismen sind als *Poly-Extremophile* bekannt. Dieses Bakterium überlebt 500000 rad an ionisierender Strahlung. Zum Vergleich: Ein Mensch würde bei 500 rad sterben.

Das *rad* ist eine Maßeinheit für die Menge an absorbierter Strahlung. Eine Röntgenaufnahme des Brustkorbs entspricht rund 0,006 rad. Dies ist auch etwa die Strahlenmenge, die man während eines Transatlantikfluges aufnimmt. Die gewöhnliche Flughöhe eines Passagierflugzeugs liegt bei ungefähr 11 Kilometern über dem Meeresspiegel, was zwei Dritteln der Höhe unserer schützenden Atmosphäre entspricht. Die meisten Fluggesellschaften meiden auf ihren Routen die Pole, denn dort läuft das Magnetfeld der Erde zusammen und zieht noch mehr hochenergetische Partikel an.

Ein paar Meter Gestein oder Wasser würden Organismen vor einem Großteil dieser Strahlung aus dem All schützen. Das würde auch ausreichen, um alles Leben zu schützen, das unter der Oberfläche von Asteroiden und Planeten ohne

Atmosphäre existiert. Doch unter deren Oberfläche lauert eine andere Gefahr, denn der natürliche radioaktive Zerfall instabiler atomarer Isotope ist eine weitere Quelle hochenergetischer Partikel. Diese Strahlung ist ebenfalls gefährlich für lebende Zellen. Wobei es allerdings möglich ist, dass Strahlung Veränderungen im genetischen Code verursacht, welche die Vielfalt erhöhen.

Einzellige Organismen sind ziemlich robust. Sie haben ihre Eigenschaften angepasst, um ihr Überleben in einer breiten Palette von Lebenswelten zu sichern. Es scheint keine besondere Herausforderung für solche Organismen, sich im Weltraum in einem riesigen Asteroiden entwickelt zu haben und dann auf der Erde gelandet zu sein, als diese bewohnbar geworden war.

Doch was ist mit komplexeren Lebensformen? Kann mehrzelliges Leben sich auch an extreme Umgebungen anpassen? Auf den ersten Blick erscheint dies für eine größere Kreatur mit ihren Organen und Netzwerken für die Nährstoffverteilung viel schwieriger.

Ein echter Überlebenskünstler

Tardigraden, auch bekannt als Bärtierchen, sind wohl die erstaunlichsten mehrzelligen Poly-Extremophilen. Diese mikroskopisch kleinen, achtbeinigen Tiere leben im Wasser und erreichen etwa einen Millimeter Länge. Rund 1000 Arten wurden bisher identifiziert und beschrieben, aber es gibt noch mehr. Sie kommen an fast allen Orten auf der Erde vor und sind so gut wie unzerstörbar.

Bärtierchen kennen im Grunde drei Arten des Bestehens: *Aktiv, Anoxybiose* und *Kryptobiose*. Wenn sie aktiv sind, haben sie einen Stoffwechsel und wachsen, sie interagieren und vermehren sich, so wie jedes andere lebende Tier. Wenn aber die Umgebung übersättigt und nass wird, gehen sie wegen der tiefen Sauerstoffwerte in die Anoxybiose über. Der andauernde Sauerstoffmangel führt dazu, dass die Kontrolle über den Wasserhaushalt zusammenbricht und das Bärtierchen aufschwillt wie ein Sumoringer. Für ein paar Tage treibt es so herum, bis sein Lebensraum wieder austrocknet und es in den aktiven Zustand übergehen kann.

Wenn sein Lebensraum zu trocken wird, schrumpft das Bärtierchen auf ein Drittel seiner eigentlichen Größe und bildet ein sogenanntes *Tönnchen*. Es geht in einen Zustand der Kryptobiose namens *Anhydrobiose* über, also in einen Zustand ohne Wasser. In diesem Zustand kann das Tier fast alles überleben. Für Bärtierchen ist dies kein ungewöhnlicher Zustand, und sie können mehrmals pro Jahr in ihn übergehen. Um den Übergang zu überleben, trocknen Bärtierchen sehr langsam aus. Das Tönnchen bildet sich, indem das Tier seinen Kopf und seine Beinchen einzieht und sich zu einem Ball zusammenrollt, was die Oberfläche minimiert. Wenn praktisch alles Wasser in seinem Inneren ausgetrocknet ist, fällt es in einen scheintoten Zustand.

Während der Kryptobiose fällt der Stoffwechsel der Bärtierchen auf unter 0,01 Prozent des Normalwertes, und der Wasseranteil beträgt weniger als ein Prozent des aktiven Zustands. Die Glucose in ihrem Körper wandelt sich in ein Molekül namens Trehalose, welches ein natürliches Frostschutzmittel ist. In diesem Zustand erfüllt das Tönnchen nicht gerade viele der Kriterien, die ich am Anfang dieses Buches für das Leben aufgestellt habe. Doch das Bemerkenswerte ist, dass es in Gegenwart von Wasser »wiederauferstehen« kann. Ein Tönnchen kann über viele Jahre scheintot sein, bis es wieder Wasser aufnimmt, und wird dann innerhalb einer Stunde erneut aktiv.

In der *Kryobiose*, einer anderen Form der Kryptobiose, können Bärtierchen durch Einfrieren die kältesten Temperaturen überstehen. Während des Einfrierens kommt ihr Stoffwechsel komplett zum Stillstand, sodass man die Tierchen auch für tot erklären könnte. Die Kryostase (das zeitweise Einfrieren) von Menschen misslingt elendiglich, denn unsere Zellen zerreißen im Frost- und Auftauzyklus des Wassers. Bärtierchen überleben, weil sie Frostschutzmittel freigeben oder synthetisieren. Diese Moleküle bewahren das Gewebe davor, zu schnell einzufrieren und sichern einen langsamen Übergang in die Kryobiose. Sie könnten auch die Bildung von Eiskristallen unterdrücken und damit vor den Schäden schützen, die Eis in Zellen anrichten kann. Sobald es wieder aufgewärmt ist, kann das Tönnchen sich selbst erneut zum Leben erwecken.

Im kryptobiotischen Zustand können Bärtierchen die zerstörerische ultraviolette Strahlung und das extreme Vakuum des Weltraums überleben. Ein Experiment der Mission *BIOPAN 6/Foton-M3* der europäischen Weltraumagentur setzte die Tönnchen 260 Kilometer über der Erde direkt dem ultravioletten Licht der Sonne, dem Sonnenwind und dem Vakuum des Weltraums aus. Als die Tönnchen wieder auf der Erde und erneut rehydriert waren, bewegten sich die Bärtierchen normal. Sie wuchsen und pflanzten sich fort, als sei nichts geschehen.

Bärtierchen wurden im Tönnchen-Zustand 20 Stunden lang Temperaturen von minus 272,95 Grad Celsius ausgesetzt. Das ist praktisch das untere Ende der Temperaturskala und kälter, als es irgendwo im Weltall wird. Nachdem sie aufgewärmt und rehydriert waren, nahmen sie ihr aktives Leben wieder auf. Bärtierchen wurden über 20 Monate lang bei minus 200 Grad Celsius gelagert und kehrten danach ins Leben zurück. Die Tönnchen überstehen höhere Temperaturen als die einzelligen Thermophilen, die ich vorher erwähnt habe. Sie wurden ins Leben zurückgeholt, nachdem sie Temperaturen von bis zu 150 Grad Celsius ausgesetzt waren, sie wurden Druckverhältnissen ausgesetzt, die fünfhundertmal höher lagen als der atmosphärische Druck auf Meereshöhe und wurden in Umgebungen mit hohen Konzentrationen an giftigen Gasen platziert, darunter Kohlenmonoxid, Kohlendioxid, Stickstoff und Schwefeldioxid. Trotz all dieser extremen Foltermethoden sind sie danach immer wieder zum aktiven Leben zurückgekehrt!

Bärtierchen sind, wie ich bereits erwähnte, in den meisten Lebensräumen auf der Erde entdeckt worden. In ihrer idealen moosbedeckten Lebenswelt können auf einem Quadratmeter über eine Million von ihnen leben. Ihre Allgegenwart ist eng verbunden mit ihrer Überlebenskunst. Ihre Fähigkeit, extremen Bedingungen zu widerstehen, scheint sich durch natürliche Auswahl entwickelt zu haben, indem sie auf die häufigen Veränderungen in ihren Mikro-Lebensräumen reagierten. Obwohl manche Arten sich sexuell vermehren, sind die meisten Bärtierchen *parthenogenetisch* – das Wachstum und die Entwicklung der Embryos finden ohne Befruchtung statt. Manche Arten sind sogar Hermaphroditen, und jedes Individuum produziert seine eigenen Eier und Spermien. Ein einzelnes Bärtierchen könnte durchs All reisen und auf einer anderen Welt einen komplett neuen Evolutionszyklus starten. Es ist auch klein genug, um die g-Kraft eines Asteroideneinschlags zu überleben.

Die Grenzen des nackten Menschen

Offenbar konnte das Leben in seiner Ausbreitung durch nichts aufgehalten werden, nachdem es auf unserem Planeten einmal seinen Anfang genommen hatte. Dabei gibt es eine ganze Reihe an natürlichen Phänomenen, die es dem Leben schwer machen: Asteroideneinschläge, Erdbeben, Wirbelstürme, Tsunamis, Vulkane, Eiszeiten, Fluten,

Trockenzeiten und sich verändernde atmosphärische Bedingungen. Aber wie hat das Leben sich diese erstaunlichen Überlebenskünste und die Fähigkeit, unter solch extremen Bedingungen zu existieren, angeeignet? Und welche weiteren Möglichkeiten und Anpassungen würde die genetische Variation dem Leben erlauben? Um den Antworten näher zu kommen, sollten wir zuerst einen Blick auf die Schwächen unserer eigenen Art werfen.

Wir sind eigentlich ziemlich armselige Kreaturen. Die meisten Menschen sterben nach fünf Minuten ohne Sauerstoff, nach einer Woche ohne Wasser und nach einem Monat ohne Nahrung. Ein durchschnittlicher Mensch würde an Strahlenvergiftung sterben, wenn er sein ganzes Leben auf der internationalen Raumstation verbrächte. Bei einer Beschleunigung von 5 g verlieren die meisten Menschen ihr Bewusstsein, und die inneren Organe zerreißen ab einer seitlichen Bewegung von 15 g. Ein nackter Mensch stirbt bei feuchten Bedingungen und 60 Grad Celsius innerhalb von zehn Minuten. Wenn unsere Körpertemperatur um wenige Grad fällt, setzt die Hypothermie (Unterkühlung) ein. Die meisten Menschen verlieren das Bewusstsein, wenn sich der atmosphärische Druck halbiert, der Rekord im freien Tiefseetauchen liegt bei nur 250 Metern. Und sind wir dem Vakuum des Weltraums ausgesetzt, überleben wir das nicht einmal eine Minute lang.

Warum sind Menschen im Vergleich zu anderen Lebensformen so fragil? Wir tun uns in keiner einzigen Überlebenskunst hervor. Und auch mit unseren Sinnen sind wir nicht überlegen. Wir sind über mindestens zehn Sinne mit der Außenwelt verbunden. Wir sehen, riechen, fühlen, hören, wir nehmen Beschleunigung, Orientierung, Druck, Temperatur und Gleichgewicht wahr. All diese Sinne entwickelten sich mit unserem Gehirn und sicherten unser Fortbestehen und die erfolgreiche Verbreitung unserer DNS. Aber für jeden dieser Sinne gibt es Kreaturen, welche die Fähigkeiten von uns Menschen bei Weitem übertreffen. Warum erschuf die Evolution keine »ultimative Kreatur«, die alle herausragenden Fähigkeiten und Sinne in sich vereint? Und könnten Kreaturen noch weitere Eigenschaften entwickeln, zum Beispiel Gliedmaßen aus Titan, einen Röntgenblick und telepathische Sinne?

Um diese Fragen zu beantworten, müssen wir viele Faktoren berücksichtigen. Viele der Merkmale und Eigenschaften des Lebens sind eine Reaktion auf die Umgebung. Der Mensch entwickelte sich aus Säugetieren, die erstmals vor etwa 200 Millionen Jahren auftauchten. Und unsere Vorfahren lebten bereits vor dieser Zeit unter Klimabedingungen, die deutlich weniger feindlich waren als jene der Extremophilen.

Die Vielfalt des Lebens wird aber auch grundsätzlich durch die Zufälligkeit und relative Langsamkeit der genetischen Variation eingeschränkt. Die Möglichkeiten der genetischen Variation sind so vielfältig, dass die Natur trotz all der Generationen von Lebewesen bisher nur einen ganz kleinen Teil davon ausprobiert hat.

Die Vielfalt des Lebens entwickelt sich aufgrund winziger Unterschiede in der von der vorherigen Generation geerbten DNS. Sexuelle Reproduktion führt zu einem Anstieg der genetischen Diversität, da die DNS zweier Eltern vermischt wird. Ein neuer Mensch entsteht aus einer Kombination von zwei Sets von je 23 Chromosomen, langer Stränge von DNS, die er von seinen Eltern erbt. Der Prozess der Zellteilung und Chromosomenauswahl (Meiose) führt zu einem Nachkommen mit etwa $(2^{23})^2 = 70$ Billionen Möglichkeiten der genetischen Variation. Das ist eine unglaubliche Menge an möglichen Zusammensetzungen für den neuen genetischen Code.

Diese neue Zusammensetzung der DNS führt zu veränderten physischen Merkmalen und Attributen. Dennoch weicht die Gesamtinformation im genetischen Code des Kindes nicht erheblich von jenem der Eltern – oder jenem anderer Menschen – ab. Man sagt, dass in genetischer Hinsicht alle Menschen zu mindestens 99 Prozent identisch sind, und auch, dass der genetische Code zu 98 Prozent identisch mit jenem von Schimpansen ist.

Wir müssen allerdings achtgeben, dass wir verstehen, was das genau bedeutet. Kleine genetische Unterschiede können nämlich zu einer sehr unterschiedlichen Kreatur führen. Dieses eine Prozent Unterschied zwischen den Menschen ist lediglich eine Variation der Nukleotide an bestimmten Stellen. Diese werden Punktmutationen genannt, und für einen Unterschied von einem Prozent in einer Population sind viele Generationen nötig. Daneben gibt es auch strukturelle Variationen, die zu einer größeren Vielfalt an Merkmalen führen können. Wenn wir diese hinzuzählen, sind zwei zufällig ausgewählte Menschen nur zu 90 Prozent identisch.

Die zufällige Auswahl von Chromosomen ist aber nicht der wichtigste Faktor, der das Leben auf neue Wege bringt. Die neuen Möglichkeiten und Merkmale, die durch Mutationen im genetischen Code entstehen, sind viel zahlreicher.

Nicht einmal eineiige Zwillinge sind identisch. Während des Kopiervorgangs und der Entwicklung gehen genetische Mutationen vor sich. So könnte beispielsweise an einer Stelle eine DNS-Base durch eine andere ersetzt werden, eine Punktmutation. Weil der genetische Code eingebaute Redundanzen hat, muss dieser Fehler nicht unbedingt einen Einfluss auf das hierdurch entstehende Protein haben. Im manchen Fällen wird allerdings eine andere Aminosäure als die beabsichtigte verwendet, und daraus wird ein etwas anderes Protein entstehen. Kleine Segmente der DNS können von einem Chromosom abbrechen. Dafür gibt es einen

Reparaturmechanismus, aber der ist nicht unfehlbar, und das abgebrochene Stück könnte am falschen Ort wieder angefügt werden.

Die Mutationsrate beim Menschen und auch bei den meisten anderen Organismen ist gering. 2009 analysierten Biologen den gleichen DNS-Abschnitt – Buchstaben des Y-Chromosoms – zweier direkt miteinander verwandter und über 13 Generationen getrennter Männer. Von Mutationen einmal abgesehen, wird das Y-Chromosom unverändert vom Vater an den Sohn weitergegeben. Die Sequenz der 10149073 Buchstaben war bis auf 12 Zeichen identisch. Und nur bei vier dieser zwölf Zeichen handelte es sich um echte Mutationen, die im Laufe der Generationen natürlich aufgetreten waren. Das ist nur eine winzige Veränderung über mehrere Jahrhunderte.

Die Genauigkeit, mit der unsere DNS gelesen und weitergegeben wird, ist bemerkenswert. Es ist etwa so, als würde man von Hand den Inhalt von 1000 Büchern Zeichen für Zeichen kopieren und dabei nur einen einzigen Fehler machen. Diese Genauigkeit wird erreicht wegen des Enzyms, welches die replizierte DNS »korrekturliest« und gewisse Fehler beheben kann. Dies gab der DNS-Welt einen enormen Vorteil gegenüber der mutmaßlich zuvor existierenden RNS-Welt. Die Fehlerquote beim Kopieren von RNS ist hundertmal höher als beim Kopieren von DNS. Daher ist die Maximallänge der RNS viel geringer als jene der DNS. Allerdings führt die Genauigkeit, mit der DNS kopiert wird, eben auch zu einer geringeren Mutationsrate.

Die menschliche DNS enthält etwa 20000 Gene für die Proteinkodierung. Tauscht man nur eine Aminosäure durch eine andere aus, kann dies zu einem neuen Protein führen, das eine etwas andere Form und Funktion haben wird. Manche Gene sind in der Lage, mehrere verschiedene Proteine zu konstruieren, und Proteine können auch nach dem

Aufbau noch modifiziert werden. Außerdem arbeiten Proteine nicht allein; für die Ausführung komplizierter Aufgaben arbeiten sie oft mit anderen Proteinen zusammen. Etwa 15 Prozent unseres Körpers bestehen aus Proteinmolekülen, die es in über 100000 verschiedenen Varianten gibt. Die Zahl der möglichen Proteinkonfigurationen ist eigentlich unendlich. Es könnte Proteine geben, die jede Krankheit heilen, und solche, die zu schier unvorstellbaren körperlichen Eigenschaften führen. Jeder neue Mensch wird nur aus einem winzigen Teil dieser Möglichkeiten zusammengebaut. Ein denkbarer Grund, weshalb wir kein Exoskelett aus Titan und keine telepathischen Fähigkeiten haben, ist, dass die Proteine, die so etwas leisten könnten, einfach nie den Weg unserer Entwicklung gekreuzt haben.

Die Gesamtzahl aller Menschen, die je gelebt haben, liegt bei etwa 100 Milliarden. Seit den Anfängen des Homo sapiens vor etwa einer halben Million Jahren reichte die Zeit gerade einmal für 50000 Generationen. Unsere Spezies konnte nur einen winzigen Teil der möglichen Vielfalt, die sich aus Variationen unseres genetischen Codes ergeben könnte, ausprobieren. Die meisten theoretisch möglichen Menschen wurden und werden nie geboren. Das macht jeden von uns zu etwas Außergewöhnlichem. Aber man denke sich nur einmal all die brillanten Künstler, Dichter, Athleten oder Wissenschaftler, die nie existieren werden.

Natürliche Auslese und genetische Vielfalt entstehen eher planlos. Sie sind das Ergebnis von Zufall und Umweltbedingungen. Die Evolution befähigt das Leben, in der Umgebung, die es bewohnt, so erfolgreich wie möglich zu sein. Sie optimiert die Verbreitung des genetischen Codes. Die Evolution scheint aber auch Halt zu machen, sobald eine Art ihre stabile Nische gefunden hat. Ameisen entwickelten zum Beispiel bereits vor Millionen von Jahren komplexe Fähigkeiten und haben dadurch fast alle Landmassen und so

gut wie jedes Ökosystem auf der Oberfläche unseres Planeten erobert. Dennoch haben sich die Ameisen seither kaum
weiterentwickelt. Sie können eigentlich nicht mehr erfolg-
reicher werden. Und warum sollten sie sich ändern, wenn
sie nichts dazu zwingt?

Wegen seiner kurzen Replikationsdauer und der Milliarden von Jahren, die es schon auf der Erde verbringt, hat bak-
terielles Leben viel mehr Replikationszyklen durchgemacht
als der Mensch. Aber sogar die Bakterien haben nur einen
winzigen Teil ihrer genetischen Möglichkeiten erforscht.
Bakterien teilen sich einfach in zwei Kopien, die sich hauptsächlich durch DNS-Mutationen unterscheiden. Dass Einzeller mutieren können, ist eine gute Sache, schließlich sind
wir ein Ergebnis davon. Aber Bakterien streben nicht nur
nach Komplexität – manche von ihnen steuern auf optimierte Einfachheit und Effizienz hin. So zum Beispiel das
sehr erfolgreiche Bakterium *Pelagibacter ubique* mit seinem
winzigen, optimierten Gencode.

Den Tod vermeiden

Eine Zelle teilt und verbreitet sich, indem sie zuerst eine
Kopie ihrer DNS macht. Diese wird abgesondert und die
Zelle teilt sich in zwei Hälften, indem sich eine Zwischen-
wand bildet. So einfach ist das. Es gibt keine Grenze für die
Zahl solcher Kopien, die ein Bakterium machen kann. Es
braucht nur eine Energiequelle und die nötigen Bausteine
und kann so in der richtigen Umgebung im Grunde ewig
existieren und sich vervielfältigen. Und diese Umgebung
kann auch ziemlich unwirtlich sein.

Bakterien wurden in winzigen Wasserbläschen gefunden,
die in 34000 Jahre alten Kristallen eingeschlossen waren.
Diese Kristalle wurden unterhalb des Death Valley entdeckt.

Manche der Wasserbläschen enthielten Bakterien, die für lebendig erklärt wurden. Sie vermehrten sich nicht, hatten aber einen – wenn auch sehr langsamen – Stoffwechsel und existierten einfach vor sich hin.

Wenn die Umgebung ungünstig wird, können sich Bakterien einer sogenannten *Sporulation* unterziehen und eine Endospore produzieren. Dies ist ein Zustand, in dem sich um den DNS-Strang eine schützende Hülle bildet. Das Bakterium hat dadurch keinen messbaren Stoffwechsel. Bakterien können so buchstäblich über Tausende von Jahren ausharren, bis die Bedingungen sich wieder verbessern.

Bakterielle Endosporen wurden aus Blut extrahiert, welches 40 Millionen Jahre lang in Bernstein eingeschlossen war. Forscher behaupteten, diese Bakterien wieder zum Leben erweckt zu haben. Allerdings ist es in solchen Fällen schwierig, im Labor Verunreinigungen zu vermeiden. Eine Sequenzierung dieser angeblich uralten Bakterien zeigte, dass ihre DNS-Sequenzen mit denen moderner Bakterien praktisch identisch waren. Dies ist für einen uralten Organismus, der seit jener Zeit doch einige Mutationen durchgemacht haben sollte, eher unwahrscheinlich.

Der Tod erscheint als natürliche Folge des Lebens, obwohl Lebewesen ihn um jeden Preis vermeiden wollen. Aber ewiges Leben wird nicht vielfältiger und hat nur wenig Überlebenschancen gegenüber Organismen, die ein kurzes Leben haben und sich weiterentwickeln. Dennoch gibt es Kreaturen, die nicht an natürlichen Prozessen zu sterben scheinen. Hummer und Seeigel haben keine uns bekannte maximale Lebensdauer. Süßwasserpolypen können sich aus zerstückelten Abschnitten regenerieren und scheinen biologisch unsterblich zu sein. Und eine wunderschöne Kreatur, die durch die Ozeane treibt, die Qualle *Turritopsis nutricula*, auch bekannt als »unsterbliche Qualle«, scheint eine unendliche Lebensdauer erreicht zu haben. Wenn sie alt wird, dreht sie ihren Lebenszyklus zurück, verwandelt sich zurück in ihr »Babystadium«, den Polypen, und beginnt wieder zu wachsen. Dies kann für immer so weitergehen, oder so lange, bis die Qualle von etwas anderem gefressen wird.

Aber wie lange kann die DNS einer toten Kreatur bestehen? Wenn wir nur eine Blutzelle eines Dinosauriers hätten, könnten wir einen *Jurassic Park* eröffnen – die nötige Technologie existiert bereits. Hat man einen DNS-Strang, ist es im Grunde möglich, seine Informationen zu sequenzieren und aufgrund dieses Codes Leben zu erschaffen.

Die DNS ist ein ziemlich kompliziertes Molekül und baut sich schnell ab. Wenn eine Kreatur stirbt, werden die Enzyme in der Zelle sich irgendwann an der DNS zu schaffen machen und sie in Stücke reißen. Die Mineralien und die Radioaktivität in der Umgebung werden den Inhalt in biologischen Matsch verwandeln. Unter normalen Bedingungen ist die Hälfte der DNS nach etwa 500 Jahren unlesbar. Bei einer idealen Temperatur von minus 5 Grad Celsius wäre allerdings ein Teil der DNS auch nach etwa einer Million Jahre noch lesbar. Die älteste komplett erhaltene DNS-Sequenz wurde aus den Überresten eines Pferdes extrahiert, das im kanadischen Permafrost gefunden wurde. Es starb vor 600 000 bis 800 000 Jahren.

Die Dinosaurier lebten allerdings vor 65 Millionen Jahren. Wenn wir berücksichtigen, was wir über den Erhalt von DNS wissen, ist es also sehr wahrscheinlich, dass *Jurassic Park* auch in Zukunft Science-Fiction bleibt.

Dennoch gab es einige bemerkenswerte Entwicklungen. 700 Jahre alte Eier von Wasserflöhen wurden erfolgreich ausgebrütet. Der Samen einer Pflanze aus der Eiszeit, der vor 30 000 Jahren vielleicht von einem Eichhörnchen vergraben wurde, konnte aufgekeimt werden und kam zur Blüte. Und es könnte sogar möglich sein, die Ausrottung des Mammuts rückgängig zu machen. Mammuts und Menschen koexistierten bis zum Ende der letzten Eiszeit vor 10000 Jahren. Wie Funde belegen, überlebte eine isolierte Gruppe sogar bis vor 4000 Jahren, als entweder Menschen oder eine Klimaveränderung sie auslöschten. 2013 wurde ein gut erhaltenes Mammut in 10000 Jahre altem sibirischem Eis gefunden. Der Körper war so gut erhalten, dass aus den Überresten rotes Blut floss. Obwohl die DNS wahrscheinlich teilweise zerfallen ist, können vielleicht genügend Sequenzen hergestellt werden, um wie in einem großen Puzzle die ursprüngliche DNS wiederherzustellen.

Das Leben auf der Erde ist, wie wir gesehen haben, unglaublich vielfältig. Es gibt keinen Grund, weshalb es nicht auch an zahlreichen anderen Orten in unserem Sonnensystem gedeihen könnte. Es könnte im Innern eines riesigen Asteroiden entstanden sein und die Kollision mit der Erde überlebt haben. Als das Leben einmal da war, konnte es nicht mehr davon abgehalten werden, so gut wie jedes Ökosystem und jede ökologische Nische auf unserem Planeten auszufüllen. Es hat sich an Bedingungen angepasst, die nicht nur auf der Erde vorkommen. Es gibt in unserem Sonnensystem einige Orte, an denen das Leben, wie wir es kennen, gedeihen könnte. Vielleicht ist dort in unabhängiger Weise ebenfalls Leben entstanden, oder es ist als Weltraumtourist auf einem weggesprengten Stück Erde dorthin gereist.

Kapitel 6

LEBEN NEBENAN

Bevor wir mit der Erforschung unseres Sonnensystems begannen, gab es alle möglichen Vorstellungen und Träume über außerirdisches Leben auf unseren Nachbarplaneten. Diese Vorstellungen wurden durch die Raumfahrtmissionen, welche diese Planeten immer detaillierter erkundeten, zunichte gemacht. In den 60er-Jahren begann man damit, die Bedingungen auf den Oberflächen der Planeten und die Zusammensetzung ihrer Atmosphären genauer zu betrachten. Die rauen Bedingungen auf den anderen Planeten führten zu der weitverbreiteten Ansicht, dass nur die Erde für Leben geeignet sei.

Die wissenschaftliche Suche nach Leben anderswo in unserem Sonnensystem ist aber in den vergangenen Jahrzehnten neu aufgeblüht. Dieses neue Interesse hat viel damit zu tun, dass wir entdeckt haben, wie viele Arten hier auf der Erde unter Bedingungen überleben können, die wir zuvor für extrem und lebensfeindlich hielten. Aber es gab auch auf den benachbarten Planeten Entdeckungen, die eine neue Generation von Raumfahrtmissionen inspiriert haben.

Die Venus könnte in der Vergangenheit bewohnbar gewesen sein, und die Suche nach früherem oder gegenwärtigem Leben auf dem Mars geht weiter. Und es hat sich gezeigt, dass es auch außerhalb der klassischen habitablen Zone Orte gibt, an denen die Voraussetzungen für das Leben gegeben wären. Auf Enceladus und Europa, Monden des Saturns und des Jupiters, wurden kürzlich warme Ozeane aus flüssigem Wasser entdeckt, die vielleicht Leben beherbergen, das jenem in den tiefen Ozeanen der Erde ähnlich ist. Und in den Seen aus flüssigem Methan auf der Oberfläche von Titan könnte Leben gedeihen, das ganz anderes ist als jenes, das wir kennen.

Ich werde hier nur das erwähnen, was die Wissenschaft über mögliches Leben in unserem Sonnensystem zu sagen hat. Die Ideen, welche in der Science-Fiction diskutiert worden sind, müssen bis zum nächsten Kapitel warten. Vielleicht wird das, was wir in letzter Zeit über unser eigenes Sonnensystem gelernt haben, noch viel großartigere literarische Träume hervorbringen. Die Vielfalt der Welten in unserem Sonnensystem kann uns auch Hinweise darauf geben, was für Bedingungen auf Exoplaneten herrschen könnten. Wir gehen von innen nach außen vor und beginnen mit jenem Planeten, der die beste Aussicht auf unsere Sonne hat.

Ein Planet ohne Luft

Der Merkur sieht unserem Mond ziemlich ähnlich – eine öde, steinige Oberfläche voller alter Einschlagskrater von Asteroiden und Kometen. Der Planet hat etwa einen Drittel des Durchmessers der Erde und ein Zwanzigstel ihrer Masse. Weil er so klein ist, kühlte der Merkur nach seiner Entstehung schnell ab, und seine harte Gesteinskruste wird auf mehrere hundert Kilometer geschätzt. Aber sein Innerstes ist noch immer feuerflüssig, und er hat einen Metallkern.

Kein Raumschiff, keine Sonde, nichts von Menschenhand Gefertigtes ist je auf der Oberfläche des Merkurs gelandet. Nur zwei Raumfahrtmissionen haben ihn besucht – die *Messenger*-Sonde der NASA umkreist den Planeten noch immer und hat spektakuläre Bilder von seiner kargen Oberfläche gemacht. Eine gemeinsame Mission der europäischen und japanischen Weltraumagenturen wird 2016 eine weitere

Sonde zum Merkur schicken. Diese wird seine Struktur und seine Eigenschaften noch detaillierter messen können, aber sie wird nicht vor 2024 dort ankommen.

Sie denken sich vielleicht, dass es eine einfache Sache ist, ein Raumschiff ins innere Sonnensystem Richtung Merkur zu schicken. Tatsächlich ist es nicht schwieriger, ein Raumschiff auf eine Reise außerhalb unseres Sonnensystems zu schicken, als eine Sonde auf dem Merkur landen zu lassen. Um die Anziehungskraft der Erde zu überwinden, muss ein Raumschiff eine Distanz zurücklegen, die etwa viermal die Entfernung zum Mond beträgt. Erst an diesem Punkt ist die Anziehungskraft der Sonne stärker als jene der Erde. Wenn dem Raumschiff an genau diesem Punkt der Treibstoff ausginge, würde es von nun an mit 100000 Stundenkilometern die Sonne umrunden, denn schon bevor es überhaupt abgeschossen wurde, reiste es auf der Erde mit genau dieser Geschwindigkeit um die Sonne.

Damit das Raumschiff Richtung Merkur fliegen kann, muss es noch mehr Treibstoff verbrennen, um abzubremsen. Es muss seine Geschwindigkeit um 100000 Stundenkilometer verringern, um direkt auf die Sonne zuzufallen. Dies benötigt eine Menge Energie. Anstatt dafür zusätzlichen Treibstoff mit auf die Reise zu nehmen, absolvieren Sonden, die auf einer Reise ins innere Sonnensystem sind, mehrere Vorbeiflüge, sogenannte *Flybys* an der Venus und dem Merkur, um ihre Geschwindigkeit zu verringern. Diese Manöver nennt man *Hohmann-Transfer* oder auch *gravitational assist*, und sie dienen dazu, ein Raumschiff zu beschleunigen oder zu verlangsamen. Die Idee dahinter ist, dass man so nah wie möglich an einem Planeten vorbeifliegt und dessen Schwerkraft dazu nutzt, auf eine niedrigere oder höhere Geschwindigkeit abgelenkt zu werden.

Vor 1965 nahm man an, dass die Rotation des Merkurs an die Sonne gekoppelt sei. Genauso, wie eine Seite unseres

Mondes immer auf die Erde gerichtet ist, glaubte man, dass eine Seite des Merkur immer auf die Sonne gerichtet sei und so andauerndes Tageslicht habe, während die andere in permanenter Dunkelheit liege. Dies inspirierte viele Science-Fiction-Geschichten, in denen auf dem dünnen Band zwischen der großen Hitze und der kalten Nacht eine ganze Zivilisation existierte.

Doch neue Beobachtungen von 1965 zeigten, dass der Merkur sich schneller drehte, als man angenommen hatte. Er dreht sich während zweier Umrundungen um die Sonne genau dreimal um die eigene Achse. Ein Tag auf dem Merkur dauert 176 Erdtage – er hat also die Sonne lange umrundet, bevor auf ihm überhaupt ein Tag vorbeigegangen ist. In der Nacht fallen die Temperaturen unter minus 170 Grad Celsius. Dies, weil die Nachtseite dem leeren Weltraum zugewandt ist und die Gesteinsoberfläche ihre Hitze schnell abstrahlt. Tagsüber können die Temperauren auf der Oberfläche auf über 400 Grad Celsius steigen.

Der Merkur hat von allen Planeten in unserem Sonnensystem die exzentrischste Umlaufbahn: eine Ellipse, die ihn im Abstand von 46 bis 70 Millionen Kilometern an der Sonne vorbeiführt. Der Merkur hat keine Jahreszeiten wie die Erde, denn unsere Jahreszeiten entstehen aufgrund der Neigung unseres Planeten. Die Jahreszeiten auf dem Merkur entstehen aufgrund seiner wechselnden Entfernung zur Sonne.

Der Merkur hat praktisch keine Atmosphäre, und weil er sich so langsam dreht, hat sein Magnetfeld nur ein Prozent der Kraft von jenem der Erde. Alle atmosphärischen Gase werden innerhalb kürzester Zeit von der Strahlung und den hochenergetischen Partikeln, die von der nahen Sonne kommen, in den Weltraum gewischt. Der Merkur ist der kleinste unserer Planeten, und seine Schwerkraft beträgt etwa ein Drittel unserer Schwerkraft auf der Erde. Dies macht es noch schwieriger, eine Atmosphäre festzuhalten.

2012 fand die NASA-Raumsonde *Messenger* Hinweise auf gefrorenes Wasser auf der Oberfläche des Merkurs. In die tiefen Einschlagkrater an den Polen des Planeten dringt kein Sonnenlicht, und die Temperaturen liegen ständig deutlich unter dem Gefrierpunkt. Man schätzt, dass auf dem Boden dieser Krater insgesamt eine Billion Tonnen Eis liegt. Das ist genug Wasser, um damit den Genfer See zu füllen.

Doch trotz des Wassers gibt es auf dem Merkur keinen Ort, an dem Leben gedeihen könnte, weder heute noch in der Vergangenheit. Es gibt nicht einmal einen Ort, an dem man einigermaßen komfortabel eine Weltraumkolonie unterbringen könnte. Es wäre allein schon eine technische Herausforderung, auf der Oberfläche zu landen und herumzulaufen.

Ein toter Planet

Die Venus ist ein faszinierender Planet. Sie ist der Erde in Größe und Masse ziemlich ähnlich. Sie liegt heute knapp außerhalb der habitablen Zone. Die Venus ist ein Planet, der wie die Erde hätte aussehen können, mit Ozeanen und Wolken und voller Leben. Und wäre das Leben auf der Erde nicht aufgeblüht, dann könnte unser eigener Planet heute eher so aussehen wie die Venus.

Die Venus gleicht heute einer leblosen, heißen Wüste. Die Temperatur auf der Oberfläche beträgt 450 Grad Celsius. Es ist heißer als auf dem Merkur, obwohl die Venus weiter von der Sonne entfernt ist. Und wegen der ofenähnlichen Bedingungen und der heißen Luft wird es auch nachts nicht viel kühler. Es wehen konstante Winde von 300 Stundenkilometern, es donnert und blitzt. Falls Sie auf der Suche nach einem geeigneten Ort für die Hölle sind, wäre die Venus ein guter Kandidat.

Die Venus hat eine dichte Atmosphäre, die aus 96 Prozent Kohlendioxid, ein paar Prozent Stickstoff und winzigen Mengen einiger anderer Verbindungen besteht. Weit oben in ihrer Atmosphäre regnet es Schwefelsäure, aber die Tröpfchen verdampfen, bevor sie die Oberfläche erreichen können. Dies führt dazu, dass das reflektierte Sonnenlicht blau-bräunlich und silbern schimmernd erscheint. Die atmosphärische Masse beträgt ungefähr hundertmal jene der Erde. Der Luftdruck auf der Oberfläche würde sich etwa so anfühlen, als wäre man einen Kilometer tief in einem Erdozean! Auf der Oberfläche der Venus ist es wie in einem riesigen Dampfkochtopf. Damit man in einer Umgebung mit solch enormen Druckverhältnissen Wasser kochen könnte, müsste man das Wasser auf 300 Grad Celsius erhitzen.

Auf der Venus Fallschirm zu springen wäre eine interessante Erfahrung. Fällt ein Mensch durch die untere Atmosphäre der Erde, erreicht er dabei eine Höchstgeschwindigkeit von 200 bis 300 Stundenkilometern, je nachdem, wie er seinen Körper ausrichtet. Diese Geschwindigkeit nennen wir die End- oder Grenzgeschwindigkeit, und es liegt am Luftwiderstand, dass man nicht schneller fällt. Die Luft auf der Venus ist viel dicker. Ein Fallschirmspringer, der aus ein paar Kilometern über ihrer Oberfläche abspringen würde, käme auf eine Geschwindigkeit von etwa 20 Stundenkilometern. Er bräuchte nicht einmal einen Fallschirm, denn das entspricht der Geschwindigkeit, die man auf der Erde erreicht, wenn man aus einem Meter Höhe abspringt.

Die NASA-Sonde *Magellan* umkreiste in den 90ern mehrere Jahre lang die Venus. Sie fertigte hochauflösende Radarkarten der Venusoberfläche an. Dabei fand sie keine Hinweise auf Gebirge oder geologische Störzonen, die auf eine aktive Plattentektonik deuten könnten. Die Bilder enthüllten mehrere Stellen, an denen kürzlich gewaltige Vulkane ausgebrochen waren und große Lavaströme hervorgebracht hatten. Diese Vulkane entstehen – anders als auf der Erde – nicht an Plattenlinien, wo die Kruste schwach ist. Man geht stattdessen davon aus, dass die Temperatur im oberen Mantel ansteigt und das Magma schließlich durch die Kruste bricht. Die Beschaffenheit der Oberfläche weist darauf hin, dass der ganze Planet vor etwa 500 Millionen Jahren durch ein katastrophales Ereignis neu überzogen wurde. 80 Prozent der Oberfläche sind mit Basaltgestein bedeckt, das von uralten Lavaströmen stammt.

Die Venus dreht sich sehr langsam, einmal in 243 Erdtagen. Und ihre Rotation ist andersherum als jene aller anderen Planeten im Sonnensystem. Die Venus wurde wahrscheinlich Opfer eines gigantischen Einschlags, der diesen Richtungswechsel verursachte. Da die Venus 224 Tage zur Umrundung der Sonne benötigt, braucht sie also mehr als ein Venusjahr, um sich einmal um die eigene Achse zu drehen. Wie schon beim Merkur könnte sich auch bei der Venus ihr schwaches magnetisches Feld dadurch erklären, dass sie sich so langsam dreht.

Wie also kam es, dass die Venus mit ihrer Ofenhitze und ihrer dicken Atmosphäre aus Kohlendioxid ein komplett anderes Schicksal hat als die Erde?

In Kapitel 4 sprach ich über die Wichtigkeit eines Kohlenstoffkreislaufs. Tatsächlich gibt es auf der Venus eine mit der Erde vergleichbare Gesamtmenge an Kohlenstoff. Nur befindet sich auf der Erde der Großteil dieses Kohlenstoffs in der Kruste, während auf der Venus alles in der Atmosphäre steckt. Der Einfluss einer so dicht mit Treibhausgas gefüllten Atmosphäre hätte früher oder später zum Untergang allen vielleicht vormals existierenden Lebens auf ihrer Oberfläche geführt.

Unter einer blassen jungen Sonne waren die Temperaturen auf der Venus den heutigen Erdtemperaturen vielleicht nicht unähnlich. Es ist sehr wahrscheinlich, dass es auf der Venus Ozeane voller Wasser gab, kurz nachdem sie entstanden war. Aber als sich in der Atmosphäre Treibhausgase bildeten und die Sonne immer heller schien, wäre die Temperatur auf ihrer Oberfläche stetig gestiegen.

Man geht davon aus, dass mit dem Anstieg der Oberflächentemperatur Wasser aus den Ozeanen verdampfte und in die Atmosphäre aufstieg. Es kam zu einem unaufhaltbaren Rückkopplungseffekt. Als Folge einer dichteren Wolkendecke beschleunigte sich der Temperaturanstieg, was wiederum dazu führte, dass noch mehr Wasser von der Oberfläche verdampfte. Die Wassermoleküle wurden durch das ultraviolette Licht der Sonne aufgespaltet. Der leichtere Wasserstoff entfloh in den Weltraum und der freie Sauerstoff wurde vom Oberflächengestein absorbiert.

Schließlich waren alle Ozeane verdampft, und die Venus hatte all ihr Wasser verloren. Der Zeitrahmen, in dem sich dies abgespielt haben könnte, ist sehr unsicher, aber man geht davon aus, dass es mindesten einige hundert Millionen Jahre gedauert hat, vielleicht sogar mehrere Milliarden Jahre. Ohne Regen gab es auch keine Verwitterung, welche das Kohlendioxid aus der Atmosphäre entfernt. Und ohne Ozean gab es kein Waschbecken für das Treibhausgas. Das durch den Vulkanismus freigesetzte Kohlendioxid baute sich in der Atmosphäre auf. All dies zusammen verursachte einen unkontrollierten Treibhauseffekt, der zu extrem hohen Oberflächentemperaturen führte. Schließlich hatte sich auf diese Weise fast der gesamte Kohlenstoff aus der Venuskruste in ihrer Atmosphäre angesammelt.

Auf der Erde wirkt das Wasser wie ein Gleitmittel, das es den Landmassen möglich macht, über- und untereinander zu rutschen. Vielleicht hatte die Venus einst eine Plattentektonik, aber bei einer Oberfläche, die zu heiß für Wasser ist, wäre diese schließlich zum Stillstand gekommen. Manche Forscher haben gemutmaßt, dass es auf der Venus Granitgestein geben könnte. Granit entsteht nur bei der Umwälzung existierenden Gesteins an den Grenzen kollidierender Platten. Aber diese Aussagen beruhen auf Spekulationen, denn wir haben kein Gestein von der Venus, das wir analysieren könnten.

Dass die Venus während der ersten Milliarde Jahre unseres Sonnensystems Ozeane und ein angenehmeres Klima gehabt haben könnte, ist eine faszinierende Vorstellung. Obwohl ein Großteil ihrer Oberfläche in jüngerer Zeit von dickem Magma überzogen wurde, gibt es ältere Hochlandregionen, die vielleicht Hinweise auf ihre Vergangenheit enthalten. Auf jeden Fall können wir durch weitere Erkundungsmissionen noch viel über die Venus lernen.

Eine Analyse der Zusammensetzung und der Isotope dieses Gesteins wäre faszinierend. Wir haben die Technologie, um einen Aufklärungsroboter auf der Venus zu landen. Er kann so gebaut werden, dass er dem immensen Druck und den Temperaturen widersteht. Wir könnten das Oberflächengestein untersuchen und nach Signaturen von früherem Leben forschen. Dies wäre keine einfache Mission, und es gäbe keine Garantie für ihren Erfolg. Erinnern Sie sich nur einmal daran, wie schwierig es ist, die Natur und die Existenz früheren Lebens auf der Erde zu bestimmen. Der *Venus In-Situ Explorer (VISE)* wurde vor gut einem Jahrzehnt beantragt und war lange eine der obersten Prioritäten der NASA. Leider ist die Mission inzwischen von anderen ausgebootet worden, und eine Roboterlandung auf der Venus bleibt vorerst nur ein Konzept.

Die frühe Erforschung des Weltraums wurde durch die politischen Rivalitäten zwischen den USA und der Sowjetunion vorangetrieben. 1957 war der *Sputnik 1* der UdSSR das erste von Menschenhand gefertigte Objekt, das unseren Planeten umkreiste. Der erste Mensch im Weltraum war 1961 Juri Gagarin an Bord der *Vostok 1*. Die Technologie basierte auf der *V-2*-Rakete, die im Zweiten Weltkrieg entwickelt worden war. Diese Rakete war die erste, die die Erdatmosphäre verlassen hatte, und konnte eine Höhe von bis zu 400 Kilometern erreichen. Zum Vergleich: die internationale Raumstation umrundet die Erde in 370 Kilometern Entfernung.

Die Sowjetunion hatte ein ehrgeiziges Programm zur Erforschung des Weltraums. Zwischen 1961 und 1984 wurden unter dem *Venera*-Programm Dutzende von Raketen abgefeuert, um die Venus zu erforschen. Der erste Abschuss schaffte es nicht über die Erdatmosphäre hinaus, und zu zwei weiteren Missionen brach der Kontakt ab, bevor sie ihr Ziel erreichten. *Venera 4* trat 1967 in die Atmosphäre der Venus ein und konnte Daten übermitteln, bevor der Kontakt abbrach. Damals stellte man fest, dass die Atmosphäre der Venus so dicht ist, dass der Druck die Raumsonde buchstäblich zerquetscht hatte. Aufgrund dieser Erfahrung wurden die folgenden Venera-Sonden so gebaut, dass sie extremeren Bedingungen standhalten konnten, und es kam zu einigen erfolgreichen Landungen. Die ersten Bilder der Oberfläche machte *Venera 9* 1975. Diese zeigen eine wüstenähnliche Landschaft voller Gesteinsblöcke.

Zwar gab es in letzter Zeit einige Vorbeiflüge, doch die letzte Sonde, die auf der Venus landete, war 1985 Teil der sowjetischen *Vega 2*-Mission. Diese Mission enthielt auch eine Robotersonde, welche derart gebaut war, dass sie wie ein Ballon in der Venusatmosphäre schweben sollte. Die Atmosphärensonde wurde mit Fallschirmen bis auf 50 Kilometer über der Oberfläche abgesenkt. Ein großer Teflonballon blies sich automatisch auf, und die Sonde wurde von den starken Winden buchstäblich um den Planeten getragen. Sie reiste über 10000 Kilometer weit und sammelte in der Atmosphäre Daten zu Dynamik, Druck, Temperatur, Blitzen, Helligkeit und der Beschaffenheit der

Wolken. In 46 Stunden bereiste sie sowohl die Tag- als auch die Nachtseite.

50 Kilometer über der Oberfläche der Venus sind die atmosphärischen Bedingungen ähnlich wie bei uns auf Meereshöhe. Diese Ähnlichkeit in den Bedingungen führte zu Spekulationen, dass es hoch oben in der Venusatmosphäre Leben geben könnte. Carl Sagan war der erste, der über mögliche atmosphärische Lebensformen – schwebende, einem Wasserstoffballon ähnliche Kreaturen – spekulierte. Vielleicht gab es in den Ozeanen der Venus einst reichlich Leben, aber der langsame, unaufhaltsame Treibhauseffekt machte die Oberfläche allmählich unbewohnbar. Als es zu heiß wurde, könnte sich das Leben so entwickelt haben, dass es mehr Zeit in der Luft verbrachte, wo es kühler war.

Es gibt einige noch ungelöste Geheimnisse rund um die Atmosphäre der Venus. Sie ist nicht ganz im Gleichgewicht. Wenn eine Atmosphäre im Gleichgewicht ist, finden keine chemischen Reaktionen statt. In der oberen Atmosphäre finden sich die chemischen Stoffe Schwefelwasserstoff und Schwefeldioxid. Diese Gase reagieren leicht miteinander, um Schwefel und Wasser zu bilden. Es muss daher eine Quelle für diese Gase geben, damit sie sich erhalten. In einem NASA-Bericht von 2003 plädiert der NASA-Wissenschaftler und Science-Fiction-Autor Geoffrey Landis für Leben in der Atmosphäre der Venus.

Es ist zwar eher unwahrscheinlich, aber nicht ausgeschlossen, dass in der Atmosphäre der Venus lebende Organismen existieren. Unsere eigene Atmosphäre ist ja auch von mikrobiellem Leben erfüllt. Kürzlich brachte eine Analyse von Regenwasser die Anwesenheit von zahlreichen gedeihenden Bakterien zutage. Bakterien vermehren und multiplizieren sich in einem kürzeren Zeitrahmen als nötig ist, um das Ozeanwasser zu Regen zu rezyklieren. Daher könnte unsere Atmosphäre als Ökosystem voller Leben klassifiziert werden.

Und der Schwefelsäureregen auf der Venus stellt zwar für Menschen ein Problem dar, nicht aber für Bakterien wie jene hier auf der Erde, die einen Schwefelstoffwechsel haben und Schwefelsäure als Nebenprodukt produzieren.

Damit Organismen ausschließlich in einer planetaren Atmosphäre existieren könnten, müssten sie einen Mechanismus entwickelt haben, durch den sie schweben und ihre Höhe anpassen können. Cyanobakterien bedienen sich winziger Gasbläschen, um ihren Auftrieb im Wasser zu regulieren. Aber von den Elementen, die das Leben auf der Erde verwendet, fehlt in der Atmosphäre der Venus der Phosphor. Und andere wichtige Elemente wie Kalzium, Kalium und Eisen konnten nicht nachgewiesen werden. Das größte Problem für Leben, wie wir es kennen, wäre aber das Fehlen einer geeigneten Flüssigkeit für die Zellaktivität. Wenn in der Atmosphäre der Venus tatsächlich Leben existiert, dann ist es wahrscheinlich ganz anders als das Leben auf der Erde.

Größtenteils harmlos

Der dritte Planet im Abstand zur Sonne wird im aktualisierten digitalen Reiseführer *Per Anhalter durch die Galaxis*[13] als *»größtenteils harmlos«* beschrieben.

Tatsächlich ist die Erde ein ziemlich gewöhnlicher Gesteinsplanet mit biologischem Leben, das auf Dihydrogenmonoxid basiert und von einer raffinierten, spiralförmigen molekularen Überlebensmaschine angetrieben wird.[14]

13 Der digitale Reiseführer *Per Anhalter durch die Galaxis (The Hitchhiker's Guide to the Galaxy)* kam ab 1978 wiederholt in den gleichnamigen Radiohörspielen und Büchern von Douglas Adams vor.

14 Der Reiseführer *Per Anhalter durch die Galaxis* beschreibt die Erde wohl deshalb als größtenteils harmlos, weil ihre Einwohner ihre meiste Zeit damit verbringen, sich zu streiten, und es unwahrschein-

Aber warum ist auf der Erde Leben entstanden? Gibt es irgendetwas Besonderes an der Erde, das sie von der Venus, dem Mars oder all diesen möglichen Exoplaneten unterscheidet? Manche Wissenschaftler sind der Ansicht, dass unsere Erde besonders ist – ein spezieller Ort, an dem alles zusammen kam, damit das Leben entstehen konnte –, und dass solche Welten in unserem Universum selten sind. Aber viele der früheren Argumente dafür sind inzwischen durch Forschungsergebnisse aus Biologie und Astronomie zunichte gemacht worden.

Die Venus war wahrscheinlich einfach zu nah an der Sonne, und es entwickelte sich ein unumkehrbarer Treibhauseffekt. Der Mars könnte, wie wir noch sehen werden, sein Magnetfeld verloren haben, als sein Inneres abkühlte. Aber Planeten wie die Erde mit anhaltender Plattentektonik und einem Magnetfeld dürften eigentlich nicht selten sein. Theoretische Modelle weisen darauf hin, dass plattentektonische Aktivität bei Planeten, die mindestens die Größe der Erde haben, sogar häufiger sein sollte. Ob die Plattentektonik eine Bedingung für Leben ist, ist nicht bekannt. Vielleicht könnte das Leben ohne einen Karbonzyklus im Mantel des Planeten die nötigen Rückkopplungen auch über natürliche Auslese aufbauen und so die habitablen Bedingungen aufrechterhalten.

Eine Besonderheit hat unser Zuhause allerdings – einen großen Mond, wie ihn weder der Mars noch die Venus haben. Die vermutete Seltenheit von Planeten mit massiven Monden wurde als Argument dafür verwendet, dass fortschrittliches Leben auf anderen Welten selten sein könnte. Es war sogar eines der Hauptargumente des Buches *Unsere*

lich erscheint, dass sie sich jemals ausreichend organisieren könnten, um die Entdeckung der Galaxie in Angriff zu nehmen – vom Ertragen vogonischer Lyrik ganz zu schweigen.

einsame Erde – Warum komplexes Leben im Universum unwahr-scheinlich ist (Rare Earth: Why Complex Life is Uncommon in the Universe), das der Paläontologe Peter Ward und der Astrobiologe Donald Brownlee im Jahr 2000 veröffentlichten.

1993 errechnete der französische Astronom Jacques Laskar, dass die Erde sich eigentlich chaotisch im Raum drehen sollte. Kleine gravitative Störungen durch die anderen Planeten sollten dazu führen, dass ihre Drehachse sich über Millionen von Jahren verlagert. Sie können sich wohl ebenso gut wie ich vorstellen, was es für das Leben bedeuten würde, wenn ein Planet um 40 Grad kippt und die Äquatorialregion auf einmal dort zu liegen kommt, wo zuvor die Pole waren. Laskar zeigte auf, dass die Erde sich seit 4,5 Milliarden »aufrecht« dreht – dank der stabilisierenden Anziehungskraft des Mondes.

Dies scheint ein überzeugendes Argument für die Besonderheit der Erde. Komplexes Leben, zum Beispiel in der Form von Elefanten, hätte sich in einer Welt mit solch extremen Klimaveränderungen wohl kaum entwickeln können. Aber sind solch schwere Zusammenstöße wie jener, der zur Bildung unseres Mondes führte, wirklich selten? Die Ergebnisse unserer eigenen numerischen Simulationen aus dem Jahr 2011 an der Universität Zürich offenbaren etwas anderes. Etwa einer von zehn erdähnlichen Planeten würde demnach mit der passenden Energie und Geometrie in eine solche Kollision verwickelt, dass daraus für die Dauer von über 5 Milliarden Jahren ein stabilisierender Mond entstünde. Nicht einmal unser Erde-Mond-System ist in unserer Galaxie eine Seltenheit.

Unsere Sonne ist kein besonderer Stern, und ich glaube auch nicht, dass unsere Erde ein besonderer Planet ist.

Die rote Welt

Der vierte Planet im Abstand zur Sonne ist für Astrobiologen sogar noch interessanter als die Venus. Der Mars liegt in einer Umlaufbahn am kühleren äußeren Ende der habitablen Zone. Am Marsäquator kann die Temperatur im Sommer auf angenehme 27 Grad Celsius steigen. Dennoch fallen die Temperaturen nachts schnell auf minus 90 Grad. Die Gesteinsoberfläche des Mars ist mit einem Staub aus Eisenoxid bedeckt, was dem Planeten sein rotes Erscheinungsbild gibt. Staubstürme fegen regelmäßig über den Planeten, und der staubige Himmel ist ebenso rot wie die rostige Oberfläche.

Der Mars hat etwa die Hälfte des Erddurchmessers und rund ein Zehntel der Erdmasse. Wie der Merkur kühlte der Planet schnell ab und hatte in jüngster Zeit keine Plattentektonik – die Oberfläche des Mars ist eher wie eine einzige gigantische Steinplatte. Obwohl der Mars sich in etwa so schnell dreht wie die Erde – einmal in 24,6 Stunden –, hat er sein Magnetfeld verloren, und bis jetzt ist der Grund dafür noch nicht bekannt. Vielleicht, weil er im Innern zu sehr abkühlte und sich sein Kern nicht mehr drehte. Wobei es auch Theorien gibt, dass eine späte Reihe großer Asteroideneinschläge vor vier Milliarden Jahren die Funktion des Kerns gestört haben könnte.

Beobachtungen von 1963 zeigten, dass die Luft auf dem Mars sehr trocken ist und einen Wassergehalt hat, der weniger als ein Tausendstel jenes über der Sahara beträgt. 1965 flog die erste Raumsonde, die von der NASA gebaute *Mariner 4*, am Mars vorbei und fotografierte seine karge Oberfläche. Das *Viking*-Programm der NASA war das Erste, dem 1976 eine erfolgreiche Sondenlandung auf dem Mars gelang. Seither gab es mehrere Dutzend Missionen zum Mars, darunter auch mehrere sogenannte *Marsrover*, die seine Oberfläche erforschen.

Beobachtungen des Magnetfeldes, das sich im Gestein an der Oberfläche erhalten hat, legen nahe, dass der Mars in der Vergangenheit geologisch deutlich aktiver war. Und an einer Stelle, wo zwei Oberflächenplatten aneinander vorbeigeglitten sind, gibt es Beweise für eine frühere Plattentektonik. Der tiefe Graben *Valles Marineris* ist 4000 Kilometer lang und an einigen Stellen bis zu 7 Kilometer tief. Zum Vergleich: der *Grand Canyon* ist gerade einmal 450 Kilometer lang und 1,8 Kilometer tief. Die Oberflächenbeschaffenheit liefert Belege dafür, dass der gigantische Canyon auf dem Mars ein Bruch zwischen zwei Platten ist, die aneinander vorbeigeglitten sind.

Es ist inzwischen allgemein anerkannt, dass es auf der Oberfläche des Mars reichlich Wasser gibt. Heute ist davon fast alles gefroren, aber in wärmeren Zeiten hätte es genug flüssiges Wasser für einen bis zu 500 Meter tiefen Ozean geben können, der einen Drittel des Planeten bedeckt hätte. Es gibt Belege für Gletscheraktivität, Seen und Netzwerke von früheren Flusstälern. Auf dem Mars gab es einst Schnee und Regen! Die Bedingungen könnten für das Leben, wie wir es kennen, ideal gewesen sein: fließendes Wasser, eine Plattentektonik und ein Magnetfeld während einer Milliarde Jahre, nachdem der Mars sich gebildet hatte. Der frühe Mars muss ganz anders ausgesehen haben als heute.

Wenn der Mars einst flüssiges Wasser hatte, muss er damals auch eine dickere Atmosphäre gehabt haben, die für geeignete Temperaturen und Druckverhältnisse sorgte, damit das Wasser flüssig blieb. Das klingt ganz ähnlich wie die heutigen Bedingungen auf der Erde – was also ist mit der Atmosphäre des Mars geschehen?

Die heutige Marsatmosphäre hat eine ähnliche Zusammensetzung wie jene der Venus. Sie besteht hauptsächlich aus Kohlendioxid und Stickstoff mit Spuren von Sauerstoff, Methan und anderen Molekülen. Der Unterschied zur

Venus ist, dass die Atmosphäre des Mars sehr dünn ist. Ihre Masse beträgt nur ein Prozent von jener der Erde. Der Luftdruck auf der Marsoberfläche entspricht auf der Erde dem Luftdruck in 35 Kilometern Höhe. Bei solch niedrigem Druck kann auf der Oberfläche des Mars kein Wasser in flüssiger Form existieren. Flüssiges Wasser kocht bei solch niedrigem Druck bereits bei 10 Grad Celsius. Sie können es also vergessen, auf dem Mars eine Tasse Tee zu kochen.

Der Mars ist ein kleiner Planet, deshalb kann seine Schwerkraft seine Atmosphäre nicht so gut festhalten wie jene der Erde es kann. Man geht davon aus, dass der Mars etwa eine Milliarde Jahre nach seiner Entstehung sein Magnetfeld verlor, worauf der Sonnenwind seine Atmosphäre wegblies. Wenn also der Mars einst Leben hatte, dann gab es einen Zeitraum von einer Milliarde Jahren, in denen es auf seiner Oberfläche hätte gedeihen können.

Das *Viking*-Programm hatte zum Zweck, hochauflösende Bilder von der Oberfläche zu machen, die Zusammensetzung von Luft und Gestein zu analysieren und nach Hinweisen auf Leben zu suchen. Es wurden keine Hinweise gefunden. Proben vom Marsboden wurden aufgesammelt und auf Verbindungen untersucht, aber es wurden keine signifikanten Mengen organischer Moleküle gefunden. Dem Boden wurde eine wässrige Nährlösung beigefügt, aber nichts passierte – es gab kein mikrobielles Leben mit einem Stoffwechsel.

Der *Curiosity Rover* der NASA hat auf dem Mars rund zwei Kilometer zurückgelegt und dabei alte Flussbetten und eine wüstenähnliche Landschaft erforscht. Bisher wurde keine Spur von Leben gefunden – keine uralten Stromatholiten oder kohlenstoffreichen Ablagerungen, keine Fossilien oder irgendetwas, das auch nur annähernd lebendig aussieht.

Die Bedingungen auf dem Mars sind allerdings nicht grundsätzlich ungeeignet für Leben. Viele Bakterien gedeihen im Labor, wenn man dort Bedingungen nachstellt, wie sie auf dem Mars herrschen. Und für 2021 plant die NASA, auf dem Mars Pflanzen anzubauen – ein erster Schritt hin zu einer möglichen zukünftigen Kolonisation des Planeten.

Jenseits des Mars

Zwischen dem Mars und dem Jupiter liegt ein dichter Asteroidengürtel. Er enthält über eine Million Gesteinskörper, die größer als einen Kilometer sind. Die meisten von ihnen sind riesige, unregelmäßig geformte Gesteinsbrocken, die von der Schwerkraft lose zusammengehalten werden. Die Umlaufbahnen der Objekte im Asteroidengürtel werden durch die Schwerkraft der massereichen äußeren Planeten gestört. Im Laufe der Zeit gelangen manche der Asteroiden so in exzentrische Umlaufbahnen, die sie durch das innere Sonnensystem führen. Dies sind die sogenannten »erdnahen« Asteroiden. Irgendwann werden diese mit einem Planeten kollidieren oder in die Sonne stürzen.

Im Asteroidengürtel gibt es auch ein paar Objekte mit einem Durchmesser von mehr als 400 Kilometern. Das größte von ihnen ist *Ceres*, mit einem Durchmesser von etwa 1000 Kilometern und einer Masse von etwas über einem Prozent unseres Mondes.

Ceres hat eine Eisoberfläche, die auf einem Gesteinsmantel ruht. Die Temperaturen auf ihrer Oberfläche steigen nie über minus 40 Grad Celsius. Dennoch könnte sich unter ihrer Oberfläche flüssiges Wasser befinden, das durch den radioaktiven Zerfall im Innern warm gehalten wird. 2014 entdeckte das Herschel-Weltraumteleskop Fontänen aus Wasserdampf, die aus dem Innern von Ceres hervorbrachen. Ceres ist eine weitere faszinierende Welt, die es noch zu entdecken gilt. Die Weltraumsonde *DAWN* wurde 2007 von der NASA ins All geschossen, um Ceres und Vesta genauer zu erforschen. Sie sollte ihr Ziel 2015 erreichen.

Der Jupiter und der Saturn sind im Grunde riesige, heiße Gasbälle. Ihre Größe und niedrige Dichte lassen uns sofort darauf schließen, dass sie nicht aus dichtem Gestein bestehen. Es gibt auf ihnen keine normale Oberfläche, die wir als fest bezeichnen würden. Sie sind vielmehr riesige dichte Atmosphären, die hauptsächlich aus Wasserstoff- und Heliumgas bestehen. Man nimmt an, dass sie im Zentrum dichte Gesteinskerne haben. Aber diese stehen unter enormem Druck und die Temperaturen sind so hoch, dass alle uns bekannten Materialen zerstört würden, lange bevor sie den Kern erreicht hätten.

Die Raumsonde *Galileo* ist bisher die einzige Mission von der Erde, die den Jupiter umkreist hat. Sie stieß eine Tochtersonde ab, die so weit wie möglich in den Jupiter hineinfallen sollte. Diese übermittelte eine Stunde lang Daten und reiste 150 Kilometer durch die obere Atmosphäre, bis sie vom Druck zerquetscht wurde. Sie wäre ohnehin geschmolzen, lange bevor sie den Kern erreicht hätte, wo Temperaturen von bis zu 35000 Grad Celsius herrschen.

Innerhalb des Saturns und des Jupiters sind die Bedingungen so extrem, dass die Wasserstoffatome in einen neuen Zustand gepresst werden, der »metallischer Wasserstoff« genannt wird. Dieser leitet Elektrizität wie der Erdkern, und daher haben die Gasriesen starke Magnetfelder.

Obwohl es in den oberen Atmosphären Wasser, Ammoniak und Methan gibt, könnte im Jupiter oder Saturn nichts leben. Ständig toben gigantische Stürme mit tiefen Konvektionsströmungen. Sie saugen Luft aus den kühlen äußeren Regionen in das heiße, dick versmogte Innere hinein.

Der Uranus und der Neptun geben auch keinen besseren Lebensraum ab. Ihre dichten Gasatmosphären aus Wasserstoff, Helium und Methan umschließen einen ebenso dichten Mantel aus Wasser, Ammoniak und Methan. Obwohl Wasser vorhanden ist, liegen der Druck und die Temperaturen weit über dem, was auf Molekülen basierendes Leben aushalten könnte.

Die faszinierenden Monde des Jupiters und des Saturns

Auch wenn es jenseits des Mars keine bewohnbaren Planeten gibt, sind die Monde des Jupiters und des Saturns faszinierende Kandidaten, die Leben beherbergen könnten.

Im 20. Jahrhundert war trotz mehrerer vorbeifliegender NASA-Sonden nur wenig über die natürlichen Satelliten des Saturn und des Jupiter bekannt. Diese frühen Vorbeiflüge nutzten die starke Anziehungskraft des Jupiter, um durch die daraus resultierende Beschleunigung der Raumsonde mehrere Orte im Sonnensystem anfliegen zu können. Die erste Sonde, die länger in einer Umlaufbahn um den Jupiter verweilte, war die *Galileo*-Mission der NASA. Nach einer sechsjährigen Reise erreichte sie 1995 den Jupiter und verbrachte acht Jahre beobachtend in seiner Umlaufbahn. Auch die *Cassini-Huygens*-Mission umlief 2000 den Jupiter und gewann dabei genug Energie, um vier Jahre später den Saturn zu erreichen. Das meiste, was wir über die Monde des Saturn und des Jupiter wissen, wissen wir aus diesen beiden Missionen.

Methanmonster auf Titan

Der einzigartigste unter diesen natürlichen Satelliten ist Titan. Der große Saturnmond wurde 1655 von Christiaan Huygens mit einem Fünf-Zentimeter-Teleskop entdeckt.

Titan ist eine kalte Welt. Bei seinem Abstand zur Sonne erhascht er gerade einmal ein Prozent der Menge an Sonnenlicht, welche die Erde erhält. Durch den schwächeren Sonnenwind und seine Größe – er ist fast doppelt so groß wie unser Mond – hat Titan eine dicke Atmosphäre.

Im Dezember 2004 trennte sich die Doppelsonde Cassini-Huygens in zwei Teile. Die Cassini-Hälfte flog als Orbiter weiter, während die Huygens-Sonde sich auf den Weg zum Titan machte und dort am 14. Januar 2005 landete. Die Sonde hatte, nachdem sie in der Atmosphäre von Titan aktiviert worden war, nur eine Batterielaufzeit von wenigen Stunden. Sie hatte mehrere Messgeräte an Bord, darunter ein Mikrofon, Kameras, ein Radar und ein Spektrometer. Sie war allerdings nicht dafür ausgestattet, nach Hinweisen auf komplexe organische Verbindungen zu suchen. Die Radarbilder des Cassini-Orbiters und die Fotografien der Huygens-Sonde zeigten Spektakuläres. Die Landschaft war bedeckt mit Kohlenwasserstoff-Ozeanen, Seen und zufließenden Netzwerken, die mit flüssigem Ethan, Methan und Stickstoff gefüllt waren.

Unter den Temperatur- und Druckverhältnissen in der Titanatmosphäre kann Methan zu einer Flüssigkeit kondensieren, aber molekularer Wasserstoff kann dies nicht. Auf Titan könnte Methan die Rolle flüssigen Wassers spielen und molekularer Wasserstoff jene des gasförmigen Kohlendioxids. Die Luft auf Titan hat einen ähnlichen Druck wie auf der Erde, aber eine ganz andere Zusammensetzung. Sie besteht aus über 98 Prozent Stickstoff mit kleinen Mengen Methan und Wasserstoff.

Es gibt Mutmaßungen, vor allem vom NASA-Astrobiologen Chris McKay, dass es in den Seen aus flüssigem Methan auf Titan Leben geben könnte. Obwohl alles Leben auf der Erde (einschließlich methanogener Lebensformen) Wasser als Lösungsmittel verwendet, könnte das Leben auf Titan dafür einen flüssigen Kohlenwasserstoff wie Methan oder Ethan verwenden. Methan ist ein einfacher Kohlenwasserstoff, der in einem großen Temperaturbereich als Lösungsmittel dienen kann. Kohlenwasserstoffe sind chemisch nicht ebenso aktiv wie Wasser, welches komplexe Moleküle durch Hydrolyse abbauen kann. Die Kreaturen auf Titan könnten statt Sauerstoff Wasserstoff inhalieren, diesen mit Acetylen statt Glukose metabolisieren und Methan statt Kohlendioxid ausstoßen.

Wenn auf Titan solch methanogenes Leben existiert, würde es höchstwahrscheinlich einen Einfluss auf das Verhältnis diverser Gase in der Atmosphäre haben. Die Wasserstoff- und Acetylenanteile wären messbar niedriger, als man es üblicherweise erwarten würde.

Die Cassini-Huygens-Mission fand in den oberen atmosphärischen Schichten von Titan größere Mengen an molekularem Wasserstoff als in den unteren. Dies legte nahe, dass der Wasserstoff in der Nähe der Oberfläche verschwand – analog zu dem, was McKay vorhergesagt hatte für den Fall, dass es dort methanogenes Leben gibt. Eine andere Studie wies auf der Oberfläche von Titan niedrige Acetylenmengen nach, was wiederum McKay als Übereinstimmung mit seiner Annahme interpretierte.

Wasserwelten auf Europa

Der Jupitermond Europa ist einer der vielversprechendsten Kandidaten für außerirdisches Leben, das auf Kohlenstoff basiert. Europa ist ein wunderschöner weißer Himmelskörper, der mit roten Striemen überzogen ist. Sie ist nur wenig kleiner als unser Mond, aber ganz anders in der Struktur. Unter ihrer eisigen Oberfläche liegt ein riesiger warmer Ozean, der eine ideale Umgebung bieten könnte, in der sich Leben entwickelt und gedeiht.

Die Bilder der Galileo-Mission enthüllten aufsehenerregende eistektonische Merkmale wie Dome, zerrissene Blöcke und Gezeitenbrüche. Krustenplatten von über 10 Kilometern Durchmesser sind auseinandergebrochen und in neue Positionen rangiert worden. Oberflächlich ähneln sie den Rissen im Packeis der irdischen Polarmeere während der Frühlingsschmelze.

Die Oberflächentemperatur liegt bei frostigen minus 170 Grad Celsius. Das ist kein Problem, denn auf der Oberfläche würde sich ohnehin kein Leben aufhalten wollen. Die Oberfläche empfängt große Mengen ionisierender Strahlung aus den intensiven Strahlungsgürteln, die vom enormen Magnetfeld des Jupiters erzeugt werden. Ein ungeschützter Astronaut würde innerhalb eines Tages tödlich verstrahlt werden. Aber durch die Dicke der Eiskruste wäre alles Leben unter der Oberfläche von Europa gut vor dieser Strahlung geschützt.

Erste Hinweise auf flüssige Wasserozeane unter dem Eis erhielt man aus Bildern von Europas großen Kratern. Asteroiden sind durch die Oberfläche gedrungen und haben das Wasser darunter freigesetzt. Die Krater sind von konzentrischen Ringen umgeben und sehen aus, als seien sie mit glattem, frischem Eis gefüllt. Die Außenkruste aus festem Eis wird auf mehrere Kilometer Dicke geschätzt. Der flüssige Ozean darunter könnte bis zu 100 Kilometer tief sein. Eine solch enorme Hülle aus flüssigem Wasser hätte das doppelte Volumen aller Ozeane auf der Erde.

Einen weiteren Hinweis auf einen flüssigen Ozean gibt das schwache Magnetfeld Europas, welches durch den Jupiter hervorgerufen wird. Dies bedingt eine Schicht von elektrisch leitendem Material, so wie es ein salziger Ozean bieten könnte. Aber die überzeugendsten Beweise stammen von Bildern, die das Hubble-Weltraumteleskop 2013 gemacht hat. Sie zeigen, wie von der Oberfläche Europas

Wasserfontänen aufsteigen, vielleicht herausgedrückt durch das gravitative Feld des Jupiters.

Das tiefe Innere von Europa ist wahrscheinlich feuerflüssig. Der radioaktive Zerfall allein würde nicht ausreichen, um es zu erwärmen – ohne eine weitere Hitzequelle wäre Europa so fest wie unser Mond. Europa bleibt heiß, weil der Mond durch die Gravitation des Jupiters »geknetet« wird.

Die Anziehungskraft auf jener Seite Europas, die dem Jupiter am nächsten ist, ist stärker als auf der entfernteren Seite, und dies presst Europa flach. Europa ist in ihrer Rotation an den Jupiter gebunden, und eine Seite ist immer dem Planeten zugewandt. Wenn sie den Jupiter in einem exakten Kreis umlaufen würde, wäre die Geschichte hier zu Ende, und die Anziehungskraft würde Europas innere Struktur nicht beeinflussen. Weil aber Europas Umlaufbahn leicht exzentrisch ist und von den anderen Monden gestört wird, bewegt sie sich auf den Jupiter zu und von ihm weg. Die sich ständig ändernde Distanz zum Jupiter resultiert darin, dass Europa periodisch von der Schwerkraft gequetscht wird. Dies wiederum führt zu Reibungen in ihrem Gesteinsinneren und generiert Wärme.

Einen direkten Nachweis für diese periodische Erwärmung durch die Schwerkraft bietet Io, der Jupitermond, welcher dem Planeten am nächsten ist. Die periodische Quetschung seiner Oberfläche und seines Inneren ist so stark, dass seine Oberfläche mit Vulkanen übersät ist, von denen manche bei Ausbrüchen beobachtet wurden.

Wahrscheinlich sind diese Kräfte auch für das Aufbrechen des Eises auf der Oberfläche von Europa verantwortlich. Die dunklen, roten Striemen und Flächen sind möglicherweise reich an Salzen wie Magnesiumsulfat, zurückgelassen von verdampfendem Wasser, das aus tiefen Gezeitenrissen hervorgetreten ist. Dies deutet darauf hin, dass es in den Ozeanen Konvektionsströmungen gibt, die Mineralien von einem Ozeanboden aus Gestein an die Oberfläche gebracht haben.

Europa ist unter den vier großen Jupitermonden nicht der Einzige, auf dem sich möglicherweise große Mengen flüssigen Wassers befinden. Aber aufgrund der theoretischen Modelle und der bisherigen Beobachtungsdaten ist Europa der einzige unter ihnen, wo flüssiges Wasser auf einer tiefer liegenden Oberfläche aus Silikatgestein ruhen könnte. Die Monde Ganymed und Kallisto haben zwar, so nimmt man an, Ozeane aus Wasser, aber diese liegen zwischen Schichten aus Eis.

Die einzigartigen Bedingungen auf dem Ozeangrund von Europa würden eine Quelle für Mineralien und Elemente liefern, die Leben erhalten könnten. Dieses Leben würde sich vielleicht nicht allzu sehr unterscheiden von jenem, welches die Hydrothermalquellen in der irdischen Tiefsee umgibt. Das fehlende Sonnenlicht ist kein Problem, solange es eine Wärmequelle gibt – und diese liefert die Anziehungskraft des Jupiters. Die Konvektion in der heißen Silikatschicht Europas würde Zonen mit höheren Temperaturen schaffen, und der Wasserstrom durch die Silikate würde Quellen aus heißem Wasser bilden, welches an die Oberfläche steigt.

Theoretisch sind auf Europa alle wichtigen Zutaten für das Leben vorhanden; flüssiges Wasser, anorganischer und organischer Kohlenstoff und chemische Energiequellen. Wegen Europas niedriger Schwerkraft wäre sogar in 100 Kilometer tiefen Ozeanen der Druck nicht stärker als in den Erdozeanen. Es gibt keinen physikalischen Grund, weshalb sich dort kein Leben entwickeln und gedeihen könnte. Es könnte sich sogar zu effizienten aeroben Kreaturen wie Fischen entwickelt haben. Dies bedingt eine Sauerstoffquelle – und es zeigt sich, dass es mehr als nur eine gibt.

Der Astrobiologe Richard Greenberg setzt sich in seinem

Buch *Unmasking Europa: The Search for Life on Jupiter's Ocean Moon* (2008) intensiv mit möglichem Leben auf Europa auseinander. Aus Beobachtungen geht hervor, dass Europa eine dünne Atmosphäre aus molekularem Sauerstoff hat; etwa ein Billionstel der Menge auf der Erde. Komische Strahlung, die auf die Oberfläche von Europa trifft, verwandelt einen Teil des Wassers in freien Sauerstoff, welcher dann durch Eisrisse vom darunterliegenden Ozean absorbiert werden könnte. Greenberg schätzt, dass Europas Ozean eine höhere Sauerstoffkonzentration erreicht haben könnte als die Ozeane der Erde.

Neuere Analysen der durch die Galileo-Sonde gesammelten Daten stützen die These, dass das Innere Europas sauerstoffreich sein könnte. Wasserstoffperoxid wurde an vielen Stellen auf der Oberfläche in reichlichen Mengen gemessen. Mischt man Wasserstoffperoxid mit flüssigem Wasser, zerfällt es zu Sauerstoff. Wenn sich das Wasserstoffperoxid mit den darunterliegenden Ozeanen mischt, könnte es eine weitere Sauerstoffquelle für möglicherweise vorhandenes Leben darstellen.

Angesichts der Möglichkeit, dass es in den Ozeanen Europas Leben geben könnte, wurde die Galileo-Sonde 2003 nach Erfüllung ihrer Mission absichtlich in die sie zerquetschende Atmosphäre des Jupiters fallen gelassen. Die Sonde wurde zerstört, um einen möglichen Einschlag auf Europa zu vermeiden und den Ozean unter der Eisoberfläche vor irdischer Kontamination zu schützen. Es ist sehr schwierig, ein Raumschiff komplett zu sterilisieren, damit es nicht ein paar bakterielle Endosporen mit sich trägt. Und nur eine dieser Sporen würde ausreichen, um diese unberührte Umgebung zu kontaminieren.

Es gibt in unserem Sonnensystem noch eine weitere Wasserwelt. Enceladus ist der sechstgrößte Mond des Saturns, und man geht davon aus, dass seine Struktur jener Europas ähnelt. Er ist aber viel kleiner, etwa 500 Kilometer im Durchmesser. Aber unterhalb der mit Eis bedeckten Oberfläche des Enceladus gibt es ebenfalls einen Ozean aus Wasser, der auf einer Gesteinsoberfläche ruhen könnte. Radioaktiver Zerfall und die Gezeitenquetschung durch den Saturn liefern die Energie, damit sein Inneres heiß bleibt, und sorgen dafür, dass der Ozean unter der Eisoberfläche nicht gefriert.

Die Cassini-Raumsonde absolvierte zwischen 2005 und 2012 viele Vorbeiflüge an Enceladus. Sie beobachtete wie Fontänen von etwas, das wie Wasserdampf aussah, aus der Oberfläche hervorbrachen. In einem weiteren Vorbeiflug gab es erneut eine dieser Eruptionen. Zufällig flog Cassini auf einer Höhe von 25 Kilometern über der Oberfläche direkt durch den aufsteigenden Dampf. Das Massenspektrometer an Bord zeigte hauptsächlich Wasser an, aber auch Stickstoff, Methan, Kohlendioxid und einfache sowie komplexe Kohlenwasserstoffe wie Propan, Ethan und Acetylen. Enceladus ist ein weiterer Ort in unserem Sonnensystem, auf dem es Leben geben könnte.

Was nun?

2011 schoss die NASA die *Juno*-Raumsonde ins All. Sie wird 2016 den Jupiter erreichen. Diese Mission hat zum Ziel, den Jupiter im Detail zu erforschen, wird sich aber nicht der Erkundung seiner Monde widmen. Leider zeichnet sich zurzeit keine Mission ab, die Enceladus oder Titan, die Monde des Saturn, besuchen wird. Es hat verschiedene gut formulierte Vorschläge für Rückkehrmissionen gegeben, aber diese fanden keine Finanzierung. Zumindest wird es eine sehr interessante Mission geben, welche die Jupitermonde im Detail studieren soll. Der von der europäischen Weltraumagentur geplante *Jupiter Icy Moon Explorer* soll 2022 abgeschossen werden und würde den Jupiter 2030 erreichen.

Es gibt auch geplante Missionen zum Mars, die für Astrobiologen von großem Interesse sind. Die *InSight*-Mission der NASA soll 2016 starten. Eine Sonde soll abgeworfen werden und auf dem Mars landen. Diese Sonde wird mit einem Seismometer ausgestattet sein – und mit einem Bohrer! Der Bohrer wird sich fünf Meter tief in die Oberfläche graben und die Temperatur messen. Dies wird eine Messung des Wärmeflusses vom Kern zur Oberfläche möglich machen. Das Seismometer wird nach Erdbeben und den durch Asteroideneinschläge verursachten Vibrationen lauschen, um die innere Struktur des Mars besser zu verstehen.

Die *ExoMars*-Mission ist eine Zusammenarbeit der europäischen und der russischen Weltraumagentur, welche spezifisch nach den Signaturen des Lebens auf dem Mars suchen soll – in der Vergangenheit und der Gegenwart. Abschüsse sind für 2016 und 2018 geplant. Die erste Rakete wird eine stationäre Sonde abwerfen, die zweite einen Marsrover.

Diese Missionen sind teuer. Um solche Roboter-Weltraummissionen zu planen, zu konstruieren und durchzuführen, benötigt man Hunderte von Ingenieuren und Wissenschaftlern. Die wissenschaftliche Nutzlast, die in der Umlaufbahn platziert werden muss, kann mehrere Tonnen schwer sein, aber nur schon ein Kilogramm Material in eine Umlaufbahn um die Erde zu schicken, kostet etwa 10 000 Dollar. Um das äußere Sonnensystem zu erreichen, sind noch mehr Energie und Planung nötig, und der Abschuss wird zehnmal so viel kosten. Bei Cassini-Huygens und Galileo kostete dieser allein jeweils rund 400 Millionen Dollar.

Die Planung für eine Weltraummission kann bereits einige Jahre im Gange sein, bevor überhaupt die Finanzierung geregelt ist. Die Energiegewinnung, die Kommunikationssysteme, möglicherweise ein Dutzend wissenschaftlicher

Detektoren an Bord – all dies muss konstruiert werden und den unerbittlichen Bedingungen des Ritts durchs All standhalten können. Von der erfolgreichen Finanzierung bis zum Abschuss dauert es für gewöhnlich ein Jahrzehnt. Und dann folgt das lange Warten, bis das Raumschiff sein Ziel erreicht. Die Kosten für jede Mission zur Erforschung von Planeten liegen bei mindestens einer halben Milliarde Dollar, und für komplexe Missionen wie jene zur Erforschung des Jupiters und des Saturns lag der Preis bei zwei bis drei Milliarden. Das klingt nach einer ganzen Menge Geld, und das ist es auch. Aber es ist nur ein Bruchteil jener Summe, die Regierungen für nutzlose, zerstörerische Dinge ausgeben.

In der zweiten Hälfte des 20. Jahrhunderts hatten die USA in der Erforschung des Weltraums die Nase vorn. Dies führte zu einer Welle der Begeisterung für Wissenschaft und Technologie, was wiederum zum ökonomischen und technologischen Fortschritt beitrug. Aber heute beträgt das Budget der NASA gerade einmal ein Zehntel von jenem des Jahres 1969. 2013 betrug das Gesamtbudget der Vereinigten Staaten 3,8 Billionen Dollar, von denen über 500 Milliarden für die Verteidigung ausgegeben wurden. Das Budget der NASA betrug 18 Milliarden Dollar, also viel weniger, als die USA dafür ausgeben, das globale Internet und unsere Telefongespräche auszuspionieren. Nicht, dass man allein die USA an den Pranger stellen sollte; die meisten entwickelten Länder setzen ähnliche Prioritäten.

Die Astronomie spielt in der Geschichte eine immens wichtige Rolle. Sie führte uns aus der wissenschaftlichen Finsternis heraus und hin zu wissenschaftlichen Entwicklungen, die wir heute für selbstverständlich halten. Die wissenschaftlichen und technologischen Erträge aus der Raumfahrt in den vergangenen 60 Jahren sind ebenfalls enorm.

Die Erforschung des Weltraums und die Aussicht auf außerirdisches Leben haben die Fantasie von Milliarden von

Menschen angeregt. Amazon führte in den ersten vier Monaten des Jahres 2014 6377 englischsprachige Neuerscheinungen in der Sparte *Science-Fiction und Fantasy* auf. Das ist vergleichbar mit den Neuerscheinungen von Liebesromanen und Krimis. Allerdings beunruhigt es mich sehr, dass das Genre *Religion und Spiritualität* im gleichen Zeitraum 24 660 neue Bücher zählte.

Science-Fiction hat mich immer fasziniert, und ich träumte früher davon, in einem richtig coolen Raumschiff andere Sterne zu besuchen. Das Genre der Science-Fiction und Autoren von Isaac Asimov bis hin zu Douglas Adams haben viele Menschen inspiriert. Science-Fiction hat ein bestimmtes Bild außerirdischen Lebens vorgezeichnet. Aber sind diese Visionen überhaupt nah an der Wahrheit? Und kann Science-Fiction noch mit den wissenschaftlichen Erkenntnissen mithalten, wenn wir immer mehr über unser Universum erfahren?

Kapitel 7

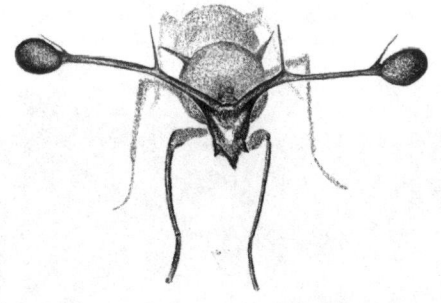

TRÄUME VON AUSSERIRDISCHEN

Science-Fiction ist nicht leicht zu definieren. Für mich ist Science-Fiction die Schilderung von wissenschaftlichen Möglichkeiten und einer Zukunft, die wir wohl nicht erleben werden. Aber wie gewissenhaft muss sich Science-Fiction an die Wissenschaft halten? Manche der neueren Hollywoodfilme brechen dermaßen mit den grundlegenden Gesetzen der Physik, dass es mich schaudert. Wenn sich Science-Fiction außerhalb des Wirklichen und des Möglichen bewegt, würde ich es als Fantasy bezeichnen. Der Science-Fiction-Autor Arthur C. Clarke (1917–2008) drückte es so aus: *»Science-Fiction ist etwas, das passieren könnte – aber es wäre ihnen meist lieber, wenn es nicht passiert. Fantasy ist etwas, das nicht passieren könnte – obwohl sie sich oft wünschen, dass es passieren könnte.«*

Nach der Erfindung des Teleskops begannen Astronomen, die anderen Welten in unserem Sonnensystem zu untersuchen. Und ausgehend vom neuen Wissen der Forscher begannen Schriftsteller, die Grenzen ihrer Vorstellungskraft auszuloten.

Science-Fiction hat immer auch auf wissenschaftlichen Unklarheiten beruht. Bevor es Raumfahrtprogramme gab, schien fast alles möglich. Es war ein goldenes Zeitalter, welches das Genre der Science-Fiction begründete. Es begann im 17. Jahrhundert mit den bemerkenswerten Entdeckungen von Wissenschaftlern wie Nikolaus Kopernikus, Isaac Newton, René Descartes, Galileo Galilei und Tycho Brahe.

Carl Sagan und Isaac Asimov waren der Meinung, dass

Somnium, geschrieben 1608 von keinem anderem als Johannes Kepler, das erste Werk der Science-Fiction sei. Sein lateinischer Titel bedeutet übersetzt »Der Traum«, und es ist eine merkwürdige Mischung aus Fantasy und Science-Fiction. Kepler schreibt darin über Hexen, Magier und Dämonen, und er beschreibt auch, welchen Eindruck die Erde und die Sterne auf jene Kreaturen machen würden, die auf dem Mond leben. Diese wissenschaftlich korrekte Beschreibung des Sonnensystems in einer fantastischen Rahmenhandlung war vielleicht Keplers Art, das aufkommende kopernikanische Weltbild zu beschreiben und zu unterstützen.

Vor 1670 waren nur die relativen Distanzen und Größen der Planeten bekannt. Es war, als hätte man eine Karte des Sonnensystems ohne Maßeinheiten. In den 1670ern maß Giovanni Cassini die Distanz zum Mars mit der Technik der Parallaxe. Dies enthüllte die enormen Distanzen zwischen den Planeten sowie ihre realen Größen. 1687 veröffentliche Isaac Newton seine berühmten *Principia*. In diesem bemerkenswerten Buch erklärte er die Gesetze der Bewegung und der Schwerkraft und leitete die Umlaufbahnen der Planeten ab. Seine Resultate stimmten mit den detaillierten Beobachtungen und Ergebnissen von Tycho Brahe und Johannes Kepler überein. Das kopernikanische Prinzip – dass die Planeten die Sonne umlaufen und die Erde kein besonderer Ort in unserem Sonnensystem ist – hatte sich etabliert. Die Ära der vorhersagbaren Wissenschaft hatte begonnen und die Science-Fiction blühte auf.

Uneingeschränkte Träume

Diese Durchbrüche inspirierten Christiaan Huygens zu seiner philosophischen Abhandlung *Cosmotheoros*, die sich mit den möglichen Eigenschaften von Außerirdischen beschäftigt. Das Werk wurde 1695 posthum von Huygens' Bruder veröffentlicht. Es war die erste ernsthafte wissenschaftliche Darstellung dessen, wie außerirdisches Leben auf anderen Welten sein könnte. Huygens bediente sich des Wenigen, das in jener Zeit über die Planeten bekannt war, und beschrieb im Detail seine Vorstellungen davon, wie das Leben auf der Oberfläche dieser Planeten sein könnte. Sein Buch war von den neuesten Entdeckungen der Astronomie angeregt worden. Es erschien über 300 Jahre vor dem Buch, das Sie jetzt gerade lesen, und liefert faszinierende Einblicke in das Wissen und die Einflüsse jener Zeit. Ich frage mich, was wohl ein Buch über Außerirdische in 300 Jahren beschreiben wird …

Huygens entschuldigt sich vorab, über Themen zu schreiben, die den religiösen Annahmen widersprechen könnten. Er merkt an, dass die heiligen Schriften keine anderen Planeten als die Erde erwähnen, dass es ihm aber unsinnig erscheine, dass Gott diese Welten erschaffen hätte ohne Leben darauf, welches sein großartiges Werk bewundern könnte. Es folgt ein Abschnitt über den Ursprung des Lebens:

»Dann da ein Nachfolger Democriti oder auch Cartesii [Descartes'] die Auslegung derjenigen Dinge / so wir auff Erden oder auch am Himmel sehen / etwan solcher Gestalt zu leisten vorgeben dörffte / daß er hierzu nichts als feine untheilbare Stäublein (atomos) und deren Bewegung nöthig hätte; so wird ihme doch solches bey denen Kräutern und Thieren nicht angehen / und wird er / woraus selbige anfänglich entstanden seyn / nichts wahrscheinliches auffbringen können; indeme allzu gewiß erhellet / daß dergleichen Sachen nimmermehr aus ohngefehr umschweiffender Bewegung einiger Körperlein haben hervor kommen können: als an denen man siehet / daß alles zu einem gewissen Ende gar artig geschicket und zubereitet ist / und dieses nicht ohne höchste Klugheit und vollkommene Erkäntniß der Gesetze der Natur / ja der Geometrie selbsten; wie im folgenden öfters soll gewiesen werden. Der

Wunder / wodurch diese Dinge erziehlet werden / vorjetzo zu ge-
schweigen.«[15]

So perfekt wie das Leben sei, schreibt Huygens, sei es absurd zu denken, dass das Leben aus den zufälligen Bewegungen von winzigen Partikeln entstanden sei. Es gilt dabei zu
berücksichtigen, dass es in jener Zeit noch keinen Beweis
für die Existenz von Atomen gab.

Huygens skizziert im Anschluss das Sonnensystem und
erläutert, dass das Innere der Planeten heiß sei und die Planeten, die weiter von der Sonne entfernt sind, kälter sein
müssten als die Erde. Er argumentiert, dass alles Leben auf
einer Flüssigkeit basieren müsse und es auf den anderen Planeten wahrscheinlich reichlich Wasser und Leben gebe.
Seine wichtigste Prämisse ist, dass außerirdisches Leben dem
Leben auf der Erde sehr ähnlich sein müsse. Er glaubt, dass
Tiere auf dem Jupiter zehnmal größer seien als Elefanten. Er
schreibt, dass die am höchsten entwickelten Lebensformen
Hände und Füße hätten und aufrecht gingen, aber dass es
unzählige verschiedene Formen gäbe. Er glaubt, es sei unvermeidlich, dass auch die Außerirdischen sich Gedanken
über die Sterne und Planeten machten, und dass sie wie wir
Astronomie, Mathematik, Kunst und Musik erfunden haben
müssten.

Es ist ein visionäres Buch; eines der Ersten, in dem einer
es wagt, sich Gedanken darüber zu machen, wie außerirdisches Leben aussehen könnte. Aber im 17. Jahrhundert
kannten wir kaum mehr als die Distanzen, Größen und Farben der Planeten unseres Sonnensystems. Die Vorstellungen

15 *Cosmotheoros oder Eine phantastisch-realistische Betrachtung der Schön-*
heit der Welt, der Sterne und Planeten. Geschrieben von Christiaan
Huygens für seinen Bruder Constantijn, Geheimrat der könig-
lichen Majestät von Großbritannien. Aus dem Lateinischen ins
Deutsche übersetzt von Johann Philipp von Wurzelbau. Verlegt
von Friedrich Lanckischens Erben 1703, Seite 13

von außerirdischem Leben waren in jener Zeit kaum durch Erkenntnisse aus Astronomie oder Biologie eingeschränkt. Die Bedingungen auf den Planeten waren nicht bekannt, die Physik wurde gerade erst entdeckt und die Evolutionsbiologie musste sich erst noch etablieren. Obwohl bereits rund 20 Jahre vor Huygens' Buch die ersten Mikroorganismen entdeckt worden waren, wusste man nur sehr wenig darüber, wie das Leben funktioniert. Angesichts der beschränkten biologischen Kenntnisse und des immer noch dominanten religiösen Weltbilds waren Huygens' Ansichten wohl nicht besonders überraschend.

Huygens' Beschreibung von Leben auf anderen Welten stimmt mit der modernen Prämisse der konvergenten Evolution überein – dass die Kreaturen Eigenschaften entwickeln, die in der Umgebung, die sie bewohnen, ihr Überleben sichern. Wenn man davon ausgeht, das diese Umgebung ähnlich wäre wie die Erde, ist es nicht unsinnig anzunehmen, dass sich dort ebenfalls Kreaturen wie der Mensch mit Händen und Füssen entwickeln würden. Ich denke allerdings, dass hoch entwickeltes außerirdisches Leben ganz anders aussehen wird als alles, was wir kennen. Aber ich werde später noch mehr zu sagen haben über die Darstellung von Außerirdischen.

Träume von Reisen ins All

Träume von Reisen zu den Sternen und Planeten gibt es schon, seit es die menschliche Vorstellungskraft gibt. Geschriebene Geschichten datieren aus einer Zeit lang vor der Erfindung des Buchdrucks. Über 4000 Jahre alte babylonische Tontafeln erzählen den Mythos von Etana, der auf dem Rücken eines Adlers eine Reise zur Venus (als Göttin Ishtar verehrt) unternimmt.

Lukian von Samosota war ein assyrisch-griechischer Dichter und Satiriker, der im zweiten Jahrhundert nach Christus lebte. In *Wahre Geschichten* und *Ikaromenippus oder Die Luftreise* beschreibt er Reisen zum Mond und den Planeten, getragen durch den Wind oder auf den Flügeln von Vögeln. Der französische Dramatiker Cyrano de Bergerac verfasste des zweiteilige Werk *Die Reise zum Mond und zur Sonne* (1657 posthum veröffentlicht, heute im Original bekannt als *L'Autre Monde*). Er schrieb darin satirisch über verschiedene Fluggeräte. Einer seiner Entwürfe war ein Behälter, an dem mehrere Schichten kleiner Feuerwerkskörper befestigt waren. Es war ihm wohl nicht bewusst, dass das, was er als Witz beabsichtigt hatte, 300 Jahre später zum grundlegenden Prinzip der Raumfahrt würde.

Als sich die Technologie weiterentwickelte und die Teleskope besser wurden, bekamen die Astronomen langsam ein detaillierteres Bild von den Bedingungen auf anderen Planeten. Die Linsen der Teleskope, die Huygens gebaut hatte, hatten nur einen Durchmesser von knapp über fünf Zentimetern. Das entspricht heute etwa der Linse einer guten Kamera. Um die Mitte des 19. Jahrhunderts, 200 Jahre nach Huygens, baute man Teleskope mit Linsen und Spiegeln, die über zehnmal so groß waren. Man maß die Distanzen zu den nahe gelegenen Sternen und enthüllte den enormen Raum jenseits unseres Sonnensystems. Die Spektroskopie wurde entwickelt, was es Forschern erlaubte, die Zusammensetzung der Sterne zu studieren. Die Geräte waren allerdings nicht empfindlich genug, um die Zusammensetzung der Atmosphären rund um die Planeten in unserem Sonnensystem zu erkennen.

Während des 19. Jahrhunderts gab es keine Hinweise darauf, dass die Bedingungen auf den Oberflächen der anderen Planeten anders sein könnten als auf der Erde. Die ersten spektroskopischen Beobachtungen des Mars in der Mitte des 19. Jahrhunderts ergaben fälschlicherweise, dass es in seiner Atmosphäre Wasser gebe. Die Venus wurde ebenfalls für bewohnbar gehalten, machte aber einen mysteriöseren Eindruck. Ihre ständige dicke Wolkendecke bot die Möglichkeit der freien Spekulation über die Bedingungen auf ihrer Oberfläche. Dies schürte die Vorstellung, dass die Planeten voller Leben seien, und regte Träume von Reisen zu diesen Welten an. In einer Zeit, als es noch keine Raketentechnik gab, wusste man zwar nicht, wie man dorthin gelangen sollte, aber dies konnte die Vorstellungskraft der Science-Fiction-Autoren nicht bremsen.

Achille Eyraud's *Voyage à Vénus* (1865) war ein früher Science-Fiction-Roman, der eine realistischere interplanetare Reise in einem Raumschiff mit einer Art Wasserraketenantrieb beschreibt. Einmal auf der Venus angekommen, stoßen die Protagonisten auf eine utopische Gesellschaft, in der die Geschlechter gleichberechtigt sind und solarbetriebene Roboter auf den Feldern arbeiten. Ebenfalls 1865 veröffentlichte der französische Schriftsteller Jules Verne den Science-Fiction-Klassiker *Von der Erde zum Mond (De la Terre à la Lune)*. Die Geschichte beschreibt im Detail die technischen Spezifikationen und die Konstruktion einer enormen Kanone, die ein Raumschiff zum Mond schießen kann. Die Astronauten werden in einer gepolsterten Kapsel abgeschossen, die einer Patronenhülse ähnelt, und Verne schätzte die Fluchtgeschwindigkeit von der Erde auf korrekte 11 Kilometer pro Sekunde. Auch die Schwerelosigkeit im Weltraum schildert er wissenschaftlich korrekt – lange bevor überhaupt jemand in den Weltraum reisen würde. Sein Roman diente auch als Inspiration für den ersten Science-Fiction-Film *Le Voyage dans la Lune* (1902) von Georges Méliès.

Ein weiterer früher Science-Fiction-Roman, der Begegnungen zwischen Menschen und Außerirdischen beschreibt, ist *Across the Zodiac: The Story of a Wrecked Record*

(1880) des englischen Schriftstellers Percy Greg. Dieses zwei-
bändige Werk beschreibt eine Reise zum Mars und die Marsianer, die dort leben. Eine Art Antigravitation treibt das
Raumschiff an; eine Idee, die auch H.G. Wells 1901 in seinem Buch *Die ersten Menschen auf dem Mond (The First Men
in the Moon)* verwendet.[16] Greg beschreibt die Reise im Detail und macht Vorschläge, wie mit dem Vakuum des Weltraums und den Folgen der Schwerelosigkeit umzugehen sei.
Bei der Ankunft trifft der Reisende auf eine bewohnte Welt
voller Marsianer, die (wieder einmal) den Menschen ähneln – kein Wunder, dass sich der Begriff »Marsmenschen«
etabliert hat! Eine Buchbesprechung der Londoner *Saturday
Review* aus dem Jahr 1880 steht dem Genre eher kritisch gegenüber[17]:

»*Es gibt außer dem Verlangen nach einem ausreichend unent-
deckten Kontinent keinen Grund, weshalb dieses Abenteuer nicht
auch auf der Erde stattfinden könnte. Wir sehen auch keinen
Grund, weshalb Herr Percy Greg nicht eine interessante und erfolgreiche terrestrische Liebesgeschichte schreiben könnte, wenn er es
wollte; dies wäre immerhin eine legitimere und beständigere Form
der literarischen Kunst.*«

Die Marsianer kommen!

Frühe Science-Fiction konzentriert sich hauptsächlich auf
unser Sonnensystem – und vor allem auf den Mars. Meines
Erachtens ist H.G. Wells' *Krieg der Welten (The War of the
Worlds)* aus dem Jahr 1897 der bahnbrechende Science-

16 2012 schrieb die Göde-Stiftung einen Preis von einer Million
    Euro aus für denjenigen, der Antigravitation in einem reprodu-
    zierbaren Experiment nachweisen kann.
17 *The Saturday Review*, 14. Februar 1880, S. 219/20

Fiction-Roman. Wells beschreibt die Ankunft der Marsianer auf der Erde und die folgende Verwüstung unseres Planeten. Es war vor 100 Jahren eine monumentale Geschichte, und es ist noch heute eine monumentale Geschichte.

Zu seiner Zeit stach der Roman heraus, weil noch nie etwas Ähnliches geschrieben worden war und das Szenario aus Sicht der Wissenschaft möglich erschien. Die zentralen Themen basierten auf neueren astronomischen und biologischen Entdeckungen. Gemessen an dem, was man Ende des 19. Jahrhunderts wusste, war die Geschichte wissenschaftlich korrekt. Heute gilt sie als Text, der ein Genre definierte – ein Werk, das Generationen zukünftiger Wissenschaftler und Autoren inspiriert hat. Als ich das Buch zum ersten Mal las, faszinierte es mich, und ich finde es noch immer interessant, denn viele der Prämissen sind noch heute, Anfang des 21. Jahrhunderts, wissenschaftlich korrekt.

Das Buch beginnt mit einer Beschreibung fortschrittlicher Kreaturen auf dem Mars, die seit Jahrhunderten die Erde beobachten. Als ihre eigenen Ressourcen zur Neige gehen und die Bedingungen auf dem Mars unwirtlich werden, planen die Marsianer eine Invasion der Erde. Der Erzähler erwähnt die Ignoranz und Arroganz unserer Spezies, die nicht bemerkt, dass sie beobachtet wird. Dann kommt es zur Invasion der Marsianer. Der Anfang des Buches ist eine wunderbare Mischung aus Fiktion und Wirklichkeit:

»Im Verlauf der Opposition von 1894 wurde auf dem erhellten Teil der Scheibe ein großes Licht wahrgenommen, zuerst im Lick-Observatorium, dann von Perrotin in Nizza, später auch von anderen Beobachtern. Englische Leser hörten zuerst davon in einer Nummer der ›Nature‹ vom 2. August. Ich bin der Ansicht, dass die Erscheinung der Reflex des in einer ungeheuren Vertiefung ihres Planeten angebrachten Geschützes war, aus dem ihre Geschosse auf uns gefeuert wurden. Sonderbare, noch unaufgeklärte Zeichen wur-

den in der Nähe jenes Ausbruchs während der nächsten zwei Op-
positionen beobachtet.«[18]

In der Zeit, als Wells sein Buch schrieb, war die Welt
von der Idee fasziniert, dass auf dem Mars Leben existieren
könnte. Die ersten Abschnitte basieren auf aktuellen Berichten von Astronomen. In der zweiten Hälfte des 19. Jahrhunderts veröffentlichte der französische Astronom und
Autor Camille Flammarion mehrere populäre Bücher, in
denen er sich – wie schon Huygens – Gedanken darüber
machte, wie die Bewohner der anderen Planeten unseres
Sonnensystems aussehen könnten. Sein Werk beeindruckte
den wohlhabenden amerikanischen Geschäftsmann Percival
Lowell dermaßen, dass dieser sich für den Rest seines Lebens der Erforschung des Mars widmete.

1894 hatte er in Flagstaff im amerikanischen Bundesstaat
Arizona sein eigenes, hochmodernes Observatorium mit
einer 61-Zentimeter-Linse gebaut. Sein Ziel war es, die
»Kanäle« auf dem Mars zu studieren, welche der italienische
Astronom Giovanni Schiaparelli 1877 in seinen Aufzeichnungen vermerkt hatte. Tatsächlich aber war der italienische
Begriff »canali« nur falsch ins Englische übersetzt worden: in
»canals« (künstlich angelegte Kanäle) statt »channels« (Rin-
nen/natürliche Flussbetten). Lowell war dieses linguistische
Detail nicht bekannt, und er sah die »Kanäle« als Beweis für
die Gegenwart einer fortschrittlichen Zivilisation. Einer Zivilisation, die zu gigantischen Bauten fähig war, welche das
Schmelzwasser des polaren Eises in die trockenen Regionen
rund um den Äquator lenken sollten. In jener Zeit waren die
weißen Pole des Mars bereits gut dokumentiert. Vielleicht
hatte sich Lowell vom Bau des Suezkanals in den 1870er-Jah-

---

18 Aus: H. G. Wells: *Krieg der Welten* aus dem Englischen von Claudia
    Schmölders und G. A. Crüwell, Copyright der deutschsprachigen
    Ausgabe © 2005 Diogenes Verlag AG Zürich, S. 14

ren zu seinen »Beweisen« für die Existenz der Marsianer inspirieren lassen. Er verbrachte viele Nächte damit, die verschwommene und blasse Oberfläche des Mars zu beobachten, und machte Zeichnungen von dem, was er sah. Lowell veröffentlichte mehrere Bücher über seine Entdeckungen. So fand die Idee, dass auf dem Mars Leben existiere, ein noch breiteres Publikum.

1900 schrieb Clara Guzman, eine Bewunderin der Werke Flammarions, einen Preis in der Höhe von 100000 französischen Francs für denjenigen aus, der innerhalb der nächsten zehn Jahre eine Möglichkeit finden würde, eine Nachricht an Außerirdische auf einem fremden Planeten zu senden und auch eine Antwort zu bekommen. Der Mars wurde allerdings aus dem Wettbewerb ausgeschlossen, denn man hielt eine Kommunikation mit den Marsianern für zu einfach! Bedenken Sie, dass die ersten Radioübertragungen erst Anfang des 20. Jahrhunderts stattfinden würden – die Leute mussten also pragmatischere Kommunikationsmethoden finden. Es gab verschiedene Vorschläge, wie wir dem All unsere Anwesenheit signalisieren könnten, darunter Spiegel, riesige Netzwerke aus Lampen und sogar gigantische Buchstaben im Sand der Sahara.

In *Krieg der Welten* wird der Beginn des marsianischen Angriffs auf die Erde beschrieben:

»Der Sturm brach vor sechs Jahren über uns los. Als der Mars sich der Opposition näherte, gab Lavelle in Java über die Drähte der astronomischen Mitteilungsstation die verblüffende Nachricht von einem ungeheuren Ausbruch weißglühenden Gases auf dem Planeten bekannt. Das hatte am 12. gegen Mitternacht stattgefunden. Das Spektroskop, zu dem er sich sofort begab, zeigte eine Masse flammenden Gases an, hauptsächlich Wasserstoff, das sich mit enormer Schnelligkeit auf die Erde zubewegte. Dieser Feuerstrahl war ungefähr ein Viertel nach zwölf unsichtbar geworden. Er verglich ihn mit einem ungeheuren flammenden Gebläse, das plötzlich und gewalt-

sam aus dem Planeten hervorschoss ›wie flammendes Gas aus einer Kanone‹.«[19]

Weltraumkanonen

Wells stellte sich vor, dass die Marsianer in Kapseln ankommen würden, abgefeuert von einer gigantischen Kanone. Die gleiche Transportmethode wurde schon früher von Jules Verne in *Von der Erde zum Mond* beschrieben. Ist so eine Kanone realistisch? Es wäre auf jeden Fall eine effiziente und billige Art, Dinge in den Weltraum zu befördern!

Um die Schwerkraft des Mars zu überwinden, müsste das marsianische Raumschiff mit einer Geschwindigkeit von über fünf Kilometern pro Sekunde abgefeuert werden. Das ist nicht so verrückt, wie es jetzt klingen mag. Es wird behauptet, dass solche Geschossgeschwindigkeiten in den 60er-Jahren in geheimen amerikanischen Experimenten erreicht wurden. Das Projekt *HARP* war eine militärische Unternehmung unter dem Deckmantel des Versuchs, eine Kanone zu bauen, welche Satelliten ins All befördern könnte. Bevor das Programm stillgelegt wurde, soll angeblich ein 180 Kilogramm schweres Projektil bei 3,6 Kilometern pro Sekunde auf eine Höhe von 180 Kilometern abgefeuert worden sein.

Gerry Bull, der Leiter des Programms, gab diesen Traum nie auf. Mitte der 80er-Jahre wurde er vom Irak angeheuert, um an einer Superwaffe zu arbeiten und ein Satelliten-Abschusssystem zu bauen. Die *Babylon Gun* war eine gigantische, 156 Meter lange Kanone von einem Meter Durchmesser. Bulls Technologie wurde von Iraks Nachbarländern als Bedrohung angesehen, ungeachtet der Tatsache, dass die 2100-Tonnen-Kanone nur schwer bewegt oder ausgerichtet

19 H.G. Wells: *Krieg der Welten*, Diogenes, Zürich 2005, S. 14f.

werden konnte – was sie zu einer nutzlosen Waffe machte. Gerry Bull wurde zum Ziel von Attentätern, nachdem er sich von Morddrohungen nicht hatte beeindrucken lassen. An einem Abend im März 1990 wurde er vor der Haustür seiner Wohnung in Brüssel mit fünf Schüssen in Rücken und Kopf niedergestreckt. Man verdächtigte den israelischen Geheimdienst, aber der Mordfall wurde nie gelöst. 1991 gaben die Iraker die Existenz des Projekts *Babylon* zu. Die Maschinerie wurde später als Teil des Entwaffnungsprozesses von den Vereinten Nationen zerstört.

Die Projekte *HARP* und *Babylon* waren zwar als Satellitenabschuss-Programme getarnt, hätten aber in jener Zeit ausschließlich für militärische Zwecke verwendet werden können. Es ist in der Tat unmöglich, ein Projektil von der Erde aus in eine Umlaufbahn um unseren Planeten zu feuern. Würde man die Kanone senkrecht nach oben abfeuern, käme das Projektil auf geradem Wege wieder nach unten. Würde man es in einem Winkel abfeuern, würde es in eine elliptische Umlaufbahn geraten und auf dem Rückweg in die Erde einschlagen. Es sei denn, man würde es mit einer Geschwindigkeit deutlich über 11 Kilometern pro Sekunde abschießen. Dann würde es nach Erreichen der vierfachen Distanz zum Mond den Anziehungsbereich der Erde verlassen.

Aber der Irak hatte keine Pläne für ein Weltraumprogramm, und ein komplexer Satellit würde die g-Kräfte eines solchen Abschusses ohnehin nicht überstehen.

Auch die Marsianer müssten die enorme g-Kraft eines solchen Abschusses aushalten können. Sogar eine Kanone mit einem einen Kilometer langen Lauf würde eine Beschleunigung verursachen, die kein großes Tier auf der Erde aushalten könnte. Die Kapseln bräuchten außerdem einen Mechanismus, um abzubremsen, wenn sie die Erdatmosphäre erreichen, damit sie nicht wie ein Meteor verglühen. Die

Rückkehrmodule der Apollo-Missionen verwendeten Hitzeschilde und Fallschirme für ihre Landung auf der Erde. Die Luft auf dem Mars ist so dünn, dass man dort nicht unbeschadet mit einem Fallschirm auf seiner Oberfläche landen kann. Um den *Curiosity*-Rover auf dem Mars abzusetzen, benötigte man sechs verschiedene Raketenkonfigurationen, 76 pyrotechnische Steuerraketen, den größten Überschall-Fallschirm, der je gebaut wurde, und über 500 000 Zeilen Computercode, damit die nötigen Manöver ausgeführt werden konnten.

Die Idee, dass die Marsianer zur Erde reisen könnten, weckte im Amerikaner Robert Hutchings Goddard (1882–1945) den Wunsch, Raketenforscher zu werden. Goddard las *Krieg der Welten*, als er 16 war – und fühlte sich inspiriert. Er erinnerte sich daran, dass er sich damals gefragt hatte, ob es überhaupt möglich sei, eine Rakete zu bauen, die zum Mars fliegen kann. Goddard erfand später die mehrstufige, mit Flüssigtreibstoff angetriebene Rakete mit Hitzeschilden für die Rückkehr zu Erde. Er wird als einer der Begründer der Raumfahrt angesehen.

Marsianische Anatomie

In *Krieg der Welten* beschreibt Wells die Marsianer als große, körperlose Kreaturen – nicht viel mehr als ein Kopf voller Gehirn mit langen Tentakeln. Sie ernähren sich vom Blut lebender Kreaturen und bewegen sich fort in riesigen Dreibeinen, die mit einer Massenvernichtungswaffe bestückt sind – einem tödlichen Hitzestrahl, der einen Vorläufer des Lasers darstellt. Ich hoffe, dass ich all jene neugierig machen konnte, welche die Geschichte noch nicht gelesen haben. Wer das dramatische Ende selbst lesen will, sollte die nächsten Zeilen überspringen.

In den letzten Abschnitten beschreibt Wells das Schicksal der Marsianer:

»*Das eine wenigstens steht fest, dass in keinem einzigen Körper der Marsleute, die nach dem Krieg untersucht wurden, andere Bakterien gefunden wurden als diejenigen, deren irdische Herkunft zweifellos war. Die Tatsache, dass sie nicht einen ihrer Toten beerdigten, und die rücksichtslosen Schlächtereien, die sie veranstalteten, deuteten gleichfalls darauf hin, dass der Vorgang der Fäulnis ihnen vollständig unbekannt war. Aber so wahrscheinlich sie sind, erwiesene Tatsachen sind diese Annahmen noch nicht.*«[20]*

Nachdem die Marsianer den Planeten erobert und größtenteils verwüstet haben, droht den verbleibenden Menschen die Ausrottung. Die militärische Macht der Erde spielt kaum eine Rolle in der Verhinderung der totalen Übernahme unseres Planeten. Die Hoffnungslosigkeit der Menschen ist offensichtlich, aber die Menschheit wird gerettet – dank der niederen Bakterien, mit denen wir unseren Planeten teilen. Die Marsianer mit ihrer keimfreien Welt müssen sich aufgrund dieser unbekannten Organismen, die so klein sind, dass sie vom Mars aus nicht zu sehen waren, geschlagen geben.

Wells hatte Biologie studiert und auch später noch großes Interesse an den aktuellen Forschungsresultaten. Das Ende seiner Geschichte war inspiriert von der noch nicht lange zurückliegenden Entdeckung der Keimtheorie für Krankheiten, vor allem durch Louis Pasteurs Arbeit in den 1860er-Jahren. Aber könnte sich fortschrittliches außerirdisches Leben ohne Bakterien oder deren außerirdisches Gegenstück überhaupt entwickeln oder auch nur existieren?

Eine interessante Frage. Komplexität entsteht immer von unten nach oben, vom Kleinen zum Großen. Es gibt keine Möglichkeit, dass eine komplexe Kreatur die evolutionären Schritte, die ihr vorausgehen, einfach überspringen kann.

---

20 H.G. Wells: *Krieg der Welten*, Diogenes, Zürich 2005, S. 331f.

Die Komplexität der Tiere auf der Erde entstand, weil einzelne Zellen sich einen Überlebensvorteil sicherten, indem sie zusammenarbeiteten. Das Resultat ist, dass das Überleben von fortschrittlichen Kreaturen wie Tieren auf der kollektiven Arbeit zahlreicher von ihnen abhängiger, weniger komplexer Spezies beruht. Bakterien befinden sich am untersten Ende der Nahrungskette, und ohne sie würden alle Tiere zugrunde gehen.

Wir könnten ohne all die Bakterien in unseren Körpern nicht überleben – sie brechen unsere Nahrung in eine einfachere Form auf, die wir nutzen können. Unsere Bäuche sind angsteinflößender als *Jurassic Park*. Tausende verschiedener Arten von Mikroorganismen stehen in Truppenstärken von Milliarden bereit, um alles auseinanderzureißen, was an ihnen vorbeiwill.

Für eine einzelne Zelle, die in unseren Verdauungstrakt eintritt, gibt es kaum Überlebenschancen. Die Jäger heften sich an ihre Zelloberfläche und zücken ihre biologischen Enzymwaffen, mit denen sie die Zelle Molekül für Molekül auseinandernehmen. Das organische Material, das so sorgsam aufgebaut wurde, wird in seine Einzelteile zerlegt. Proteine werden zu Aminosäuren abgebaut, Kohlenhydrate werden wieder zu Zuckern. Auf diese Weise kommen die Bakterien in unseren Gedärmen zu den Nährstoffen, die sie für ihre Replikation benötigen. Und wir verwerten den verfaulenden Abfall, den sie zurücklassen.

Alle Tiere auf der Erde essen andere auf Zellen basierende Lebensformen. Es gibt kein Tier, das sich von Gestein ernährt, obwohl eine Kost aus Gestein alle Mineralien und Elemente liefern könnte, die das Leben braucht. Eine Kreatur, die sich von anorganischem Material ernährt, ist auf jeden Fall denkbar. Immerhin gibt es eine Vielzahl von Archaeen, die kein organisches Material zu sich nehmen müssen und Mineralien metabolisieren. Und die ersten auf unserem Planeten lebenden einzelligen Organismen waren strikte Veganer – es existierte ja nichts, das vor ihnen gelebt hatte und das sie hätten fressen können!

Es gibt keinen Grund, weshalb komplexes Leben seine Nährstoffe nicht aus anorganischem Material beziehen könnte. Aber es bräuchte mehr Energie, um anorganisches Material zu metabolisieren und daraus die Bausteine des Lebens zu formen, als wenn wir diese von vormals lebenden Dingen nehmen. Das abgebaute organische Material wird durch den Blutkreislauf in unserem Körper verteilt. Im Prinzip könnten Kreaturen ihr Bedürfnis nach Nahrung umgehen, indem sie die nötigen Nährstoffe direkt in ihren Blutkreislauf injizieren. Wells lag mit seiner marsianischen Biologie und der Möglichkeit bakterienfreier, sich von Blut ernährender Kreaturen gar nicht so falsch.

Trügerische Träume

Obwohl Lowell seine Ansichten auf fast schon fanatische Weise verbreitete, wurde die Existenz von künstlichen Kanälen auf dem Mars nie bestätigt. Als er detaillierter beobachtet werden konnte, schwand die Vorstellung vom Mars als bewohntem Planeten dahin. Die Kanäle auf dem Mars waren ein Produkt von Lowells Fantasie. Im frühen 20. Jahrhundert hatten viele mit genaueren Teleskopen nachgeschaut, und niemand fand einen Hinweis auf Lowells lange, gerade Kanäle auf dem Mars.

Die Fotografie wurde erst seit dem Ende des 19. Jahrhunderts von Astronomen genutzt. Bis dahin war alles nur durch das menschliche Auge wahrgenommen worden. Am Anfang waren Astronomen nicht besonders begeistert von der Fotografie – die ersten Bilder, die man im frühen 19. Jahrhundert machte, hatten eine Belichtungszeit von einer Stunde, und die Bilder offenbaren weniger Details, als man mit dem bloßen Auge wahrnehmen konnte. Erst in den 1890er-Jahren, als lichtempfindliche chemische Filme erfunden wurden, wurde die Fotografie für Astronomen interessant, denn nun konnte man auf den Bildern Details erkennen, die das menschliche Auge nicht wahrnahm. Hätte man diese Technik schon zehn Jahre früher gehabt, wäre *Krieg der Welten* vielleicht nie geschrieben worden.

Obwohl es keine Beweise für außerirdisches Leben gab, war der Glaube, dass die anderen Planeten im Sonnensystem bewohnt seien, im frühen 20. Jahrhundert immer noch weitverbreitet. Aber in den 50er-Jahren konnten spektroskopische Beobachtungen vom Mars und der Venus keinen Sauerstoff in deren Atmosphären nachweisen. In den frühen 60er-Jahren zeigten Spektroskopien vom Mars, dass seine Atmosphäre extrem dünn ist und keine signifikanten Mengen Wasser enthält. Die Idee von außerirdischem Leben in unserem Sonnensystem verblasste.

Nach dem Beginn der Raumfahrt und den ersten unbemannten Raumsonden, die in den 60er-Jahren zur Venus und zum Mars geschickt worden waren, wandten sich die Science-Fiction-Autoren vom Sonnensystem als Handlungsort ab. Aber angesichts des neuen Wissens, dass der Mars einst ein bewohnbarer Planet mit Ozeanen und Flüssen gewesen war, und der Entdeckung der warmen Ozeane auf den Monden des Saturns und des Jupiters gibt es eine Menge benachbarter Welten, die als Inspirationsquellen dienen könnten. Und angesichts der neueren Entdeckungen von Lebensformen, die auch unter extremen Bedingungen gedeihen, ist es durchaus möglich, dass es in unserem Sonnensystem außerirdisches Leben gibt.

In den letzten Abschnitten von *Krieg der Welten* findet sich eine Warnung:

»Eine Frage von ernsterem und allgemeinerem Interesse aber ist

die Möglichkeit eines zweiten Angriffs der Marsleute. Ich glaube nicht, dass dieser Seite der Frage nur halbwegs genügende Beachtung geschenkt wird. Gegenwärtig befindet sich der Planet Mars in der Konjunktion; aber mit jeder Rückkehr in die Opposition sehe ich für meinen Teil eine Wiederholung des Abenteuers voraus. Auf alle Fälle sollten wir vorbereitet sein.«[21]

Unterirdisches Leben auf dem Mars

Ist es dennoch denkbar, dass es auf dem Mars eine außerirdische Zivilisation gibt, die eine Invasion der Erde plant? Dann hätten wir doch bestimmt ihre Anwesenheit mit unseren Marsrovern und den Aufklärungsmissionen in seinem Orbit entdeckt. Dass der Mars eine fortschrittliche Lebensform beherbergt, mag unwahrscheinlich klingen, ist aber nicht unmöglich. Es könnte ein riesiges unterirdisches Ökosystem geben, das vor vielen Jahrtausenden von intelligenten Marsianern entworfen wurde. Jede intelligente Lebensform auf dem Mars hätte früher oder später gemerkt, dass sich die Bedingungen auf der Oberfläche verschlechtern würden.

Planeten bleibt nur eine relativ kurze Zeit in der gewöhnlichen *habitablen Zone*. Alle Sterne altern und werden mit der Zeit heller, was zu höheren Temperaturen auf den Oberflächen der sie umlaufenden Planeten führt. Schließlich verdampfen alle Ozeane, was möglicherweise zum Ende der tektonischen Aktivität führt. Das Innere kleiner Planeten kühlt ab und wird fest, wodurch der Planet sein Magnetfeld und seine Atmosphäre verliert. Eine Spezies könnte ihren Planeten verlassen, weil sie solche natürlichen Prozesse nicht rückgängig machen kann. Um seine Ausrottung zu verhindern, muss das Leben auf einem Planeten, der unbe-

---

21 H.G. Wells: *Krieg der Welten*, Diogenes, Zürich 2005, S. 333

wohnbar wird, entweder auf einen anderen Planeten umziehen oder sich unter die Oberfläche begeben.

Milliarden von Planeten in unserer Galaxie, die einst bewohnbar waren, müssen solche sich ändernden Bedingungen mitgemacht haben und endeten wie heute der Mars und die Venus. Die Erde wird in ein bis zwei Milliarden Jahren außerhalb der bewohnbaren Zone liegen. Aber es wird auch Milliarden von Planeten geben, die einst zu weit entfernt ihren Stern umliefen, um bewohnbar zu sein. Und während sich ihre Sterne weiterentwickelten, wurden die Bedingungen auf ihren Oberflächen langsam besser, was zu einem wärmeren Klima mit Ozeanen und Regen führte. Wäre der Mars ein größerer Planet, hätte dies sein Schicksal sein können. Obwohl der Saturnmond Titan heute auf Methan basierendes Leben haben könnte, wird er in der Zukunft vielleicht bewohnbar für Leben, das auf flüssigem Wasser basiert. Das gefrorene Wasser auf seiner Oberfläche wird schmelzen, wenn unsere Sonne in sieben Milliarden Jahren ein roter Riese wird – obwohl diese Lebensphase unserer Sonne nur ein paar hundert Millionen Jahre dauern wird.

Vielleicht gab es auf dem Mars vor mehreren Milliarden Jahren fortschrittliches Leben, und dieses Leben entschied, sich einzugraben und ein tiefes, unterirdisches Netzwerk aus Gängen und riesigen Höhlen zu bauen. Die Kruste des Mars ist 50 bis 100 Kilometer dick, und der heiße Mantel darunter könnte eine langanhaltende Quelle geothermaler Energie darstellen. Der Weg unter die Oberfläche könnte ein langfristiger Überlebensplan für eine Spezies sein und das Überleben auch für eine Zeit sichern, in welcher der Stern schon lange aufgehört hat zu scheinen.

Der radioaktive Zerfall im Innern unserer Erde liefert etwa 30 Terawatt Energie. Die Hälfte dieser Energie stammt von langlebigsten Isotop Thorium-232. Seine Halbwertzeit beträgt 14 Milliarden Jahre. Dies bedeutet, dass ein Großteil des Thorium-232 in unserer Kruste noch immer vorhanden ist. Der Hitzefluss in unserem Planeten nimmt sehr langsam ab. Es ist eine Energiequelle, die man während 50 Milliarden Jahren nutzen könnte, also auch noch lange nach dem Tod unserer Sonne in sieben Milliarden Jahren.

Es gibt im Innern des Mars genug Energie, um den Bedarf eines großen Ökosystems für Milliarden von Jahren zu decken. Die Technologie unterirdischer Marsianer könnte unsere wildesten Erwartungen übertreffen. Nukleare oder fusionsbetriebene Energiegewinnung wäre auf der Oberfläche nur schwer festzustellen. Vielleicht werden wir tatsächlich beobachtet und ahnen, wie schon Wells es schrieb, nichts von ihrer Anwesenheit. Wir haben auf dem Mars gerade einmal zwei Zentimeter tief gegraben, und ein empfindliches Seismometer wurde auf dem Mars bisher noch nicht aufgestellt.

Die ESA-Mission *Mars Express* hat kürzlich die gesamte Marsoberfläche mit einer Auflösung von 10 Metern pro Pixel abfotografiert. So könnte man leicht künstliche Objekte auf der Oberfläche feststellen. Aber vielleicht sind eventuell vorhandene Hinweise auf frühere Oberflächenaktivitäten längst erodiert oder wurden von vulkanischem Magma bedeckt. Es wäre allerdings merkwürdig, wenn eine fortschrittliche unterirdische Spezies keine Fenster bauen würde, durch welche sie das Sonnensystem und die Planeten beobachten könnte. Der *Mars Reconnaissance Orbiter* fotografierte kürzlich in hoher Auflösung mehrere bodenlose, dunkle Löcher. Die Löcher haben einen Durchmesser von mehreren hundert Metern, und gemessen am Schatten des Sonnenlichtes auf ihrer Innenseite sind sie mindestens 200 Meter tief.

Obwohl biologisches Leben auf dem Mars nicht ausgeschlossen ist – sei es auf der Oberfläche oder direkt darunter –, ist es auf jeden Fall nicht weitverbreitet. Biologische

Stoffwechsel führen zu atmosphärischen Gasen, die wir bemerkt hätten. Aber wer weiß schon, was sich Hunderte Meter unter der Oberfläche oder noch weiter unten versteckt? 2016 wird die *InSight*-Mission der NASA auf dem Mars landen, die mit einem empfindlichen Seismometer ausgestattet ist. Vielleicht wird dieses die Geräusche einer unterirdischen Zivilisation auffangen, die gar nicht weiß, dass wir da sind.

Die Zerstörung der Erde

Kein Leben auf oder nahe der Oberfläche eines Planeten würde den Einschlag eines großen Asteroiden überleben. Zu Beginn des 20. Jahrhunderts war Astronomen der Asteroidengürtel – jene Zone hinter dem Mars mit Millionen von Gesteinsbrocken auf einer Umlaufbahn um die Sonne – bereits bekannt. Aber man vermutete nicht, dass diese Brocken die Erde treffen könnten. Zumindest nicht bis 1937, als Astronomen zufällig einen 400 Meter großen Asteroiden entdeckten, der in einer Entfernung, die nur wenig größer war als jene zum Mond, an der Erde vorbeischrammte. Diese Beinahekollision kam ziemlich überraschend, und es dauerte noch Jahrzehnte, bis man Asteroideneinschläge als historische Tatsache akzeptierte.

Die Vorstellung, dass ein enormer Einschlag zur Auslöschung der Dinosaurier geführt haben könnte, wurde erstmals in den 50er-Jahren diskutiert. Dreißig Jahre später fand man in Mexiko den riesigen Chicxulub-Einschlagskrater. Er hat einen Durchmesser von 180 Kilometern und ist 20 Kilometer tief; verursacht durch einen zehn Kilometer großen Asteroiden, der vor 65 Millionen Jahren auf die Erde traf. Die Energie, die durch den Aufprall von etwas so Großem frei wird, ist immens – es war so, als explodierten gleichzeitig eine Milliarde Atombomben. Es überrascht daher nicht, dass dies die führende Theorie für die Massenaussterben auf der Erde ist, welche sich etwa alle 50 Millionen Jahre wiederholen.

Kosmische Katastrophen verschiedener Art spielen in der Science-Fiction seit langem eine Rolle. Beschreibungen planetarer Kollisionen tauchen lange von der wissenschaftlichen Anerkennung großer Einschläge auf. *When Worlds Collide* (1933) ist ein Roman von Philip Wylie und Edwin Balmer. Der Film zum Buch unter der Regie von Rudolph Maté erschien 1951 unter dem deutschen Titel *Der jüngste Tag*. Auch die Theorie, dass sich der Mond aus einer Kollision zwischen der Erde und einem anderen Planeten gebildet hat, stammt aus den 50er-Jahren.

In *When Worlds Collide* entdecken Astromnomen, dass ein interstellarer Planet sich auf einem Kollisionskurs mit der Erde befindet. Während er sich nähert, wird ein zweiter, kleinerer Planet entdeckt, welcher den ersten umläuft – ein binäres Planetensystem. Es gibt keine Möglichkeit, die drohende Katastrophe abzuwenden. Der kleinere der Wanderplaneten stellt sich als bewohnbar heraus, und einige wenige glückliche Individuen werden auserwählt, die Erde für eine neue Heimat zu verlassen. Der Zusammenstoß der Erde mit dem größeren Planeten löscht alles Leben aus.

Kollidierende Planeten sind auch das Thema in Lars von Triers *Melancholia* (2011). Ein großer Wanderplanet, der zunächst von der Sonne verdeckt wird, nähert sich der Erde und kollidiert schließlich mit ihr. Alles Leben wird ausgelöscht.

Es ist eine korrekte Annahme, dass alles Leben auf und unter der Oberfläche ausgelöscht würde, wenn Planeten kollidieren. Nicht einmal Bärtierchen oder *Stamm* 121 würden in dem feuerflüssigen Ozean, der daraus entstünde, überleben. Aber ist es möglich oder gar wahrscheinlich, dass Planeten kollidieren?

Immanuel Velikovsky war ein russischer Psychiater, der 1950 das Buch *Welten im Zusammenstoß (Worlds in Collision)* veröffentlichte. Das Buch ist eine bizarre Kombination aus Mythologie und Religion, angereichert mit offensichtlich fehlerhafter Wissenschaft. Velikowsky behauptete, dass eine ganze Reihe von Naturkatastrophen in der antiken Mythologie durch Beinahezusammenstöße der Erde und anderer Objekte im Sonnensystem wie dem Mars oder der Venus verursacht worden seien. Obwohl die Annahmen falsch waren (Velikovsky verstand nicht einmal die Grundprinzipien der Bewegung und der Schwerkraft), war das Buch in jener Zeit ein Bestseller. Dies lag zum Teil auch daran, dass es von einem akademischen Verlag (McMillian) herausgegeben wurde. Die wissenschaftliche Gemeinde kritisierte den Verlag heftig dafür, dass er ein pseudowissenschaftliches Buch herausgegeben hatte, und die Rechte wurden nur zwei Monate nach Veröffentlichung an einen anderen Verlag, Doubleday, übertragen.

Die Vorstellung, dass Planeten kollidieren könnten, ist nicht falsch. Es ist in der Vergangenheit passiert – ein Ereignis, aus dem unser Mond entstand – und es könnte in der Zukunft wieder passieren. Die Umlaufbahnen der Planeten im Sonnensystem sind leicht chaotisch, und ihre zukünftigen oder vergangenen Positionen können nicht über einen Zeitraum von 100 Millionen Jahren hinaus genau bestimmt werden. Aber zumindest wissen wir, dass in den nächsten paar hundert Millionen Jahren keine der Planeten in unserem Sonnensystem miteinander kollidieren werden. Doch im Laufe von Milliarden von Jahren werden all die winzigen gravitativen Störungen von Jupiter und Saturn dazu führen, dass sich die Umlaufbahn des Merkurs ändert. Jaques Laskar und Mickaël Gastineau vom Pariser Observatorium führten kürzlich Tausende von Computersimulationen durch, um zu studieren, wie sich die Umlaufbahnen der Planeten in ferner Zukunft verändern könnten. Die Wahrscheinlichkeit, dass der Merkur auf die Venus treffen könnte, liegt laut ihren Berechnungen bei einem Prozent. Sollte dies passieren, würde dadurch die Umlaufbahn des Mars destabilisiert – mit zwei möglichen Folgeszenarien: Entweder kollidiert der Mars mit der Erde, oder er wird komplett aus unserem Sonnensystem hinausgeschleudert.

Aus dem Haus geworfen

Wie ich bereits im ersten Kapitel erwähnt habe, haben Astronomen kürzlich »abtrünnige« Planeten – wir nennen sie auch interstellare Planeten oder Wanderplaneten – entdeckt, die durch unsere Galaxie treiben. Man geht davon aus, dass es Milliarden dieser Welten ohne Sterne gibt. Es wird angenommen, dass sie von einem anderen Stern, der zu nahe vorbeiflog, aus ihren Sonnensystemen geschleudert wurden. Dies ist nicht abwegig, da sich die meisten Sterne tatsächlich in Clustern (Gruppen) gemeinsam mit Hunderten oder Tausenden anderer Sterne bilden. Gravitative Interaktionen zwischen diesen Sternen führen dazu, dass Planeten in den leeren Raum geschleudert werden. Schließlich zerstreuen sich die Sternencluster, und die Sterne nehmen ihre jeweils eigene Wanderung durch die Galaxie auf.

Die Sonne hat ihre Brüder und Schwestern – die anderen Sterne, die sich vor 4,5 Milliarden Jahren aus der gleichen enormen Gaswolke bildeten – schon lange verloren. Sie haben sich in der Galaxie verteilt. Aber während ein paar hundert Millionen Jahren nach der Entstehung unseres Sonnensystems muss der Nachthimmel über der noch jungen Erde spektakulär gewesen sein. Es könnte innerhalb nur eines Lichtjahres von der Erde Hunderte von Sternen gegeben haben, die sogar während des Tages sichtbar waren.

Beinahezusammenstöße zwischen Sternen, die sich in der rotierenden Sternenscheibe unserer Milchstraße bewegen, gibt es noch immer. Die durchschnittliche Geschwindigkeit der Sterne in der galaktischen Scheibe beträgt etwa 200 Kilometer pro Sekunde. Aber sie befinden sich nicht in perfekt kreisförmigen Bahnen und unterliegen Relativbewegungen. Manche bewegen sich zu unserer Sonne hin, andere bewegen sich von ihr weg. Bereits in 100 Millionen Jahren werden viele der Sternbilder am Nachthimmel nicht mehr zu erkennen sein.

Die Astronomen Gregory Laughlin und Fred Adams haben errechnet, dass in den nächsten fünf Milliarden Jahren mit einer Wahrscheinlichkeit vom 1:100000 ein vorbeiziehender Stern die Umlaufbahnen der Planeten in unserem Sonnensystem so destabilisieren wird, dass die Erde in den leeren Raum geschleudert wird.

Es gibt keine Sterne, die in den nächsten paar Millionen Jahren direkt auf unser Sonnensystem zusteuern, also müssen wir uns im Moment darüber keine Gedanken machen. Da es aber Milliarden von Sternen mit Planeten gibt, wird etwa alle 50000 Jahre irgendwo in unserer Galaxie ein bewohnbarer Planet aus seinem Zuhause geworfen. Wenn auf einem solchen Planeten intelligentes Leben existierte und dieses eine Astronomie und einfache Mathematik hervorgebracht hätte, wüsste es lange im Voraus von einem solchen Ereignis. Bei Tausenden von Jahren Vorwarnzeit könnten sie in aller Ruhe eine Evakuierung planen oder tief unter die Erde ziehen.

Sobald der sich nähernde Stern in das betreffende Sonnensystem einträte, würde alles viel schneller gehen. Die Passage durch das innere Sonnensystem würde nur ein paar Jahre dauern. Der Planet würde durch die gleiche gravitative Energieübertragung, die wir verwenden, um unsere Raumschiffe zu beschleunigen, von seiner Sonne weggeschleudert. Er könnte sich mit Dutzenden Kilometern pro Sekunde von seinem Stern wegbewegen. In weniger als einem Jahr hätte der Planet seine habitable Zone verlassen. Nach 100 Jahren wäre er so weit von seinem Stern entfernt, dass seine Oberflächentemperatur jener des Pluto entspräche; minus 250 Grad Celsius. Was für ein großartiges Szenario für einen Science-Fiction-Roman!

Die frühen Weltraummissionen mögen die Vorstellung, dass das Leben in unserem Sonnensystem häufig ist, niedergeschmettert haben, aber sie regten auch Visionen an, die noch viel größer waren. Zu der Zeit, als die Erkundung des Weltraums begann, hatten Astronomen mächtige Radioteleskope entwickelt, welche die Radioübertragungen von außerirdischem Leben auch in der Entfernung anderer Sterne würden messen können. Und die Entwicklungen in der Kosmologie und der galaktischen Astronomie im frühen 20. Jahrhundert lieferten uns neue Inspiration für unsere Träume von Außerirdischen. Die Wissenschaft und die Science-Fiction richteten ihre Aufmerksamkeit nun auf Leben außerhalb unseres Sonnensystems.

Kapitel 8

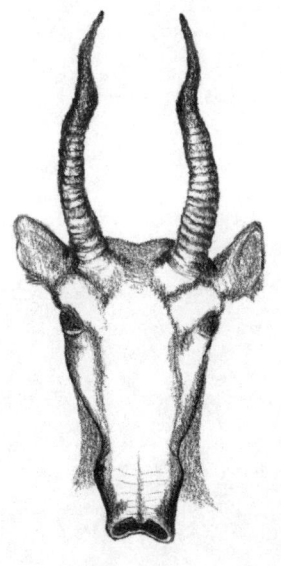

ERSTER KONTAKT

Das Interesse an außerirdischem Leben in unserem Sonnensystem nahm Mitte des 20. Jahrhunderts ab. Doch zur gleichen Zeit eröffneten neue Erkenntnisse aus Biologie, Physik und Kosmologie faszinierende neue Möglichkeiten. Die Science-Fiction wurde wagemutiger und entdeckte neue Horizonte. Die fernen Sterne und ihre möglichen außerirdischen Welten fanden Eingang in die Vorstellungskraft der Menschen. Noch vor dem Bau der Weltraumraketen, der Entdeckung des genetischen Codes, der Nuklearwaffen oder der Planeten um andere Sterne gab es einige visionäre Autoren.

Der englische Autor und Philosoph Olaf Stapledon vereinte in seinem Roman *Star Maker* (1937) Wissenschaft und Science-Fiction. Stapledons Vision vom Leben zwischen den Sternen inspirierte Generationen von Wissenschaftlern und Lesern gleichermaßen. Sein Buch war ein Vorläufer von monumentalen Weltraumserien wie *Dr. Who, Star Trek, Raumpatrouille – Die phantastischen Abenteuer des Raumschiffes Orion* und *Star Wars*.

Star Maker ist ein fiktionaler Bericht über die Vergangenheit und Zukunft des Lebens im Universum, der von den Erkenntnissen seiner Zeit inspiriert wurde. Es ist eine Vision davon, wie Zivilisationen auf anderen Welten sein könnten, und wie die Zukunft der Zivilisation aussehen könnte. Stapledon beschreibt eine Reise buchstäblich galaktischen Ausmaßes, unternommen vom Intellekt eines Menschen, der durch Raum und Zeit reisen kann. Der Reisende beschreibt seinen Weg sehr detailliert. Er bewegt sich im Raum von Stern zu Stern, und in der Zeit von der Geburt unserer Galaxie bis weit in die Zukunft, wenn die Sterne langsam verblassen.

Die Beschreibungen stimmen mit dem überein, was der Astrophysik und Kosmologie in den 30er-Jahren bekannt war. Es war eine aufregende Zeit. Man hatte entdeckt, dass unsere Milchstraße nur eine unter vielen Galaxien ist und dass das Universum sich ausdehnt. Die Radioastronomie entwickelte sich, und die Theorie der allgemeinen Relativität war gerade aufgestellt worden.

Da er wusste, dass die Geschwindigkeit interstellarer Reisen durch die Lichtgeschwindigkeit begrenzt ist, entschied sich Stapledon für eine Art mentale Transportweise. Dass sich kein Objekt auf die Lichtgeschwindigkeit oder darüber hinaus beschleunigen lässt, ist eine fundamentale Aussage in Albert Einsteins Relativitätstheorien. Die allgemeine Relativität ist vielfach getestet worden, und bisher haben alle Tests die Theorie bestätigt. Es ist nicht bekannt, warum die Lichtgeschwindigkeit genau diesen Wert hat, aber zumindest ist sie hoch genug, dass interstellares Reisen möglich wäre!

Indem er einen telepathischen Geist erfindet, befreit sich Stapledon von dieser Einschränkung. Sein Reisender verlässt das Sonnensystem und reist mit Super-Lichtgeschwindigkeit durch die Galaxie. Stapledon schreibt, wie der Reisende sich schwer tut, einen anderen Planeten zu finden, und quer durch die Galaxie einen Stern nach dem anderen besucht:

»Ich wusste genau, dass die Geburt von Planeten durch einen Beinahezusammenstoß von zwei oder mehr Sternen zustande kommt, und dass solche Unfälle sehr selten vorkommen. Ich ermahnte mich selbst, dass Sterne mit Planeten in der Galaxie so selten sein müssten wie Edelsteine zwischen den Sandkörnern am Meeresstrand. Wie groß war die Wahrscheinlichkeit, dass ich einen

finden würde? Mich begann der Mut zu verlassen. Die fürchterliche Wüste aus Dunkelheit und fruchtlosem Feuer, die gewaltige Leere, so spärlich mit funkelnden Punkten besät, die kolossale Sinnlosigkeit des gesamten Universums; es bedrückte mich aufs Abscheulichste.«

Als *Star Maker* 1937 geschrieben wurde, ging die vorherrschende Theorie zur Planetenentstehung davon aus, dass Planeten um andere Sterne selten seien. 1917 hatte der englische Astronom James Jeans die Theorie aufgestellt, dass unser Sonnensystem das Resultat eines seltenen Beinahezusammenstoßes zwischen der Sonne und einem passierenden Stern sein könnte. Die Annahme war, dass Material aus der Sonne herausgezogen würde und die Planeten sich aus diesem Material bildeten, in etwa so wie die Planet-auf-Planet-Kollision, die zur Entstehung unseres Mondes führte. In den 40er-Jahren erkannte man aber, dass Stern-auf-Stern-Kollisionen nicht zur Bildung von Planetensystemen wie dem unseren führen konnten. Während der folgenden 40 Jahre gab es unter Astronomen keine Einigkeit darüber, wie sich unser Sonnensystem gebildet haben könnte.

Es gibt tatsächlich Kollisionen zwischen Sternen, doch sie sind sehr selten. Sterne sind aus unserer Sicht große, massive Objekte, aber unsere Galaxie besteht größtenteils aus leerem Raum. Die durchschnittliche Distanz zwischen den Sternen der Milchstraße beträgt etwa vier Lichtjahre. Wenn wir eine Karte unserer Galaxie anfertigen würden, in welcher unsere Sonne die Größe eines Fußballs hätte, wäre der nächste Stern 10000 Kilometer von der Sonne entfernt. Sogar über einen Zeitraum von fünf Milliarden Jahren liegt die Wahrscheinlichkeit, dass unsere Sonne mit einem anderen Stern kollidiert, bei unter eins zu 100 Millionen. Da aber unsere Galaxie einige Hundert Milliarden Sterne enthält, sollten sich in unserem Bereich der galaktischen Scheibe ein paar Tausend Stern-auf-Stern-Kollisionen ereignet haben.

Ist unser Sonnensystem von Außerirdischen besucht worden?

Unsere Sonne ist kein besonderer Ort in der Galaxie. Die nächsten Sterne sind das Alpha-Centauri-Dreigestirn, über 4,2 Lichtjahre entfernt. Angesichts unserer gegenwärtigen Fähigkeiten im Weltraumflug ist das eine enorme Distanz. Aber während unsere Sonne durch die Galaxie reist, kommen ihr andere Sterne viel näher.

Seit vor über drei Milliarden Jahren das Leben auf der Erde seinen Anfang nahm, sind über dreißig Sterne in einem Abstand von weniger als einem Zehntel Lichtjahren an der Sonne vorbeigezogen. Bei den relativen Geschwindigkeiten, mit denen sich nahe Sterne bewegen, hätten diese Begegnungen mit unserem Sonnensystem mehrere Tausend Jahre gedauert. Manche dieser vorbeiziehenden Sterne hätten ihre eigenen habitablen Planeten gehabt. Eine fortschrittliche Zivilisation auf einer solchen Welt hätte doch bestimmt ein Raumschiff vorbeigeschickt, um unser Sonnensystem zu erforschen!

Es gibt keinen Hinweis darauf, dass wir von Außerirdischen besucht wurden, aber das bremst die Fantasie vieler Menschen nicht. Die häufig abgebildete fliegende Untertasse stammt von einer der ersten weithin bekannten Ufo-Sichtungen 1947. Ein amerikanischer Pilot beobachtete sichelförmige Objekte, die mit mehreren Tausend Stundenkilometern unterwegs waren, und sagte aus, sie hätten sich bewegt wie Untertassen, die übers Wasser hüpfen. Trotz Zehntausender weiterer angeblicher Ufo-Sichtungen erwies sich keines der Objekte als außerirdisches Raumschiff.

Aber vielleicht schien ja vor einer Milliarde Jahren ein vorbeiziehender Stern blendend hell im Himmel. Im Abstand eines Zehntel Lichtjahres wäre es für Außerirdische auf einem Planeten dieses Sterns recht einfach gewesen, die

Planeten unseres Sonnensystems zu erkennen und sie auf Lebenszeichen zu untersuchen. Es hätte damals auf der Erde keine Anzeichen für fortschrittliches Leben gegeben, keine Radioübertragungen und keine künstlichen Strukturen, die vom Weltraum aus zu erkennen gewesen wären. Aber eine außerirdische Zivilisation wäre in der Lage gewesen, die Biomarker in der gerade erst oxygenisierten Erdatmosphäre zu erkennen, welche die Anwesenheit von Leben verraten hätten.

Es wäre eine außergewöhnliche Gelegenheit gewesen, ein anderes Sonnensystem zu erforschen. Wenn Außerirdische die Erde vor der kambrischen Explosion besucht hätten, wären sie auf einen kargen Planeten getroffen, auf Ozeane mit einfachem Leben und vielleicht auf einen schleimigen Schimmel, der angefangen hatte, sich auf dem steinigen Land auszubreiten. Trotz der Berge, Flüsse und Seen gab es keine Pflanzen oder Bäume, nur eine leere Gesteinslandschaft ohne Leben. Vielleicht war der Mars zu jener Zeit interessanter als die Erde. Die außerirdischen Weltraumtouristen hätten wahrscheinlich ein paar Fotos gemacht und ein paar steinige Souvenirs eingesammelt und wären dann weitergeflogen.

Diese Sterne, die zufällig in die Nähe der Sonne kamen, sind heute vielleicht Tausende von Lichtjahren entfernt. Aber die außerirdischen Touristen hätten eine versteckte Überwachungsstation zurücklassen können − eine Spionageeinrichtung, die den Evolutionsprozess auf unserem Planeten überwachen würde. Nur wo hätten sie diese aufgestellt? Der Mond wäre eine naheliegende Wahl gewesen, da eine Seite immer der Erde zugewandt ist. Die Oberfläche des Mondes ist mit einer Auflösung von wenigen Metern kartographiert worden, und es gibt keine Zeichen für irgendetwas Außerirdisches. Aber manche der Mondkrater liegen in ständiger Dunkelheit, und es wäre schwierig, in ihren Tiefen eine außerirdische Spionagestation aufzuspüren. Solch eine Installation oder sogar eine umlaufende Raumsonde würde allerdings kaum länger als 100 Millionen Jahre Bestand haben – sie würde wahrscheinlich durch den Zusammenstoß mit einem Stück eines zerschmetterten Asteroiden zerstört.

Der Ausbruch interstellarer Kriege

Der Reisende in *Star Maker* findet und besucht Hunderte von Welten, während er durch die Zeit reist. Geschichten, in denen Zeitreisen vorkommen, gibt es schon seit Jahrhunderten. Doch es war H.G. Wells' Buch *Die Zeitmaschine (The Time Machine)* aus dem Jahr 1895, das die Zeitreise zum beliebten Thema machte. In der Zeit vorwärtszureisen ist sicherlich möglich und eine überprüfte Konsequenz aus Einsteins Relativitätstheorie. Es ist allerdings eine einfach gerichtete Reise – man kann nicht in die Vergangenheit zurückkehren. Zeitreisen in die Vergangenheit werden von den meisten Wissenschaftlern als höchst unwahrscheinlich wenn nicht sogar unmöglich angesehen. Es gibt allerdings kein Gesetz der Physik, dem solche Reisen widersprechen würden.

In manchen Fällen haben sich die Spekulationen von Science-Fiction-Autoren auf unheilvolle Weise als wahr erwiesen. 1914 veröffentlichte H.G. Wells ein Buch namens *Befreite Welt (The World Set Free)*. Wells kannte die neuesten Entdeckungen zum radioaktiven Zerfall und wusste, dass Elemente langsam ihre Form verändern und dabei Energie aussenden. In *Befreite Welt* erlangt die Menschheit die Fähigkeit, diese ganze Energie auf einmal freizusetzen, woraus eine neue atomare Kriegsführung entsteht.

Selbst zu der Zeit, als Stapledon in den 30er-Jahren *Star*

Maker schrieb, war die nukleare Energie nicht mehr als eine Theorie. Einstein hatte seine berühmte Gleichung, die aufzeigte, dass Masse sich mit Energie gleichsetzen lässt, 1905 aufgestellt. Aber die Erkenntnis, dass man atomare Masse als immense Energiequelle nutzen könnte, ließ noch bis 1945, als die erste Atombombe gezündet wurde, auf sich warten. Stapledon hatte in *Star Maker* ebenfalls die Atomenergie heraufbeschworen; für interstellare Reisen und interplanetare Kriege:

»Anderes als interplanetares Reisen war interstellares Reisen bis zum Aufkommen der subatomaren Energie so gut wie unmöglich. […] Draußen im Weltraum wurden aus extrem harten und leichten künstlichen Materialien riesige Forschungsschiffe von mehreren Meilen Durchmesser gebaut. Diese konnten durch Raketen in Bewegung gesetzt und zunehmend beschleunigt werden, bis ihre Geschwindigkeit fast die halbe Lichtgeschwindigkeit erreicht hatte.«

Star Maker endet mit einer visionären Beschreibung außerirdischer Zivilisationen in einer viel älteren Milchstraße. Fortschrittliche Spezies haben mit neuen Materialien, aus denen sie hohle Globen formen, künstliche Planeten angefertigt. Um ihren Energiebedarf zu decken, bauen sie riesige künstliche Lichtfänger, die ganze Sterne umgeben:

»Nicht nur war jedes Sonnensystem nun umgeben von einem Gewebe aus Lichtfängern, welche die austretende Sonnenenergie für eine sinnvolle Verwendung bündelten, sodass das Licht in der gesamten Galaxie gedämpft wurde. Auch wurden viele Sterne, die sich nicht als Sonnen eigneten, aufgelöst und ihre gewaltigen Vorräte an subatomarer Energie geplündert.«

Außerirdischer Energiebedarf

Der englische Wissenschaftler Freeman Dyson ist in Forscherkreisen für seine Arbeit in der theoretischen Physik und der Mathematik bekannt. Der Öffentlichkeit ist er besser bekannt wegen seiner fantastischen Ausflüge in Gebiete, die an Science-Fiction grenzen. 1960 veröffentlichte er in der renommierten Zeitschrift *Science* eine kurze Abhandlung mit dem Titel *Search for Artificial Stellar Sources of Infrared Radiation* (sinngemäß: *Die Suche nach künstlichen stellaren Quellen von Strahlung im Infrarotbereich*). Dyson beschreibt darin eine Methode, mit der sich hoch entwickelte außerirdische Zivilisationen aufspüren ließen. Er rechnet damit, dass der Energiebedarf einer Zivilisation unvermeidlich immer weiter steigen würde. Schließlich würde man mehr Energie benötigen als aus dem Sonnenlicht gewonnen werden könnte, welches den Planeten erhellt. Früher oder später müsste eine fortschrittliche außerirdische Zivilisation mehr von der Energie des Sterns einfangen können. Um dies zu erreichen, würde man den Stern mit gigantischen künstlichen Strukturen umgeben.

1964 ging der sowjetische Astrophysiker Nikolai Kardashev noch einen Schritt weiter und machte sich Gedanken zu verschiedenen Stadien der Zivilisation, aufgeteilt nach ihrem globalen Energiebedarf. Kardashev behauptet, dass wir noch einige hundert Jahre eine galaktische Zivilisation des Typs I sein werden. Eine solche Zivilisation bedient sich nur des auf den Planeten fallenden Sonnenlichts. Eine Typ-II-Zivilisation entwickelt sich, indem sie Konstruktionen wie die von Dyson vorausgesehenen Sphären anfertigt. Zuletzt machen sich Zivilisationen vom Typ III die Energie der gesamten Galaxie zunutze.

Jeder bewohnbare Planet empfängt nur einen winzigen Teil der Gesamtenergie seines Sterns. Die Erde fängt weniger als ein Milliardstel der Energie unserer Sonne ab. In einem Jahr empfängt unser Planet 5×10^{24} Joule an Energie von der Sonne. Zurzeit verbraucht die Menschheit ein Zehntausendstel dieser Menge, um ihren Bedarf zu decken, etwa 5×10^{20} Joule pro Jahr.

Fast die gesamte Energie, die das Leben verbraucht, kommt von der Sonne. Die meisten Lebewesen nutzen die Energie des Sonnenlichts, um ihre Zellbestandteile zu fertigen. Das Leben ist voller organischer Verbindungen, für deren Herstellung es Energie benötigt. Viele Organismen bedienen sich dieser Vorfabrikation, indem sie Dinge konsumieren, die einmal lebendig waren. Aber Energie kann auch gewonnen werden, indem man die Überreste des Lebens verbrennt. Über 90 Prozent unseres Energiebedarfs werden gedeckt, indem wir die Überbleibsel toter Organismen verbrennen, ob in Form von Öl, Kohle, Gas oder Holz.

Die verbleibenden fossilen Brennstoffe auf unserem Planten können schätzungsweise insgesamt noch 5×10^{22} Joule an Energie liefern. Das würde reichen, um unseren heutigen Energiebedarf für weitere 100 Jahre zu decken, doch es gibt gute Gründe, weshalb wir aufhören sollten, diese Form von Energie zu verwenden. Wenn wir all den Kohlenstoff freisetzen, der in tote Organismen eingeschlossen ist, hätte das verheerende Folgen für unser Klima. Und betrachtet man das große Ganze, sind ein- oder zweihundert Jahre eine kurze Zeit. Es wird keine größere Erneuerung dieser Ressourcen geben, die größtenteils in der erdgeschichtlichen Periode des Karbon angelegt wurden.

Ein kleiner Teil der Energie, die wir nutzen, wird durch geothermale Energie, Wind- und Wellenturbinen und Solarstromanlagen gewonnen. Dies sind, wenn man unseren heutigen Energiebedarf berücksichtigt, allesamt im Grunde unbegrenzte Ressourcen, und sie könnten weiter ausgeschöpft werden. Wir könnten unseren derzeitigen – und sogar einen zehnmal höheren – Energiebedarf aus diesen Quellen decken. Aber nicht viel mehr, denn uns steht dafür nur eine begrenzte Erdfläche zur Verfügung.

1960, als Dyson den Energiebedarf von Außerirdischen abschätzte, wuchs der Energieverbrauch auf der Erde ebenso schnell wie ihre Bevölkerung. Die gesamte Energie, welche die Sonne jährlich abstrahlt, beträgt 10^{34} Joules, und davon strömt fast alles frei in den intergalaktischen Raum. Künstliche Konstruktionen, die einen Stern teilweise oder ganz umgeben, um seine Energie zu sammeln, sind zwar heute als *Dyson-Sphären* bekannt, aber Dyson selbst sagt, dass er durch den Science-Fiction-Autor Olaf Stapledon zu seiner Arbeit inspiriert wurde. Er hat daher (bisher erfolglos) vorgeschlagen, solche Konstruktionen künftig als »Stapledon-Sphären« zu bezeichnen.

Es wurde bereits mehrfach nach Dyson-Sphären gesucht. Dyson erkannte, dass die Strukturen, welche das Licht eines Sterns auffangen, warm sein müssten, und errechnete, dass sie mit Infrarot-Teleskopen leicht zu entdecken sein sollten. Aber da der Wasserdampf in unserer Atmosphäre das Licht in diesen Wellenlängen absorbiert, musste mit der Suche nach Dyson-Sphären gewartet werden, bis es auch auf hohen Berggipfeln oder im Weltraum Teleskope gab.

Die Stärke des infraroten Glimmens würde davon abhängen, wie viel Licht des Sterns durch eine solche Konstruktion gesammelt wird. Jede Dyson-Sphäre, die ihren Stern komplett ummantelt, sollte im Abstand von bis zu 1000 Lichtjahren sichtbar sein. Innerhalb dieser Distanz gibt es eine Million Sterne wie unsere Sonne. Die Weltraumteleskope *IRAS* und *WISA* haben den gesamten Himmel in der Infrarotfrequenz kartographiert. Bisher wurden noch keine Dyson-Sphären entdeckt.

Einen kleinen Teil des Lichts eines Sterns zu sammeln ist eine einfachere Ingenieursleistung und ein wahrscheinlicheres Szenario als eine ummantelnde Dyson-Sphäre. Immerhin könnten wir unseren heutigen Energiebedarf millionenfach decken, wenn wir nur ein tausendstel Prozent des Sonnenlichts einfangen könnten. Dazu wäre noch immer eine enorme Konstruktion nötig – sogar, wenn man sie nahe an der Sonne platzieren würde, hätte sie einen größeren Durchmesser als die Erde. Eine solche Konstruktion könnte mithilfe der Transitmethode entdeckt werden, mit der wir heute nach Exoplaneten suchen. Zusätzliche Messungen mithilfe der Radialgeschwindigkeitsmethode würden das Objekt als künstlich identifizieren – in diesen Messungen wäre nichts zu erkennen, denn die Konstruktion wäre nicht massiv genug, um den Stern zum Wackeln zu bringen.

Lauschangriff auf außerirdisches Leben

Viele astronomische Entdeckungen wurden gemacht, weil Astronomen einfach in einem anderen Bereich des elektromagnetischen Spektrums suchten – oder an einem anderen Ort im Universum. Manchmal ignorieren sie richtigerweise die Arbeit ihrer theoretisch forschenden Kollegen, die ihnen weismachen wollen, es gäbe dort nichts Interessantes zu finden. Diese Herangehensweise halte ich auch bei der Suche nach außerirdischem Leben für richtig. Schließlich können wir nur aufgrund der Wissenschaft und Technologie spekulieren, die uns bekannt sind, und unser Wissen ist alles andere als vollständig.

1959 veröffentlichten Giuseppe Cocconi und Philip Morrison eine Forschungsarbeit mit dem Titel *Searching for Interstellar Communications*. Sie beschrieben, dass Radioteleskope empfindlich genug seien, Übertragungen von außerirdischen Zivilisationen in der Galaxie zu empfangen. Die ersten Radioteleskope wurden in den 30er-Jahren gebaut, um das gasförmige interstellare Medium unserer Galaxie zu erforschen. Dieses besteht hauptsächlich aus Wasserstoff, und Wasserstoff sendet Photonen im Radiofrequenzbereich des elektromagnetischen Spektrums aus.

Nicht einmal ein Jahr nach der Veröffentlichung der Arbeit von Cocconi und Morrison startete der amerikanische Astronom Frank Drake mit einem 24-Meter-Radioteleskop eine systematische Suche nach Leben in unserer Galaxie. 150 Stunden lang – über vier Monate verteilt – observierte er die Sterne *Tau Ceti* und *Epsilon Eridani* auf den Gigaherz-Radiofrequenzen. Beides sind nahe gelegene, sonnenähnliche Sterne, von denen man zu jener Zeit nicht wusste, dass sie Planeten haben. 2012 entdeckten Astronomen, dass *Tau Ceti* mindestens fünf Planeten hat, und dass einer von ihnen in der habitablen Zone seines Sterns liegt. *Tau Ceti* ist 5,8 Milliarden Jahre alt und nur 12 Lichtjahre entfernt. Sein Planet ist also ein guter Kandidat für das unserem Sonnensystem am nächsten gelegene außerirdische Leben.

Die Radiofrequenzen der elektromagnetischen Strahlung sind für planetare und interstellare Distanzen ein effizientes Kommunikationsmittel. Radiowellen lassen sich leicht isotropisch in alle Richtungen übertragen, oder sie können zu einem starken Strahl zusammengefasst werden. Militärische Radarstationen verwenden kraftvolle Anlagen, welche die reflektierten Radiowellen aufspüren können, die von metallischen Objekten zurückgeworfen werden. In der elektromagnetischen Welle können Informationen leicht kodiert werden, zum Beispiel, indem man ihre Amplitude oder Frequenz anpasst. Ein Vorteil der Kommunikation mittels Radiofrequenzen ist, dass die Photonen große Wellenlängen haben, die durch Wände dringen können.

Es gibt weitere gute Gründe dafür, im Bereich der Radiofrequenzen nach Hinweisen auf außerirdische Zivilisationen zu suchen. Infrarotes und ultraviolettes Licht sowie alle Photonen mit höherer Energie werden von der Atmosphäre aufgehalten. Aber Photonen in den Radio- und optischen Wellenlängen können sie durchdringen. Es ist einfach, jenseits unserer Atmosphäre nach solchen Wellenlängen Ausschau zu halten, und es ist ebenso einfach, ein Signal zu senden, das Tausende von Lichtjahren entfernt empfangen würde. Es könnte sogar möglich sein, jene Übertragungen, die auf einem Exoplaneten zur Kommunikation oder für Radar verwendet werden, zu entdecken.

Aber könnten wir eine außerirdische Nachricht überhaupt verstehen? Vielleicht verwenden Außerirdische in ihrer Sprache eine andere Logik. Um sicherzustellen, dass die Signale auch von intelligenten Lebewesen kommen, stellten sich Cocconi und Morrison vor, dass ein Signal zum Beispiel eine Sequenz kleiner Primzahlen in Impulsen oder einfache arithmetische Summen enthalten könnte.

Um eine unbekannte Sprache zu verstehen, braucht man einen »Stein von Rosette« – einen Text oder ein Muster, das in beiden Sprachen vorhanden ist. Wenn wir davon ausgehen, dass Außerirdische eine Art Zahlensystem haben, könnten die Mathematik und Physik als gemeinsames Muster dienen. Primzahlen oder das Verhältnis bestimmter natürlicher Konstanten sind Beispiele für universale Mengen – unabhängig von der Sprache, in der man über sie spricht. Wenn die Nachricht den Zweck hat, übersetzt zu werden, sollte sie auch einen Übersetzungsschlüssel enthalten, denn sonst ist es vielleicht unmöglich, sie zu verstehen.

1985 veröffentlichte Carl Sagan sein einziges Science-Fiction-Buch *Contact*. Es beginnt mit der Entdeckung der Übertragungen einer wiederkehrenden Folge von Primzahlen, die aus dem *Vega*-System in 25 Lichtjahren Entfernung kommt. Die Nachricht ist eine Wieder-Übertragung eines der ersten leistungsstarken Radiosignale, welche die Erde vor 50 Jahren verlassen hatten. Die ersten kraftvollen Radiosignale mit einer Leistung von 500 Kilowatt gab es in den 30er-Jahren. Diese Übertragungen verbreiteten sich in Lichtgeschwindigkeit und sind inzwischen über 80 Lichtjahre von der Erde entfernt. Sie haben bereits Hunderte von Exoplaneten erreicht – aufmerksam lauschende Außerirdische könnten also wissen, dass es uns gibt.

Das Radiospektrum enthält alle Photonen mit Wellenlängen von über einem Millimeter, was einer Frequenz von 300 Gigahertz entspricht. Ein Radiosender versendet für gewöhnlich Photonen in einem schmalen Wellenlängenbereich, der Bandbreite genannt wird. Je kleiner die Bandbreite, desto größer die Energie des Signals, und desto mehr Information kann in der Übertragung kodiert werden. Ein Radioempfänger kann einen großen Bereich an Wellenlängen empfangen, aber um eine bestimmte Radioübertragung zu empfangen, benötigt man einen Tuner. Dieser ermöglicht es, einen schmalen Wellenlängenbereich auszuwählen und zu verstärken. Wenn man nach außerirdischem Leben sucht, muss man Millionen von Radiofrequenzen durchsuchen und lange genug zuhören, um eventuelle Nachrichten als das zu erkennen, was sie sind.

Radio- oder Fernsehsender schicken diese Photonen in alle Richtungen. Ein Radioempfänger nutzt die gleichen Komponenten wie ein Radiosender. Die Photonen generieren einen elektrischen Stromfluss in der Antenne, welcher verstärkt wird. Nun kann die Information entnommen werden.

Das größte Radioteleskop mit einer einzigen Schüssel ist das 300 Meter große *Arecibo*-Teleskop in Puerto Rico. Nur ein winziger Teil seines Observationszeitplans ist der Suche nach extraterrestrischer Intelligenz (*SETI*, die Abkürzung für *search for extra-terrestrial intelligence* wird vor allem von Forschern häufig verwendet) gewidmet. Das *Allen Telescope Array* in Kalifornien ist ein privat finanziertes Projekt, welches in der gesamten Galaxie nach leistungsstarken künstlichen Radioquellen suchen soll. Nach seiner Fertigstellung wird es aus 350 sechs Meter großen Radioschüsseln bestehen, deren Radiosignale zusammengeführt werden. Es wird mehrere Hunderttausend nahegelegene Sterne nach Radiosignaturen außerirdischen Lebens absuchen.

Diese Radioteleskope können allerdings Radiosignale, die in einer Zivilisation wie der unseren der innerplanetaren Kommunikation dienen, nicht einmal bei den nächstgelegenen Sternen wahrnehmen. Theoretisch könnte das Arecibo-Teleskop eine Übertragung von einem Megawatt in einem halben Lichtjahr Entfernung wahrnehmen, aber in dieser Distanz gibt es keine Sterne. Die einzige Möglichkeit, mit dieser Methode Außerirdische zu entdecken ist, dass die Außerirdischen entdeckt werden wollen. In diesem Fall könnten sie ein Signal an nahegelegene Sterne senden, um ihre Existenz zu verkünden – mit einem Funkfeuer.

Statt einem Metallmast, der in alle Richtungen sendet, kann man auch einen gigantischen metallischen Spiegel nehmen, der den Radiostrahl fokussiert. Sendet man Radiowellen mit der 300-Meter-Schüssel in Arecibo, verstärkt dies das Signal um den Faktor von vier Millionen. Nach dem Abstandsgesetz ist dieses Signal 2000-mal weiter entfernt feststellbar als ein isotropisch gesendetes Signal. Ein Empfänger von der Größe der Arecibo-Schüssel könnte dieses Signal in einer Entfernung von 1000 Lichtjahren wahrnehmen.

Ein riesiges Netzwerk aus Radioteleskopen wird zurzeit in Südafrika und Australien gebaut. Es besteht aus Tausenden kleiner Radioschüsseln von 15 Metern Durchmesser, die auf zwei Kontinente verteilt sind. Die Signale werden zusammengeführt und ergeben ein Sammelfeld von einem Quadratkilometer. Es wurde in erster Linie entworfen, um die Radioemissionen des Wasserstoffs im sehr jungen Universum, noch bevor die ersten Sterne entstanden, zu messen. Aber wenn ein solches Gerät einen Monat lang auf einen Stern im Umkreis von 200 Lichtjahren gerichtet würde, könnte es Radiosignale wie jene, mit denen wir auf der Erde untereinander kommunizieren, empfangen. Es könnte auch ohne Probleme leistungsstarke Funkfeuer auf der anderen Seite der Galaxie entdecken.

Tausende von Sternen wurden bereits beobachtet in der Hoffnung auf Radiosignale mit einer Nachricht. Bisher hat sich die Galaxie als still erwiesen – es gibt keine Anzeichen eines künstlichen Signals. Aber wir haben noch nicht auf allen Radiofrequenzen gesucht – auf welcher Frequenz würden Außerirdische wohl ihre Signale übertragen?

Warum 42?

In *Per Anhalter durch die Galaxis* ist »42« die Antwort auf das Leben, das Universum und den ganzen Rest. Die meisten Menschen glauben, dass Douglas Adams sich die Zahl einfach ausgedacht hat. Der englische Schauspieler Stephen Fry behauptete allerdings 2008 in einem Interview mit der *BBC*, Adams habe ihm genau erklärt, wie er auf 42 gekommen sei. Die Erklärung sei »*faszinierend, außergewöhnlich und, wenn man intensiv darüber nachdenkt, völlig offensichtlich*«. Fry sagte weiter, er habe geschworen, die Erklärung für sich zu behalten, und werde das Geheimnis mit ins Grab nehmen. Vielleicht würden wir ja, wenn wir die Galaxie auf einer Radiofrequenz von 42 Zentimetern abhörten, außerirdisches Leben finden.

Es gibt eine natürliche Quelle von Radiowellen, die in der gesamten Galaxie sichtbar ist. Das Wasserstoffgas im interstellaren Medium sendet Photonen auf einer Wellenlänge von 21 Zentimetern aus. Intelligenten Außerirdischen wäre dies auch bekannt. Natürlich würde man keine Wellenlänge von 21 Zentimetern wählen, um eine Nachricht zu senden, weil das Signal ja in der natürlichen Strahlung verloren ginge. Aber eine außerirdische Zivilisation mit einem fortlaufenden linearen Zahlensystem würde ein Vielfaches davon verwenden, einen Faktor von zwei. 42 ist nicht nur die Antwort auf das Leben, das Universum und den ganzen Rest, es könnte auch die Wellenlänge sein, auf der wir nach außerirdischen Übertragungen suchen sollten.

Mit dem Fortschreiten unserer Zivilisation haben sich auch die Austritte unserer Radiowellen reduziert. Digitale Übertragungen benötigen viel weniger Leistung, und wir verlegen uns darauf, Informationen über Glasfaserkabel zu übertragen. Nach nur 80 Jahren wird unsere Zivilisation im Radiobereich schon wieder ruhiger. In 100 weiteren Jahren sind wir vielleicht komplett still. Und weshalb sollte eine fortschrittliche Zivilisation überhaupt anderen Welten ihre Anwesenheit signalisieren wollen? Sie könnten recht damit haben, nicht gefunden werden zu wollen. Obwohl wir die Technologie haben, leistungsstarke Radiosignale zu übertragen, die unsere Existenz verkünden, wurden bis vor Kurzem nur ein paar wenige Nachrichten gesendet.

2013 allerdings begann ein Crowdfunding-Projekt, mit einem 30-Meter-Teleskop in Amerika eine kontinuierliche Nachricht auszustrahlen. Das Signal ist auf den Stern *Gliese 526* in 18 Lichtjahren Entfernung von der Erde gerichtet. Man kann sogar gegen Bezahlung eine kurze Textnachricht verschicken. Auf eine Antwort müsste man allerdings mindestens 36 Jahre warten. Manche Wissenschaftler sind der Ansicht, das diese Aktion leichtsinnig ist, da wir die Risiken nicht kennen. Oder hat etwa einer der Initiatoren den Rest des Planeten um Erlaubnis gefragt, möglicherweise feindlichen Außerirdischen unsere Existenz zu verkünden?

Zum Teil bin ich auch dieser Auffassung. Beweise für unsere Existenz an Außerirdische zu übermitteln könnte wirklich dumm sein. Wir kennen weder die technologischen Möglichkeiten noch die Absichten einer außerirdischen Zivilisation, die Millionen Jahre älter sein könnte als die unsere. Denken wir nur einmal an die technologischen Entwicklungen auf der Erde in den vergangenen 400 Jahren. Es fällt schwer, sich vorzustellen, was unsere Spezies in den nächsten 400 Jahren erreichen könnte, ganz zu schweigen von einer Million Jahren.

Unsere eigene Spezies zeigt eine krasse Gleichgültigkeit gegenüber anderem Leben auf der Erde. Tiere werden als Nahrungsmittel und für andere Zwecke auf brutalste Weise »geerntet«. Kriege zwischen Ländern oder religiösen Gruppen ziehen sich durch die gesamte Menschheitsgeschichte. Warum sollte eine außerirdische Spezies anders sein als wir? Sie könnte den Killerinstinkt eines Hyänenrudels haben, das auf der Suche nach neuen exotischen Nahrungsquellen von einem Planeten zum nächsten zieht. Wir denken, dass wir besonders sind, weil wir Bücher und das Internet haben und in Autos herumfahren. Aber unser Fortschritt könnte für Außerirdische so banal sein wie für uns eine Krähe, die mit einem Stöckchen nach Nahrung sucht.

Andererseits müsste eine Spezies, die Millionen Jahre überlebt hat und über eine Technologie verfügt, mit der sie die Sterne bereist, wohl irgendeine utopische Form des friedlichen Zusammenlebens erreicht haben. Um ein interstellares Raumschiff zu bauen, braucht es eine stabile Zivilisation – dazu sind enorme Ressourcen nötig und ein Maß an Kooperation, das sich bei Kriegsgefahr nicht erreichen lässt.

Wenn Außerirdische tatsächlich so weit entwickelt wären, wüssten sie allerdings bereits von uns. Es wäre nicht besonders schwierig, einen Radioempfänger zu bauen, der sich in unsere Frequenzen einwählen könnte. Außerirdische in unserer Nähe wissen vielleicht schon, wie rücksichtslos unsere Spezies sein kann. Der Eintrag im allerneusten Reiseführer *Per Anhalter durch die Galaxis* könnte auch lauten: »potenziell gefährlich, aber ziemlich nutzlos und vielleicht lecker«.

Wie viele Welten sind schon bewohnt?

1961 organisierte Frank Drake das erste internationale Astronomentreffen, bei dem es um die Suche nach außerirdischer Intelligenz ging. Als er sich auf das Treffen vorbereitete, schrieb er eine Gleichung nieder, die der Ermittlung der Anzahl von Zivilisationen in der Galaxie dienen sollte, mit denen wir kommunizieren könnten. Die *Drake-Gleichung* ist eine einfache Formel, die allerdings von einigen komplizierten Faktoren abhängt. Diese beinhalten die Zahl der habitablen Planeten, die Wahrscheinlichkeit, dass ein Planet Leben entwickelt, die Wahrscheinlichkeit, dass das Leben Intelligenz entwickelt, die Wahrscheinlichkeit, dass intelligentes Leben eine Technologie entwickelt, um im interstellaren Raum zu kommunizieren, und die Zeitdauer, während der intelligente Zivilisationen nachweisbare Signale aussenden.

Von all diesen Faktoren kann nur die Zahl der habitablen Planeten geschätzt werden. Und sogar das ist kompliziert, denn für die Bewohnbarkeit braucht es nicht nur einen Planeten in der Zone rund um einen Stern, wo es flüssiges Wasser geben kann. Die Habitabilität könnte auch davon abhängen, ob die Planeten eine Plattentektonik und schützende Magnetfelder haben. Über alle anderen Faktoren der Drake-Gleichung gibt es keine Einigkeit. In der Tat gibt es keine Möglichkeit, diese Faktoren verlässlich zu schätzen oder zu berechnen. Aufgrund unserer eigenen Existenz wissen wir, dass die Wahrscheinlichkeit für mit Radiowellen kommunizierendes Leben größer als null ist. Und damit hat es sich auch schon.

Das Ziel der Drake-Gleichung ist nicht, eine genaue Zahl auszuspucken. Vielmehr geht es darum, die Fantasie anzuregen. So könnte sich zum Beispiel das Leben auf einem Planeten so entwickelt haben, dass es auf andere Planeten weiterzieht oder das Leben in der gesamten Galaxie verbreitet. Dies ist kein Faktor in der Drake-Gleichung. Für alle anderen Faktoren kann man beliebige Werte einsetzen, je nachdem, ob man pessimistisch oder optimistisch veranlagt ist. Von besonderem Interesse für Astrobiologen ist die Frage nach der Wahrscheinlichkeit, dass sich Leben durch Abiogenese entwickelt.

Christiaan Huygens' Aussage, es sei absurd, dass sich Leben zufällig entwickelt, habe ich bereits erwähnt. Fast 300 Jahre später schrieb Fred Hoyle 1981 in der Zeitschrift *Nature*: *»Die Wahrscheinlichkeit, dass höhere Lebensformen auf diese Weise entstanden sind, ist vergleichbar mit der Wahrscheinlichkeit, dass ein Tornado, der durch einen Schrottplatz fegt, aus den dort vorhandenen Materialien eine Boeing 747 zusammensetzt.«*[22]

Viele Wissenschaftler haben versucht, die Wahrscheinlichkeit zu berechnen, dass das Leben durch Abiogenese in einer Ursuppe entstanden ist. Und die meisten haben behauptet, dass die Wahrscheinlichkeit, dass das Leben aus zufälligen molekularen Interaktionen entsteht, so klein ist, dass es nicht ein einziges Mal im ganzen sichtbaren Universum passieren würde; nicht einmal bei 10^{22} Sternen mit habitablen Planeten.

Jede einzelne dieser Schätzungen zum Leben, das aus natürlichen Prozessen entsteht, ist falsch.

---

22 Fred Hoyle: *Hoyle on evolution. Nature*, Vol. 294, No. 5837 (12. November 1981), S. 105

Die Wahrscheinlichkeit, dass sich Leben aus Sternenstaub bildet, ist nicht bekannt. Es ist in der Tat unmöglich, sie zu schätzen. Das hat der Spekulation dennoch keinen Einhalt geboten und zu der falschen Annahme geführt, dass Leben durch Abiogenese statistisch gesehen äußerst unwahrscheinlich ist. Aber wie könnte sich Leben denn sonst entwickeln?! Von den unzähligen natürlichen Phänomenen, die wir einst für mysteriös hielten, hat bisher keines einer unnatürlichen Erklärung bedurft.

Ein Problem beim Versuch, die Wahrscheinlichkeit von Leben zu errechnen, ist, dass wir nicht alle Wege zu seiner Entstehung kennen. Es gibt zahlreiche unbekannte Polymere und chemische Interaktionen, die in einem breiten Spektrum von Umgebungen zur Anwendung kommen könnten. Ein weiteres Problem ist, dass der Effekt der natürlichen Auslese nicht kalkulierbar ist. Es ist, als wenn man versuchen würde, die Wahrscheinlichkeit zu berechnen, dass ein Tier mit Augen und einem Gehirn aus einer einzigen prokaryotischen Zelle entsteht. Diese Frage kann theoretisch nie beantwortet werden, denn die Aufgabe ist schlicht zu komplex, als dass wir sie lösen könnten. Es ist genauso falsch, die Wahrscheinlichkeit zu berechnen, dass eine Mischung mit den Grundbausteinen des Lebens in einem Einmachglas fest geschüttelt wird und daraus ein einzelnes Bakterium entsteht. Die Wahrscheinlichkeit einer zufälligen Organisation von einer Billion Molekülen in der Form einer lebenden Zelle ist tatsächlich vernachlässigbar.

Eine enorme Sequenz von Evolutionsschritten durch natürliche Auslese führte dazu, dass sich ein Mensch aus einem einzelligen Organismus entwickelte. Ähnliche Evolutionsprozesse können zu einem einzelligen Organismus führen, wenn einmal eine replizierende Struktur in der Ursuppe entstanden ist. Der letzte gemeinsame Vorfahr ist nicht plötzlich aufgetaucht. Es muss eine Sequenz von Evolutionsschritten gegeben haben, die zu immer mehr Komplexität führten. Die hypothetische RNS-Welt ist ein möglicher Weg zum letzten gemeinsamen Vorfahren. Und wir kennen nicht alle möglichen Wege – es könnte eine Vielzahl möglicher Wege zum letzten gemeinsamen Vorfahren geben, wodurch sich das Leben im Universum als sehr häufig erweisen würde.

Ich ziehe es vor, meine Schätzung, wie häufig das Leben im Universum ist, auf das kopernikanische Prinzip zu stützen. Setzt man voraus, dass es mindestens einen logischen Weg zum Leben gibt, dass unser Sonnensystem nichts Besonderes ist und dass unsere Erde nichts Besonderes ist, dann glaube ich, dass es das Leben nicht exklusiv auf der Erde geben kann. Leben auf Exoplaneten sollte häufig sein, und ich stelle mir eine Galaxie voll lebender Organismen vor, die verschiedene Ebenen der Komplexität und Intelligenz erreicht haben.

Drakes langjähriger Freund Ralph Branksy erinnert sich 2011 in einem Interview mit der Journalistin Danielle Venton an die gemeinsame Kindheit. Sie hätten zusammen Science-Fiction-Bücher gelesen und ihre Vorstellungen von Außerirdischen ausgetauscht. Branksy erzählt, wie sie mit einem ihrer technischen Schätze spielten, einem Glas mit Quecksilber: *»Ich erinnere mich, wie wir das Glas schüttelten, und die kleinen Metallbällchen wirbelten durch die Luft, so wie Planeten um das Sonnensystem rotieren. Wir fragten uns, ob Lebensformen und Zivilisationen entstehen und in Vergessenheit geraten wurden, wenn das Quecksilber wieder zu Boden fiele.«*

Ebenso wie die Science-Fiction Drake inspirierte, inspirierte Drake die Science-Fiction. 1964 schickte ein gewisser Gene Roddenberry ein Drehbuch für eine Fernsehserie an die Produktionsfirma Desilu. Die erste Seite umschreibt das Genre als Science-Fiction und erläutert den möglichen Inhalt einiger Episoden. Die zweite Seite beginnt so: *»STAR TREK bietet eine schier unendliche Zahl an aufregenden Science-*

Fiction-Geschichten, allesamt geeignet für das Fernsehen. Wie?
Astronomen drücken es so aus: ...« Es folgt eine kompliziert aussehende Gleichung – die komplett erfunden war, da Roddenberry keinen Zugang zu Drakes echter Gleichung hatte! Dennoch fährt er auf die gleiche Weise fort und erklärt, dass das Universum von intelligentem Leben mit einer sozialen Evolution ähnlich der unseren erfüllt sein müsse.

Roddenberry hatte nicht besonders viel Ahnung von Astrophysik – er schreibt, dass die durchschnittliche Galaxie 10^{34} Sterne enthalte – 23 Größenordnungen zu viel! Aber seine Idee überzeugte die Produzenten, und die Serie debütierte 1966 und lief drei Staffeln lang.

Star Trek zeigte oft Technologien, die aus damaliger Sicht wissenschaftlich unmöglich schienen. So benutzte die Crew der Enterprise zum Beispiel einen Transporter, um sich an verschiedene Orte beamen zu lassen. Roddenberry gab zu, dass nur gebeamt wurde, um Geld zu sparen, denn Landemanöver mit Modellraumschiffen zu filmen war zu teuer. Aber Teleportation wäre eine praktische Art der Fortbewegung, solange es einem egal ist, für die Dauer der Informationsübertragung nicht zu existieren, und man das Vertrauen hat, dass der Körper Atom für Atom exakt rekonstruiert werden kann!

Quanten-Teleportation würde den perfekten Transfer von Informationen ermöglichen, und zum Glück kann sie nicht dazu verwendet werden, eine große Menge identischer Kopien zu machen. 1993 zeigten Wissenschaftler, dass perfekte Teleportation im Prinzip möglich ist; allerdings nur, wenn das ursprüngliche Objekt zerstört wird. Dies ist eine Konsequenz der Unschärferelation in der Quantenmechanik. Sie wurde verifiziert, als 2004 die erste Quanten-Teleportation atomarer Information vollbracht wurde.

Die Technologie, die man benötigt, um eine große Ansammlung von Molekülen zu teleportieren, liegt weit jenseits unserer derzeitigen Möglichkeiten. Aber es ist keineswegs unmöglich. Eine weitere zukünftige Technologie, die Roddenberry sich vorstellte, waren in der Hand gehaltene »Kommunikatoren«, die es den Crewmitgliedern erlaubten, miteinander zu sprechen, wenn sie auf einer Mission waren. Roddenberry glaubte damals, wir seien noch Jahrhunderte von einer solchen Technologie entfernt. Der amerikanische Ingenieur Martin Cooper sagt, *Star Trek* habe seine Arbeit am ersten Mobiltelefon stimuliert. 1973 leitete er ein Entwicklungsteam der Firma Motorola, welches das erste tragbare Kommunikationsgerät entwickeln sollte. Es wog etwa ein Kilo und war 25 Zentimeter lang. Doch bereits in den 90er-Jahren hatten Mobiltelefone die Größe der Kommunikatoren in *Star Trek* und imitierten deren aufklappbares Design.

In *Star Trek* und in vielen Science-Fiction-Filmen sieht man physikalische Sachverhalte, die unerreichbar erscheinen. Das ist auch in Ordnung, denn wir wollen uns ja nicht langweilen, weil die Sternenschiffe Jahre brauchen, bis sie ihr Ziel erreichen. Und vielleicht werden Physiker eines Tages tatsächlich eine Technologie entwickeln, die Reisen jenseits der Lichtgeschwindigkeit mit einem Warpantrieb, der den Raum krümmt, möglich macht. Immerhin haben wir ja eigentlich gar keine Ahnung, was der Raum überhaupt ist. Ich habe nichts dagegen, dass sich die Science-Fiction in die Sphären unbekannter Physik begibt. Es irritiert mich allerdings sehr, wenn bekannte Physik falsch angewendet wird oder eine Handlung die wissenschaftlichen Grundlagen nicht respektiert. So sind zum Beispiel im Weltraum Explosionen lautlos und Laserstrahlen unsichtbar, Raumschiffe würden nicht aussehen wie Boote, die auf einem zweidimensionalen Meer schwimmen, und nicht alle Außerirdischen würden aussehen wie Menschen mit einer prominenten Stirnpartie. Auch wenn einige Elemente aus *Star Trek* in den Bereich der Fantasy gehören, ist es eine visionäre Serie, die zahllose Wissenschaftler und Nichtwissenschaftler gleichermaßen inspirierte. Auch viele spätere Weltraumabenteuer wurden durch *Star Trek* inspiriert. Der Regisseur George Lucas sagte 2010 im Dokumentarfilm *Trek Nation*, dass *Star Trek* die Unterhaltungsindustrie weichgeklopft habe, sodass sein später folgendes *Star Wars* darauf habe aufbauen können. Und mit *Star Wars* kamen die interstellaren Kriege, der Todesstern und eine weitere Planeten-Zerstörungswelle in die Science-Fiction.

Kann die Erde zerstört werden?

In *Star Maker* schreibt Olaf Stapledon über die unausweichlichen interplanetaren Kriege, welche die Atomenergie nach sich ziehen würde:

»Es folgten Kriege, wie es sie in unserer Galaxie noch nie gegeben hatte. Flotten von Welten, natürlichen wie künstlichen, manövrierten zwischen den Sternen umher, um einander zu überlisten, und zerstörten einander mit Langstrecken-Strahlen aus subatomarer Energie. Während die Gezeiten des Kampfes durchs All hin und her schwappten, wurden ganze Planetensysteme ausgelöscht.«

Mitte des 20. Jahrhunderts wurde die Zerstörung von Planeten durch Außerirdische zum beliebten Thema. Inspiriert durch das Aufkommen der Raumfahrtprogramme, Nuklearwaffen und einen exponentiellen Anstieg der Ufo-Sichtungen, begann in der Science-Fiction eine neue Ära von außerirdischen Kriegen und der Eroberung des Alls.

Der Tag, an dem die Erde stillstand (The Day the Earth Stood Still) ist ein Film aus dem Jahr 1951, der von einer 1940 veröffentlichten Kurzgeschichte des amerikanischen Autors Harry Bates inspiriert war. Er handelt davon, dass Außerirdische, die erfahren haben, dass die Menschheit Nuklearwaffen entwickelt hat, auf der Erde landen und die Menschen ermahnen, friedlich zu sein. Den Erdlingen wird gesagt, dass ihr Planet zu Asche gemacht werde, wenn sie es wagen sollten, ihre Gewalt in den Weltraum auszudehnen. Die Entscheidung liege ganz bei ihnen, und man erwarte eine Antwort.

In einem meiner persönlichen Lieblingsbücher, *Per Anhalter durch die Galaxis*, ereilt die Erde ein besonders schreckliches Ende. Sie wird von der vogonischen Raumflotte komplett zerstört, um Platz für eine Hyperraum-Expressroute zu schaffen. Und wie wir im ersten Kapitel anhand des Todessterns gelernt haben, könnte ein enormes Raumschiff bis ins Herz unseres Sonnensystems vordringen, ohne dass wir es merken würden.

Ist es angesichts dessen, was wir über die Physik wissen, möglich, eine Waffe zu bauen, die Planeten zerstören kann? Müssen wir uns über die Fähigkeiten fortschrittlicher außerirdischer Zivilisationen Sorgen machen? Immerhin ist unsere Erde eine riesige Kugel aus Gestein und Eisen mit einer Masse von 5 972 000 000 000 000 000 000 Tonnen. Es ist wirklich schwierig, ein solches Objekt zu zerstören. Aber es ist nicht unmöglich.

Um einen Liter Wasser zehn Zentimeter über den Boden zu heben, braucht es etwa ein Joule. Um ein Kilogramm von der Erdoberfläche ins All zu befördern, braucht es etwa 100 Millionen Joule. Um die ganze Masse der Erde auseinanderzubrechen und ins All zu katapultieren, braucht es daher etwa 10^{32} Joule. Das entspricht der Energie, die die Sonne in einer Woche erzeugt.

Energie produziert man am effizientesten mit Antimaterie. Antimaterie sind Partikel, die im Vergleich zu normaler Materie gewisse gegensätzliche Eigenschaften haben. Werden die beiden Arten von Materie zusammengebracht, löschen sie sich gegenseitig aus und erzeugen dabei pure

Energie. Ein Gramm Antimaterie würde etwa gleich viel Energie freisetzen wie eine Atombombe. Aber die Herstellung von Antimaterie ist ein sehr teurer Prozess. Mithilfe eines Partikelbeschleunigers kann eine winzige Menge hergestellt werden, und dafür benötigt man mehr Energie, als diese Antimaterie enthält. Aber es gibt in unserer Galaxie natürliche Quellen, wo man Antimaterie aufsammeln könnte, zum Beispiel im Schutt einer Supernova. Um die Erde zu zerstören, benötigt man etwa eine Billion Tonnen Antimaterie. Diese könnte in einer Magnetfeldsphäre von 10 Kilometern Durchmesser aufbewahrt werden. Nicht unmöglich, aber doch sehr teuer und unglaublich schwierig.

Einfacher wäre es, einen Großteil des Lebens auf der Erde auszulöschen. Das könnten wir bereits jetzt mit dem Atom-Arsenal auf unserem Planeten bewerkstelligen. Uns feindlich gesinnte Außerirdische könnten es bevorzugen, stattdessen die Oberfläche unseres Planeten in ein Vakuum zu verwandeln, indem sie die Atmosphäre der Erde wegblasen. Ein Laserstrahl von einem Zetawatt mit Fusionsantrieb könnte das in 24 Stunden schaffen. Er bräuchte jedoch dafür 100 Millionen Tonnen Deuterium als Treibstoff.

Es wäre sehr schwierig, absichtlich alles Leben auf der Erde auszulöschen. Tief im Gestein gibt es Mikroorganismen, die ohne Sauerstoff oder eine Atmosphäre überleben, und manche einfachen Arten würden in den Ozeanen oder in der Nähe von Hydrothermalquellen überleben.

Invasionen von Außerirdischen, die es auf die natürlichen Ressourcen der Erde abgesehen haben, sind ein beliebtes Thema in der Science-Fiction. Der Film *Independence Day* aus dem Jahr 1996 dreht sich um eine Rasse von raumfahrenden Kreaturen, die von einem Planeten zum nächsten reisen und die natürlichen Ressourcen verschlingen. Ihr Mutterschiff misst 550 Kilometer und versteckt sich hinter dem Mond, von wo aus es mehrere Zerstörer auf unsere

Oberfläche schickt, um unsere Städte zu vernichten. Im ersten Kapitel habe ich bereits erwähnt, wie schwierig es wäre, ein Raumschiff in der Größe des Todessterns oder des Mutterschiffs aus *Independence Day* zu entdecken. Ein Zerstörer von zehn Kilometern Durchmesser würde wahrscheinlich nicht bemerkt, bevor er in unsere Atmosphäre eintritt und unsere Radaranlagen seine enormen Reflektionen auffangen.

Mit einem nur diesem Zweck gewidmeten Satellitennetzwerk könnten wir das Sonnensystem und den Raum darüber hinaus in alle Richtungen überwachen. Infrarot- und optische Teleskope könnten für die Suche nach sich nähernden Asteroiden oder außerirdischen Raumschiffen eingesetzt werden. Ein Schiff von der Größe des Todessterns könnte so Monate vor seiner Ankunft entdeckt werden. Der Infrarotbereich enthüllt besonders viel, denn in diesem könnte man die lebenserhaltenden Maßnahmen und Energiesysteme des Raumschiffs aufspüren – außer natürlich, die Außerirdischen sind Roboter oder bis zu ihrer Ankunft in Stasis. Überschüssige Wärmeenergie würde die Temperatur des Raumschiffes über jene der eisigen Asteroiden ansteigen lassen. Im Vergleich zu den dunklen, kalten Asteroiden im äußeren Sonnensystem würde das Schiff glühen wie Holzkohle.

Was würde die Menschheit tun, wenn sich ein außerirdisches Raumschiff der Erde nähert? In unserem Sonnensystem könnte es sich nicht schneller als mit einem Tausendstel Lichtgeschwindigkeit fortbewegen. Und auch bei dieser Geschwindigkeit würde der Einschlag eines kleinen Meteoriden noch immer immense Schäden verursachen. Es würde ein paar Wochen dauern, bevor die Außerirdischen auf der Erde ankommen, also könnten wir versuchen, auf Radiofrequenzen oder mit optischen Laserimpulsen eine Nachricht zu senden. Aber was würden wir tun, wenn keine Antwort kommt?

Planetare Verteidigungssysteme

Sollten wir davon ausgehen, dass unsere Besucher freundlich sind und darauf waren, sie zu begrüßen? Vielleicht haben sie die Reise in unser Sonnensystem unternommen, um sich mit eigenen Augen von dem Leben zu überzeugen, dass sie von Weitem wahrnehmen konnten. Eine neugierige außerirdische Spezies hätte auf jeden Fall ein Raumschiff mit der nötigen Technologie, um unseren Planeten zu analysieren und studieren, während es sich nähert. Aber hätte es auch die passende Technologie, um uns ein Antwortsignal zu senden? Vielleicht kommunizieren sie auf so fortschrittliche Weise, dass wir ihre Technologie noch nicht kennen. Und sogar wenn wir eine Nachricht erhielten, stellt sich wieder die Frage: Würden wir sie auch verstehen?

Es wäre vielleicht schlauer, zuerst zu schießen und dann die Trümmer aufzusammeln, um daraus ihre Technologie wiederherzustellen und für eine Invasion gewappnet zu sein. Aber konventionelle Waffen sind nicht dafür entworfen, die Umlaufbahn der Erde zu verlassen. Und sogar wenn sie es täten, hätten sie wohl keine Chance, ein außerirdisches Raumschiff zu beschädigen, das wahrscheinlich viel zu schnell unterwegs ist. Daher schlage ich den Bau einer Weltraumwaffe vor, die jedes sich nähernde Raumschiff in Staub auflösen kann, sogar wenn dieses so weit von uns entfernt ist wie der Mars.

Wir sollten die Sonne mit 100 umlaufenden Parabolspiegeln von einem Kilometer Durchmesser umgeben. Sie könnten alle von der Erde aus kontrolliert werden, um das Sonnenlicht in eine Richtung zu lenken. Die Sonnenenergie, die pro Quadratmeter in einer Sekunde auf die Erde trifft, beträgt 1400 Joule. Die kürzeste Distanz zur Sonne, in welcher wir die Spiegel positionieren könnten, beträgt etwa ein

Zehntel der Distanz zwischen Erde und Sonne. Die Temperatur würde dort 500 Grad Celsius betragen.

In dieser Distanz zur Sonne ist die Intensität des Sonnenlichts hundertmal höher als auf der Erde. Die 75 Millionen Quadratmeter Sonnenlicht, die von den Spiegeln reflektiert werden, würden ständig eine Energie von über 10^{13} Joule pro Sekunde liefern. Das entspricht dem heutigen Energieverbrauch unseres gesamten Planeten. Jeder einzelne Spiegel würde eine höhere Energiemenge reflektieren, als jedes Kraftwerk auf der Erde heute generieren kann. Es ist nur sehr wenig Energie nötig, um diese Spiegel ins innere Sonnensystem zu befördern. Der Photonendruck der Sonne könnte dazu verwendet werden, die Segel auf die Sonne zuzusteuern; so wie ein Boot, das im Wind kreuzt.

Die Spiegel wären aus einem leichten, mit Gold überzogenen Material, das im Weltraum entfaltet werden kann. Die goldene, der Sonne zugewandte Seite würde über 98 Prozent des Sonnenlichts reflektieren. Aber nicht einmal Gold reflektiert alle Photonen – es absorbiert fast alles Licht mit einer kürzeren Wellenlänge als Blau/Violett, weshalb Gold auch seine charakteristische Farbe hat. Die verbleibenden zwei Prozent werden als Hitze absorbiert, welche schnell abgeleitet werden muss, damit die Spiegel nicht schmelzen. Die Spiegel könnten ihre Form auf Wunsch anpassen, um so das Licht auf einen bestimmten Punkt im All zu fokussieren.

In der Entfernung des Mars hätte der Strahl eines jeden dieser Spiegel einen Durchmesser von hundert Metern. Licht ist die schnellste Waffe, die es gibt. Der Strahl würde in etwa 12 Minuten den Mars erreichen. Um eine Tonne Gestein oder Stahl zu schmelzen braucht man etwa eine Milliarde Joule. Eine solche Waffe könnte innert Sekunden dicke Stahlwände einschmelzen und ein 100 Meter großes Loch in ein sich näherndes Raumschiff bohren.

Es ist eine gefährliche Waffe. Sie könnte dazu verwendet werden, auf der Erde ganze Städte einzuschmelzen! Aber sie könnte auch verwendet werden, um Energie auf Umwandler für Solarenergie zu lenken und so Strom zu erzeugen, oder um große Asteroiden zu zerstören, die sich auf Kollisionskurs mit der Erde befinden.

Aber nun mal im Ernst, was würden wir tun?

Wir sollten uns wohl besser nicht einer außerirdischen Spezies in den Weg stellen, welche die Reise von einem anderen Stern zu uns auf sich genommen hat. Immerhin sind sie uns allein schon dadurch weit überlegen, dass sie die Fähigkeit haben, diese Reise zu machen. Und denken Sie nur einmal daran, was wir von einander lernen könnten. Ob die Szenarien in *Star Wars* und *Star Trek* nun realistisch sind oder nicht – das langfristige Ziel der Menschheit sollte es sein, die Galaxie zu erforschen. Aber was würden wir finden, wenn wir dann endlich diese Reise zu den Sternen antreten? Wie wäre es wohl, dieses außerirdische Leben?

Kapitel 9

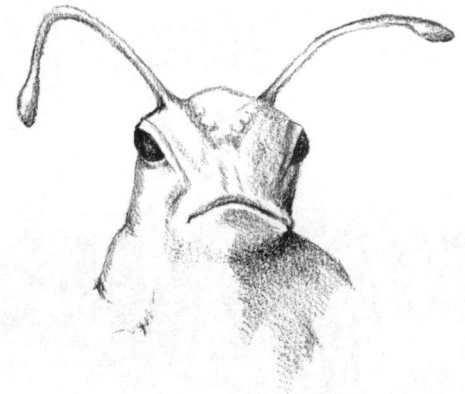

AUSSERIRDISCHE ANATOMIE

Die Kreaturen auf unserer Erde weisen eine schillernde Vielfalt von Fähigkeiten und Eigenschaften auf. Wer hätte vorhersehen können, dass Lebewesen fliegen oder die Farbe ihrer Haut nach Belieben ändern können? Wie hätte man sich ausmalen sollen, dass das Leben die Fähigkeit erlangen könnte, mithilfe von Magnetfeldern zu navigieren und über elektrische Felder zu kommunizieren? Obwohl das Leben auf einem einzigen Planeten bei Weitem nicht alle möglichen biologischen Prozesse oder genetischen Variationen erkunden kann, hat das Leben auf der Erde doch einige Kreaturen hervorgebracht, die man auch außerirdisch nennen könnte!

Das irdische Leben hat erstaunliche Eigenschaften entwickelt – aber könnte es sich noch weiterentwickeln? Welche Eigenschaften hat die Evolution ausgelassen, und was könnten die Besonderheiten eines Außerirdischen sein? Wie weit gehen die Möglichkeiten außerirdischer Gestalten, wenn man die uns bekannten, durch Physik und Biologie gegebenen Rahmenbedingungen berücksichtigt?

Ein lebendes Gebilde ist das ultimative Beispiel eines selbstorganisierten, komplexen Systems – ein Phänomen, das eine Raffinesse und ein Verhalten aufweist, die weit über die Möglichkeiten seiner einzelnen Bestandteile hinausgehen. Lebende Kreaturen sind das Unglaublichste im bekannten Universum – aber sie sind trotzdem nicht mehr als eine Ansammlung von Atomen und Molekülen, die sich entsprechend den Gesetzen der Physik bewegen.

Aufgrund dieses Wissens allein könnten wir die Entstehung des Lebens in all seiner Komplexität und Vielfalt nicht vorhersehen. Es ist einfach eine zu unüberschaubare Aufgabe, um die Lösung errechnen zu können. Aber die organisierte Ansammlung von Molekülen, aus denen ein lebendes Ding besteht, wird durch die Grundlagen der Energetik und Kräfte wie die Schwerkraft eingeschränkt. Die Fähigkeiten und Eigenschaften des Lebens ermöglichen sein Fortbestehen und Gedeihen in seiner Umgebung. Diese Umgebungen können sich stark unterscheiden, und es gibt eine enorme Zahl an Verbindungen und Polymeren, die Organismen aufbauen und manipulieren könnten, um ihren Erfolg zu sichern.

Wie man sich einen Außerirdischen vorstellt, ist ziemlich entlarvend. Welches Bild haben Sie spontan vor sich? Ich vermute, dass es ein bilaterales Lebewesen mit vier Gliedmaßen ist, dessen Stirnpartie und Augen zu groß geraten sind. Diese anthropische Projektion unserer eigenen Merkmale auf die Physiologie von Außerirdischen war und ist ein bestimmendes Leitbild in Literatur und Film. Die Filme *Unheimliche Begegnung der dritten Art (Close Encounters of the Third Kind, 1977)* und *E.T. – Der Außerirdische (E.T. the Extra-Terrestrial, 1982)* mögen zum Teil dafür verantwortlich sein.

Wir sollten vorsichtig sein, wenn wir über die Eigenschaften außerirdischen Lebens spekulieren, denn unsere Spekulationen werden zwangsläufig von den Eigenschaften des Lebens, mit dem wir vertraut sind, beeinflusst. Aber angesichts der bemerkenswerten Fähigkeiten des Lebens, das wir kennen, sollten wir uns daran erinnern, dass manchmal Unerwartetes und Unwahrscheinliches auftreten kann. Lassen wir die Vorsicht für einmal beiseite – was können wir über die außerirdische Gestalt und Anatomie sagen? Wie würden Außerirdische tatsächlich aussehen?

Die Welt wahrnehmen

Die Tatsache, dass das Leben sich auf der molekularen Ebene abspielt, eröffnet eine enorme Bandbreite an Möglichkeiten, wenn es um das Aussehen und die Eigenschaften von Organismen geht. Wir wissen inzwischen, dass sich das Leben auf einer fremden Welt unter ganz anderen Bedingungen abspielen könnte als hier auf der Erde. Es könnte sogar auf anderen Elementen und chemischen Reaktionen basieren. Da aber die Evolution durch natürliche Auslese angetrieben wird, gibt es wahrscheinlich dennoch einige gemeinsame Merkmale, die für das Leben auf allen Planeten von Vorteil sind. Wir können so einiges erfahren, wenn wir uns damit auseinandersetzen, was physikalisch möglich ist, und wenn wir lernen, wie das Leben auf der Erde sich seiner äußeren Umgebung angepasst hat.

Es gibt eine beschränkte Anzahl an Möglichkeiten, wie eine Kreatur die Welt um sich herum wahrnehmen kann. Organismen konstruieren ein zusammengesetztes Bild ihrer unmittelbaren Umgebung, indem sie physikalische Variablen wie Temperatur, Druck, Bewegung, Beschleunigung, Photonenintensität und Energie, magnetische Felder oder elektrische Felder wahrnehmen. Über Sinne wie den Geschmacks- oder Geruchssinn kann das Leben auch die molekulare Struktur von Substanzen, mit denen es in Kontakt kommt, wahrnehmen. Und durch Ausprobieren wird sich das Leben anpassen und den optimalen Weg finden, Variationen in diesen Bereichen wahrzunehmen. Ein Molekül oder ein Photon kann ausreichen, um eine Reaktion im Nervensystem einer Kreatur hervorzurufen. Das Leben könnte nicht viel mehr erreichen als dies.

Organismen mit einem logischen Gehirn können auch auf physikalisch wichtige Größen wie Masse, Dichte, Relativbewegung, Distanz und das Vergehen der Zeit schließen.

Es gibt auch Phänomene in unserem Universum, welche Lebewesen nicht wahrnehmen können, zum Beispiel gravitative Wellen, dunkle Materie oder Neutrinos. Das ist nicht überraschend, denn eine Kenntnis dieser Dinge würde dem Leben auf einem Planten keinen offensichtlichen Nutzen bieten.

Hinsichtlich zusätzlicher Sinne kann außerirdisches Leben nicht viel mehr erreichen als das, was das Leben auf der Erde bereits erreicht hat. Fast alle Wege, eine physikalische Umgebung zu quantifizieren, haben sich in vielen Zweigen des Lebens auf unserem Planeten unabhängig voneinander entwickelt. Dies deutet darauf hin, dass Sinne keine seltene Erscheinung sind, sondern Eigenschaften, die Organismen über Millionen von Generationen leicht erwerben.

Es gibt keinen Grund, weshalb außerirdisches Leben nicht die gleichen Fähigkeiten erlangt haben sollte, auch wenn deren Umsetzung vielleicht ganz anders ist als auf der Erde. Dennoch könnte es einige unglaubliche evolutionäre Verbesserungen in außerirdischem Leben geben, und es gibt mindestens einen wichtigen Sinn, den das Leben auf der Erde verpasst hat. Dazu später mehr.

Eine der elegantesten sensorischen Entwicklungen ist das Auge. Es ist beispielhaft für ein unglaublich komplexes Organ und verschafft einen so großen Vorteil, dass die verschiedenen Zweige des Lebens mannigfaltige Varianten und Strategien hervorgebracht haben, um Licht wahrzunehmen. Augen gibt es in verschiedenen Stufen der Differenzierung und Komplexität und in zahlreichen verschiedenen Spezies verteilt über Zeitalter und Orte.

Als ich mir überlegte, ob eine außerirdische Spezies Augen mit der Funktionsweise von Teleskopen entwickelt haben könnte, entdeckte ich, dass es auf der Erde bereits Arten mit dieser Fähigkeit gibt. Manche Ruderfußkrebse (*Copepoda*) – winzige Krebse, die einen Teil des Zooplanktons ausmachen – haben zwei weit auseinander liegende Linsen, die dazu verwendet werden können, weit entfernte Objekte zu vergrößern. Es gibt sogar Tiere wie den Tiefseefisch *Dolichopteryx longipes*, die Sekundäraugen mit einem reflektierenden Spiegel statt einer Refraktionslinse entwickelt haben. Diese Augen sind mit einer Schicht aus reflektierenden organischen Kristallen überzogen, die Licht auf die zweite Netzhaut werfen.

Die Lichtempfindlichkeit (Photosensibilität) entwickelte sich in Prokaryoten mit lichtsensiblen Proteinen, die Tag und Nacht unterscheiden konnten. Wenn die Sonne untergegangen ist, gehen manche Arten der photosynthetischen Cyanobakterien automatisch von der Glukoseproduktion dazu über, Zellbestandteile aufzubauen. Dies wird von drei Proteinen zustande gebracht, deren Aktivität an den natürlichen Zyklus von Tag und Nacht gebunden ist. Dieser sogenannte *zirkadiane Rhythmus* ist Teil des genetischen Codes der Bakterien.

Ein Auge, das wie eine Kamera die Details der Welt auflöst, macht ohne ein Gehirn, das diese Details interpretieren und eine Reaktion auslösen kann, wenig Sinn. Ebenso wenig hätte ein Gehirn ohne zu interpretierende Sinne einen Nutzen. Wir haben bereits erfahren, dass sogar einzellige Bakterien gewisse Sinne haben, um ihre Umwelt wahrzunehmen. Diese arbeiten unabhängig voneinander aufgrund direkter chemischer Reaktionen. Nerven und Nervensysteme entwickelten sich in mehrzelligen Kreaturen, um die Reaktionen auf äußere Reize zu kontrollieren.

Ebenso wie sich Augen aus Fotorezeptoren-Zellen entwickelten, die lichtsensible Proteine enthalten, entwickelte sich das Gehirn aus elektrosensiblen Zellen namens Neuronen. Im Anschluss an den letzten gemeinsamen Vorfahren der Tiere entwickelten die Zweige des Lebens verschiedene Arten, Neuronen zu verwenden und daraus ihre sensorischen Nervensysteme zu bilden. Leben, das sich im Laufe der Evolution früher abgespalten hat, hatte mehr Zeit, alternative Richtungen zu erforschen.

Der Krake ist eine uralte Spezies aus der Klasse der Kopffüßler. Er hat eine bilaterale Gestalt, aber zwei zusätzliche Kiemenherzen, um den Blutkreislauf zu gewähren. Die Wege der Kopffüßler und der Säugertiere trennten sich weit unten im Stammbaum des Lebens. Obwohl beide ein Gehirn haben, haben Kopffüßler daneben auch dichte, dezentralisierte neuronale Netze, die über ihren Körper verteilt sind. Es ist nur wenig darüber bekannt, wie das Gehirn von Kraken funktioniert, aber sie sind auf jeden Fall intelligente Kreaturen.

Anders als bei einem Säugetier sind bei einem Kraken über die Hälfte seiner Neuronen in seinen acht Armen verteilt, und jeder Arm kann seine Bewegungen unabhängig vom Gehirn kontrollieren. Diese Struktur macht es Kraken möglich, durch sich schnell ändernde Muster in ihrer Körperfarbe miteinander zu kommunizieren – ein verteiltes Netzwerk kann diese psychedelisch anmutenden Farbwechsel synchronisieren. Durch sein ausgebreitetes, dichtes Netzwerk kann der Krake schmecken, was er anfasst, und seine Körperfarbe augenblicklich dem anpassen, was er sieht!

Außerirdisches Leben sollte Sinnesorgane haben, die dazu dienen, jede physikalische Größe wahrzunehmen, die erkennbar ist und einen evolutionären Vorteil verschafft. Da es viele Möglichkeiten gibt, solche fundamentalen physikalischen Größen wahrzunehmen, könnte außerirdisches Leben für die Ausformung seiner Sinne ganz andere Wege gefunden haben. Im nächsten Kapitel werden wir erfahren, dass außerirdische Sinne ganz anders abgestimmt sein könnten als unsere. Daran sollten wir uns erinnern, falls wir je ihre Kunst sehen oder ihre Musik hören!

Sind Außerirdische symmetrisch?

Bei der körperlichen Gestalt außerirdischen Lebens können wir unserer Fantasie freien Lauf lassen. Die eine Eigenschaft aber, die allem mobilen Leben gemein sein sollte, ist die Symmetrie. Denn Symmetrie erlaubt eine bessere Kontrolle über die Bewegungen.

Im 17. Jahrhundert ging Huygens davon aus, dass außerirdisches Leben dem auf der Erde sehr ähnlich sei. Die intelligentesten Wesen, die er in *Cosmotheoros* beschreibt, sind den Menschen ähnlich – symmetrische Kreaturen mit zwei Armen und zwei Beinen und einem großen Kopf mit Augen. Obwohl seither dreihundert Jahre vergangen sind, hat sich an diesem vorherrschenden Bild von Außerirdischen nicht viel geändert. Wir wissen anhand des Lebens auf der Erde, dass es eine viel größere Vielfalt gibt, dass aber die Symmetrie eine Gemeinsamkeit ist. Fast alles Leben auf der Erde, das mobil ist, ist entlang einer oder mehrerer Achsen symmetrisch.

Symmetrie schafft Balance, ob nun für eine schwimmende, eine rennende oder eine fliegende Kreatur. Symmetrie ist keine Bedingung für außerirdisches Leben, aber sie gibt Kreaturen, die sich bewegen können, Stabilität. Asymmetrische Kreaturen hätten es schwer, ihre Stabilität aufrechtzuerhalten, wenn sie sich bewegen. Stationäres Leben wie eine Pflanze oder ein Baum ist nicht streng symmetrisch, aber sein Schwerpunkt befindet sich direkt über seinen Wurzeln. Ein Baum steuert seine Wachstumsgeschwindigkeit und -richtung mittels Proteinhormonen derart, dass er so viel Sonnenlicht wie nur möglich nutzen kann. Pflanzen haben ebenso wie Tiere als Reaktion auf ihre Umgebung ihre Eigenschaften optimiert.

Unsere bilaterale Symmetrie etablierte sich von einer halben Milliarde Jahren mit dem letzten gemeinsamen Vorfahren – einer bilateralen, wurmähnlichen Kreatur. Unser Design und das grundlegende Design aller Wirbeltiere ist ein Überbleibsel unserer Evolution von den Fischen, und dieses Design wird sich in der nahen Zukunft nicht ändern. Hat sich ein Design im Laufe der Entwicklung einmal durchgesetzt, kann es für die Evolution schwer werden, es gegen etwas neues einzutauschen. Aufgrund des gemeinsamen Vorfahren haben alle Tiere die gleiche Grundstruktur mit vier Gliedmaßen. Es gibt über 5000 verschiedene Arten von Säugetieren, welche eine Klasse innerhalb der acht Millionen Arten im Reich der Tiere bilden. Alle Säugetiere haben im Grunde denselben Knochensatz; der hauptsächliche Unterschied zwischen den Arten liegt in ihrer Größe und Form.

Aufgrund der Symmetrie haben Tiere immer eine gerade Anzahl Gliedmaßen, obwohl sich an den Enden der Gliedmaßen unter Umständen eine ungerade Zahl von Anhängseln findet. Es ist nicht bekannt, weshalb Menschen an einer Hand fünf Finger und an einem Fuß fünf Zehen haben, denn fünf ist nicht unbedingt besser als vier oder sechs. Vielleicht ist dies die Erklärung: Fünf Finger stellten eine harmlose Mutation dar, welche die Kreaturen eines Zweigs des Lebens beibehielten. Weil vier oder sechs Finger am Ende eines Arms keinen überlebenswichtigen Vorteil gegenüber Kreaturen mit fünf Fingern darstellen, gab es keinen Grund, weshalb eine Art mit einer Mutation, die zu fünf Fingern führte, hätte aussterben sollen.

Wir würden vielleicht eine symmetrische Zahl von Organen bevorzugen, zwei Herzen zum Beispiel. Aber ein Herz scheint auszureichen, und es ist alles, was uns über unsere genetische Linie vererbt worden ist. Organe und Körperteile werden von verschiedenen Genen angeordnet, die kontrollieren, welche Zellen an welcher Stelle dominant oder aktiv werden. So tragen beispielsweise alle Tiere das

Gen *PAX6* in sich, das steuert, wo sich in einem Organismus die Augen bilden.

Gravitative Grenzen für das Leben

Das Design eines außerirdischen Körpers wird den Bedingungen auf seiner Welt angepasst sein. Aber es gibt in der Ausformung auch Einschränkungen, die durch die Schwerkraft und den Energiebedarf gegeben sind. Wie groß könnte eine Kreatur sein, bevor die Schwerkraft sie davon abhält, sich zu bewegen, oder gar ihre Struktur zerquetscht?

Die maximale Größe von Kreaturen ist durch die Stärke der Schwerkraft auf ihrem Planeten begrenzt. Einer der kleinsten Exoplaneten ist *Kepler-37b*. Er ist nicht viel größer als unser Mond, und seine Schwerkraft liegt bei einem Fünftel von jener der Erde. Die größten Exoplaneten aus Gestein haben über zehnmal die Masse der Erde und eine mehr als dreimal stärkere Schwerkraft. Man stelle sich vor, wie schwierig es wäre, auf einem Planeten, der dreimal die Anziehungskraft der Erde hat – wodurch wir das dreifache Gewicht hätten –, aufzustehen oder zu laufen.

Flache Kreaturen können beliebig wachsen. Aber für Kreaturen mit Beinen gibt es eine maximale Größe und Höhe. Das Volumen und Gewicht eines Körpers nehmen etwa im Quadrat zu seiner Größe zu. Verdoppelt man die Größe einer Kreatur, nimmt dadurch ihr Gewicht um das Achtfache zu, und ihre Knochen und Muskeln werden doppelt so dick. Aber die Festigkeit eines Knochens nimmt nur im Quadrat zu seinem Durchmesser zu. Daher nimmt das Maximalgewicht, welches ein Knochen aushalten könnte, nur um das Vierfache zu.

Während Kreaturen schwerer werden, wird der Durchmesser ihrer Knochen nicht schnell genug größer, um das

Gewicht kompensieren zu können. An einem gewissen Punkt wird die Skelettstruktur brechen, egal ob sie aus Knochen oder aus Eisen besteht. Die absolute Maximalmasse, die Tieren mit Knochen durch die Schwerkraft der Erde gesetzt ist, liegt bei etwa 1000 Tonnen. Eines der größten Tiere, das je auf der Erde gelebt hat, der Dinosaurier *Argentinosaurus*, wog etwa 100 Tonnen – was unter der Grenze liegt, die durch die Stärke der Knochen gegeben wäre.

Aber könnte ein 1000-Tonnen-Tier überhaupt genug Energie generieren, um aufzustehen und sich zu bewegen? Der *Argentinosaurus* war bis zu 30 Meter lang, hatte einen Hals von zehn Metern und seinen Schwerpunkt etwa sieben Meter über dem Boden. Allein um aufzustehen, musste er 100 Tonnen sieben Meter hochheben. Wenn er lief, bewegte sich sein Schwerpunkt etwa einen halben Meter auf und ab. Die Energie, die eine Kreatur benötigt, um aufzustehen oder zu gehen, verhält sich proportional zu ihrer Masse und der Stärke der Schwerkraft auf ihrem Planeten.

Die zur Verfügung stehende Energie in Form von ATP-Molekülen verhält sich proportional zur Anzahl der Zellen. Wenn die Anzahl der Zellen in einer Kreatur proportional zu ihrem Volumen ansteigt, sollten größere Kreaturen genug Energie haben, sich ebenso schnell zu bewegen wie kleine Kreaturen.

1932 erforschte der Schweizer Biologe Max Kleiber das Verhältnis zwischen der Größe eines Tieres und seiner Energieproduktion. Es stellte sich heraus, dass zwischen Größe und Stoffwechselrate kein genaues Eins-zu-eins-Verhältnis vorliegt. Größere Kreaturen bilden im Verhältnis zu ihrer Größe weniger Energie als kleine Kreaturen. Große Organismen müssen ein Überhitzen vermeiden, weil sie nicht so schnell abkühlen wie kleine Organismen. Das liegt daran, dass die Menge der Wärmeenergie in einem Objekt sich proportional zu seinem Volumen, aber die Geschwindigkeit, in welcher Wärme von einem Objekt abgestrahlt wird, sich proportional zu seiner Oberfläche verhält.

Zu schwer zum Gehen

Weil die verfügbare Energie nicht proportional zur Masse ansteigt, wird eine große Kreatur ab einem gewissen Punkt nicht mehr genug Energie haben, um aufzustehen, sich zu bewegen oder zu fliegen. Extrem große Kreaturen hätten nicht genug Energie, um sich schnell zu bewegen; daher ist es unwahrscheinlich, dass sie Raubtiere wären. Wir könnten einfach vor ihnen davonlaufen. Groß und langsam zu sein ist nicht unbedingt ein evolutionärer Vorteil.

Die Energie, die ein *Argentinosaurus* benötigte, um aufzustehen oder zehn Schritte zu gehen, liegt bei etwa 10 Millionen Joule, oder 2000 Kalorien. Geht man nach Kleibers Gesetz, konnte ein *Argentinosaurus* pro Tag nicht mehr als etwa 100 Schritte gehen. Und eine zehnmal so große Kreatur könnte nicht einmal aufstehen. Eine Kreatur von 1000 Tonnen wäre nicht nur so groß, dass ihre Knochen brächen, sie könnte nicht einmal genug Energie generieren, um sich zu bewegen. Der *Argentinosaurus* war sehr nahe an der Maximalgröße für eine Kreatur auf der Erde.

Es gibt noch ein weiteres Problem, wenn man zu groß ist: Jede mehrzellige Kreatur muss Nährstoffe über ein Kreislaufsystem im Körper verteilen. Und es ist schwierig, Nährstoffe weit nach oben zu pumpen – der Blutdruck wird sehr hoch. Daher ist das Herz einer Giraffe zehnmal so groß wie das Herz eines Menschen. Das Herz einer Giraffe hat die maximale Größe für ein funktionierendes Herz. Es ist nicht wirklich klar, wie die Kreislaufsysteme noch größerer Kreaturen wie der Dinosaurier funktionierten.

Filme mit riesigen Insekten waren im 20. Jahrhundert ein

beliebtes Thema. Es begann 1954 mit dem Film *Formicula (Them!)*, in welchem eine riesige, durch Strahlung mutierte Ameisenart auf der Erde ein Chaos verursacht. Allerdings ist es nicht weise, Kreaturen einfach maßstäblich zu vergrößern. Bei einer Ameise in der Größe eines Menschen würden die Beine einbrechen. Dies kommt daher, dass kleine Kreaturen eine ganz andere Körperstruktur haben als große Kreaturen. Eine kleine Kreatur braucht keine besonders kräftigen Beine, auf denen sie stehen kann. Je größer eine Kreatur ist, desto mehr entspricht der Bau ihres Körpers dem Bedürfnis nach mehr Stärke und Stützkraft.

Sogar mehrzellige Organismen, die sich nicht bewegen, benötigen ein Kreislaufsystem, um Nährstoffe in ihre Strukturen zu bringen. Ein Baum muss Nährstoffe von seinen Wurzeln zu seinen Blättern befördern. Eine Kombination aus Osmose, Kapillarwirkung und dem Verdunsten von Wasser in den Blättern leistet dies autonom.

Die Schwerkraft bestimmt die maximale Höhe einer Wassersäule. Auf der Erde kann ein Baum nicht höher wachsen als 140 Meter. Das Wachstum der Bäume wird kaum durch Raubtiere eingeschränkt. Dennoch wachsen nur sehr wenige Arten so hoch. Dies lässt darauf schließen, dass Größe wohl auch für stationäre Organismen kein besonderer Vorteil ist.

Die niedrige Schwerkraft auf einem Exoplaneten wie *Kepler-37b* würde sich auch in der Gestalt des Lebens auf seiner Oberfläche zeigen. Bäume könnten einen halben Kilometer in die Höhe wachsen, ameisenartige Kreaturen könnten tatsächlich die Größe eines Menschen erreichen, mit spindeldürren Beinen, auf denen riesige Körper ruhen und Hälsen, die bis zu 30 Meter lang wären. Auf einem massereichen Planeten würde das Leben ganz anders aussehen. Kreaturen hätten stärkere Exoskelette, um sie vor Verletzungen zu schützen, wenn sie hinfallen, und lange, flache Kreaturen wie Krokodile und Tausendfüßler würden das Land beherrschen.

Könnten Pferde fliegen?

Die Flugfähigkeit ist eine weitere bemerkenswerte evolutionäre Errungenschaft, die sich mehrfach und in verschiedenen Arten jeweils eigenständig entwickelt hat. Die Physik des Fliegens ist kompliziert, aber die Fähigkeit dazu hängt nur von wenigen Faktoren ab. Damit eine Kreatur fliegt, muss die Auftriebskraft größer sein als die Schwerkraft, die nach unten zieht. Der vertikale Auftrieb wächst im Quadrat zur Geschwindigkeit. Wenn eine Kreatur also schnell genug rennen oder hüpfen kann, kann sie die Schwerkraft überwinden und sich selbst in die Luft befördern. Die maximale Größe einer fliegenden Kreatur wird durch ihre Masse und Geometrie bestimmt, sowie durch die Luftdichte und die Schwerkraft des Planeten.

In einer dichteren Atmosphäre fällt das Fliegen leichter, denn die Auftriebskraft ist größer und man benötigt weniger Energie, um abzuheben. Allerdings nimmt mit der Dichte auch der Luftwiderstand zu, also bleibt kein großer Vorteil, sobald eine Kreatur einmal in der Luft ist. Darum gefällt es Vögeln auf 10000 Metern Höhe ebenso gut wie auf Meereshöhe. Solange es genug Sauerstoff gibt und solange ihre Flügel schnell genug schlagen, um die Vorwärtsbewegung zu erhalten, ist alles in Ordnung.

Die größten fliegenden Vögel sind heute Kondore und Albatrosse. Sie haben eine Flügelspanne von bis zu drei Metern und wiegen etwa 10 Kilogramm. Pterosaurier waren fliegende Reptilien, die vor 228 bis 66 Millionen Jahren lebten. Die größte Art hatte eine Flügelspanne von über zehn Metern und wog etwa 100 Kilogramm. Pterosaurier waren vierbeinige, echsenähnliche Kreaturen mit sehr kräftigen Hinterbeinen. So konnten sie genug Geschwindigkeit aufbauen, um ihre riesigen Körper und Flügel in die Luft zu befördern.

Um die doppelte Masse aufzuheben, benötigt man die doppelte Energie. Aber aufgrund von Kleibers Gesetz kann eine massereiche Kreatur ab einem gewissen Punkt nicht mehr genug Energie aufbringen, um zu fliegen. Auf der Erde liegt die Grenze bei rund 100 Kilogramm. Kleine Planeten mit niedriger Schwerkraft und dichten Atmosphären hätten die größten fliegenden Kreaturen. Bei gleicher Atmosphäre wie auf der Erde könnten auf *Kepler-37b* fliegende Kreaturen fünfmal so groß sein wie ein Pterosaurier und so schwer wie ein Pferd.

Laufende Bäume

Fliegen benötigt mehr Energie als Gehen, und Gehen benötigt mehr Energie als Schwimmen. Im Wasser zu leben benötigt am wenigsten Energie, es ist also ziemlich verwunderlich, dass Kreaturen sich die Mühe gemacht haben, den Ozean zu verlassen und auf dem Land zu leben! Aber jene Organismen, die ihren Energieverbrauch am besten optimiert haben, sind Pflanzen und Bäume, denn sie bewegen sich nicht und sie denken nicht.

In J.R.R. Tolkien's dreibändigem Epos *Der Herr der Ringe* (*The Lord of the Rings,* 1954) sind die *Ents* uralte, weise Kreaturen, die aussehen wie Bäume, aber laufen können. Ist es außerhalb der Fantasiewelt von Mittelerde tatsächlich denkbar, dass ein Organismus in der Art eines Tieres einen Großteil seiner Energie aus Photosynthese beziehen könnte? Könnte die Glukoseproduktion aus der Photosynthese allein den Energiebedarf einer tierähnlichen Kreatur befriedigen?

Die Energie aus Sonnenlicht, die auf unsere Atmosphäre trifft, beträgt etwa 1400 Joule pro Quadratmeter. Nehmen wir einmal an, dass 70 Prozent dieser Energie den Boden erreichen und dass photosynthetische Organismen eine Effizienz von etwa drei Prozent haben. Ein zehn Meter großer Baum könnte etwa drei Tonnen wiegen, und das Blattwerk würde eine Oberfläche von etwa 100 Quadratmetern liefern. Bei acht Stunden maximaler Sonnenbestrahlung würde der Baum etwa 100 Millionen Joule an nutzbarer Energie generieren. Das sind etwa 24000 Kalorien, was sich mit dem Energiebedarf eines drei Tonnen schweren Elefanten vergleichen lässt. Und ein Elefant muss über 100 Kilogramm Gras essen, um die gleiche Menge an Energie zu gewinnen.

Ein Baum generiert also tatsächlich eine ähnliche Menge an Energie durch Photosynthese, wie sie ein Tier vergleichbarer Masse für den Antrieb all seiner Fähigkeiten benötigt. Kreaturen wie Ents könnten durch Photosynthese genug Energie erhalten, um sich fortzubewegen und zu denken.

Das umgekehrte Szenario ist allerdings nicht möglich. Die Oberfläche eines Tieres wäre nicht groß genug, um seinen Energiebedarf allein durch Photosynthese zu decken. Ein Tier vom Gewicht eines Menschen hat zur Sonnenlichtaufnahme etwa eine Oberfläche von einem Quadratmeter zur Verfügung. An einem Tag mit acht Stunden maximaler Sonneneinstrahlung könnte unsere Haut rund eine Million Joule an Energie sammeln. Das ist nur etwa ein Zehntel unseres täglichen Energiebedarfs. Eine Baumkrone mit etwa zehn Quadratmetern Blattfläche oder eine vergleichbare Anordnung photosynthetischer Zellen könnten einen Menschen antreiben. Das ist dann allerdings doch ein ziemlich großes Gebilde, das man mit sich herumtragen müsste!

Der Energiebedarf von Pflanzen ist deutlich kleiner als der eines Tieres, weil Pflanzen sich nicht bewegen oder denken müssen. Pflanzen sind unter den mehrzelligen lebenden

Organismen am effizientesten. Dies ist einer der Gründe dafür, dass das Verspeisen von Tieren ziemlich verschwenderisch ist. Man benötigt mehrere Tausend Kilogramm photosynthetischer Organismen in Form von Biomasse, bis daraus ein heterotrophes Tier von 100 Kilogramm entstanden ist.

Die Anatomie der Tribbles

Evolutionäre Entwicklungen geschehen zufällig, und es kann mehrere Millionen Jahre dauern, bis sich etwas verändert. Viele mögliche Konfigurationen des Lebens auf der Erde haben sich nie entwickelt. Dass es auf der Erde auf Zellen und der DNS basiert, führt zu grundsätzlichen Einschränkungen hinsichtlich der Geschwindigkeit, mit der sich Kreaturen fortpflanzen und wachsen können. Dies hat wiederum einen Einfluss auf die Häufigkeit von Mutationen bei einer Spezies.

Alle Säugetiere benötigen etwa 24 Stunden für die Replikation einer einzigen Zelle. Dies führt zu einer Trächtigkeit von möglicherweise vielen Monaten. Man geht davon aus, dass die Zellreplikation bei Säugetieren durch ihre zirkadianen Rhythmen mit dem natürlichen 24-Stunden-Rhythmus verbunden ist. Könnte sich, wenn unser Reproduktionszyklus mit dem 24-Stunden-Tag verbunden ist, außerirdisches Leben auf einem schneller drehenden Planeten oder bei dauerndem Tageslicht schneller vermehren als das Leben auf der Erde und so eine größere Vielfalt erkunden?

Ein Beispiel für eine mögliche außerirdische Biochemie ist ein *Tribble*, der niedlichste Außerirdische, der je erfunden wurde. Tribbles sind kleine, ballförmige Kreaturen mit langem, weichem Pelz, die in der *Star-Trek*-Episode *Kennen Sie Tribbles? (The Trouble with Tribbles)* aus dem Jahr 1967 vorkommen. Sie lassen sich gerne streicheln und geben dabei wohlige Laute von sich, ähnlich wie eine Katze. Obwohl sie so harmlos aussehen, sind sie eine Gefahr für andere Lebewesen, denn sie vermehren sich rasend schnell und konsumieren dabei eine exponenziell zunehmende Menge an Nahrung. Commander Spock errechnet in der Episode, dass aus einem Tribble innerhalb von drei Tagen 1771561 weitere entstehen. Dank dieser Information kann ich abschätzen, dass sich Tribbles mindestens einmal in drei Stunden reproduzieren!

Gehen wir einmal davon aus, dass ein Tribble aus 100 Gramm ultrafeinem Haar besteht, weicher als das eines Vicuña-Lamas, welches einen mehrzelligen Körper von ebenfalls rund 100 Gramm umgibt. Das typische Gewicht einer einzelnen eukaryotischen Zelle beträgt ein Milliardstel Gramm. Wenn ein Tribble-Körper einem Tierkörper ähnelt, besteht jedes Tribble aus etwa 100 Milliarden Zellen. Dies ist eine vernünftige Annahme, denn ein Tribble reagiert auf Berührung, also hat es ein Nervensystem. Es muss ein Gehirn haben, welches Vergnügen erkennt und den Mechanismus für das Ausstoßen wohliger Laute steuert.

Das Tempo der Zellteilung ist durch die Geschwindigkeit, mit welcher der genetische Code kopiert werden kann, begrenzt. DNS-Polymerasen kopieren DNS mit einer Geschwindigkeit von etwa 100 Basenpaaren pro Sekunde. Bei diesem Tempo würde es viele Jahre dauern, um die drei Milliarden Basenpaare menschlicher DNS zu kopieren, aber es gibt in jeder Zelle Zehntausende von DNS-Polymerasen, die gleichzeitig kopieren. Im Prinzip könnte die menschliche DNS in einer Stunde kopiert werden, aber die eukaryotischen Zellen von Säugetieren benötigen etwa 24 Stunden, um sich zu teilen. Bei diesem Tempo können aus einer Zelle in einem Monat eine Milliarde Zellen entstehen. Eine eukaryotische Kreatur, die aus 100 Milliarden Zellen besteht, hätte also normalerweise eine Trächtigkeitsdauer von etwa fünf Wochen.

Haar besteht aus einem Proteinmolekül namens Keratin, welches etwa 10^{-19} Gramm wiegt. Ein Tribble-Pelz müsste also aus 10^{21} Keratinmolekülen bestehen. Der genetische Code für Keratin ist etwa 50000 Basenpaare lang, welche eine Sequenz von 400 Aminosäuren spezifizieren. Das Protein wird von Ribosomen konstruiert, welche etwa 20 Aminosäuren pro Sekunde zusammensetzen. Jede Zelle kann Zehntausende von Ribosomen haben, die simultan arbeiten und theoretisch mehrere Tausend Proteinmoleküle pro Sekunde zusammensetzen könnten. Das klingt fast unglaublich, aber es ist dennoch nicht schnell genug, um in drei Stunden den Pelz eines Tribble entstehen zu lassen.

Wenn Tribbles ähnliche Zellen haben wie Eukaryoten, dann würde es etwa zwei Monate dauern, um ihren Pelz zu bilden. Um sich in drei Stunden zu replizieren, müsste ein Tribble das Tempo für die Zellteilung auf fünf Minuten hochschrauben und die Geschwindigkeit der Proteinproduktion um den Faktor 100 beschleunigen. Dazu bräuchte es das Hundertfache an Polymerasen und Ribosomen in einer Zelle. Aber wenn sich mehr Moleküle in einer Zelle drängen, wird dadurch die Geschwindigkeit, in der sich chemische Interaktionen abspielen, abnehmen.

Die physikalische Geschwindigkeit, mit der DNS kopiert und Proteine zusammengesetzt werden können, wird durch das Tempo, in dem sich molekulare Bausteine in der Zelle bewegen, kontrolliert. Wenn die Zelle zu voll ist, stoßen die Moleküle auf ihren Wegen dauernd aneinander. Dies beeinflusst die Lieferzeit von Molekülen und bestimmt das Tempo, in dem Leben wachsen und sich vermehren kann.

Tribbles könnten zwar möglich sein, aber sie kommen eindeutig nicht von der Erde. Sie müssen außerirdische Zelleigenschaften haben, welche über fortschrittliche Mechanismen für einen schnellen Transport von molekularen Bausteinen verfügen.

Meiner Meinung nach sind die einzigen Eigenschaften, die außerirdisches Leben mit irdischem gemein haben müsste, die Fähigkeiten zur Speicherung, Verarbeitung und Übertragung von Information. Auf der Erde speichert die DNS den genetischen Code, während die RNS und ihre Enzyme die Verarbeitung und die Übertragung dieser Information übernehmen. Die meisten anderen Eigenschaften des Lebens erfüllen lediglich den Zweck, den genetischen Code zu verbreiten. Außerirdisches Leben könnte für seine »Bedienungsanleitung« ein anderes Polymer als die DNS verwenden und andere Strukturen haben, die den Aufbau dieses Polymers ermöglichen.

Außerirdisches Leben muss zwar nicht die gleiche molekulare Struktur verwenden wie das Leben auf der Erde, um seine Erbanlagen zu übertragen, aber es muss sie irgendwie übertragen, und Moleküle sind das einzige Speichermedium, das ihm zur Verfügung steht. Biologen haben verschiedene künstliche Alternativen zur DNS konstruiert, indem sie zum Beispiel andere Zuckermoleküle oder neue Nukleinbasen hinzufügten. Im Prinzip könnte fast jedes Polymer dazu verwendet werden, Informationen zu speichern. Die Anordnung von Molekülsequenzen könnte ebenso einen Code darstellen wie die Nukleotidstufen der DNS. Aber während DNS-ähnliche Strukturen wie ein Reißverschluss geöffnet werden können, sodass jede Seite eine Hälfte einer neuen Kopie darstellt, müsste eine einzelne Polymerkette komplett neu kopiert werden.

Prometheus

Sollten wir jemals einen Außerirdischen treffen, wäre ich überrascht, wenn dieser Außerirdische für die Speicherung seines genetischen Codes die gleichen Moleküle und Mechanismen nutzt wie das Leben auf der Erde. Im Film *Prometheus – Dunkle Zeichen* von Ridley Scott aus dem Jahr 2012 wird eine mögliche genetische Verwandtschaft zwischen Menschen und Außerirdischen thematisiert.

Prometheus ist die Vorgeschichte zu den vier *Alien*-Filmen desselben Regisseurs. Der Film beginnt damit, dass ein Außerirdischer über einem Wasserfall steht, während im Hintergrund ein Raumschiff abhebt. Der Außerirdische sieht einem Menschen sehr ähnlich. Er trinkt eine Substanz, die seinen Körper auflöst, und seine DNS verteilt sich im Ökosystem der Erde. Er ist der »Konstrukteur«, der sein Leben opfert, um auf der Erde neues Leben zu säen. In der Zukunft finden irdische Astronauten auf einem fernen Planeten Hinweise auf die Konstrukteure und entdecken, dass die menschliche DNS mit jener der Außerirdischen übereinstimmt.

Es ist durchaus möglich, dass das Leben vor vier Milliarden Jahren von einer vorbeischauenden außerirdischen Zivilisation absichtlich oder unabsichtlich auf der Erde gesät wurde. Eine robotische Raumsonde hätte Mikroben auf die Oberfläche der Erde bringen können, oder vielleicht verunreinigten außerirdische Astronauten absichtlich die Ozeane mit ihren Bakterien und ihrer DNS. Aber diese DNS würde hier nicht alle Schritte der Evolution durchlaufen und am Ende eine Art hervorbringen, die den Außerirdischen gleicht, welche ihre Saat ausbrachten.

Wenn allerdings tatsächlich Außerirdische das Leben auf der Erde säten, hätten wir eine gemeinsame Biochemie. Wir würden die gleichen Arten von Aminosäuren verwenden,

und die Buchstaben des genetischen Codes würden über-
einstimmen. Wir wären in der Lage, unsere entfernten Verwandten als solche zu erkennen. Aber wir würden unseren
außerirdischen Schöpfern nicht ähnlich sehen.

Das Äußere von komplexem Leben auf einem Planeten
hängt von vielen Faktoren ab. Diese Faktoren können sich
ändern und so die Evolution des Lebens beeinflussen. Stellen Sie sich vor, wir würden absichtlich einen bewohnbaren Exoplaneten mit *E.coli*-Bakterien kontaminieren. Dies
könnte zu einer Vielfalt des Lebens führen, wie wir sie auf
der Erde kennen. Aber das Äußere der komplexen mehrzelligen Organismen, die daraus entstehen könnten, hätte
keine offensichtliche Ähnlichkeit mit einem Menschen.

Gigers *Alien*

Das *Alien*, das vom Schweizer Künstler Hansruedi Giger für
den gleichnamigen Film aus dem Jahr 1979 geschaffen
wurde, ist eine mörderische Kreatur, deren einziges Ziel
darin besteht, ihre eigene Art zu verbreiten und alles Leben
zu zerstören, welches sich ihr in den Weg stellen könnte.
Wie in einer Kolonie von Wespen oder Ameisen brütet eine
Alien-Königin eine Klasse von Kriegern aus. Der biologische Lebenszyklus des *Aliens* beinhaltet die Implantation von
parasitären Larven in lebende Kreaturen. Die Larve wächst
zum *Alien* heran und bricht durch die Brust des unglücks-
seligen Wirts. Giger stellte sich das *Alien* als vage menschen-
ähnlich vor, aber eingeschlossen in eine Art biologischer
Rüstung.

Bis sich solch raubtierhaftes Verhalten auf der Erde entwickelt hatte, dauerte es mehrere Milliarden Jahre. Frühe
sich reproduzierende Organismen nutzten Sonnenlicht und
chemische Reaktionen, um den Kohlenstoff im Kohlendi-

oxid zur Energiespeicherung und für den Aufbau zu verwenden. Es gab keine Raubtiere, die dem Leben anderer Organismen ein Ende setzten, um die auf Kohlenstoff basierenden Moleküle in ihrem Inneren zu rauben. Etwa 50 Millionen Jahre nach dem Einsetzen der kambrischen Revolution entwickelten sich in aalähnlichen Kreaturen namens Conodonten die ersten scharfen Zähne.

Während einzellige Organismen fast die gesamte biochemische Vielfalt der Erde darstellen, repräsentiert mehrzelliges Leben fast die gesamte strukturelle und morphologische Vielfalt. *Prädation* (räuberisches Verhalten) könnte bei der Entstehung dieser Vielfalt eine wichtige Rolle gespielt haben, da Kreaturen Verteidigungs- und Angriffsmechanismen entwickelten. Außerirdische könnten auf jeden Fall Prädatoren sein, aber wie fortschrittlich und gefährlich könnten sie sein?

Könnten Außerirdische ein Metallskelett haben?

Die Skelettstrukturen von Tieren bestehen aus einem Verbundmaterial, welches seinerseits aus einem bemerkenswert starken Protein namens Kollagen und einem anorganischen, auf Kalzium basierenden Material besteht. Die Knochenmatrix bildet sich um untereinander verbundene Zellgruppen namens Osteoblasten. Knochen haben eine eindrückliche Struktur; sehr stark für ihr Gewicht und flexibel. Und ein gebrochener Knochen kann sich selbst heilen. Es gibt aber Metalllegierungen und Komposite aus Kohlenstofffasern, die bei gleichem Gewicht und gleicher Größe zehnmal stärker und flexibler als Knochen sind. Warum haben sich keine Tiere entwickelt, die ihre Körper so verstärken?

Organismen nutzen Mineralien wie Eisen für viele Zwecke, und es gibt keinen Grund, weshalb metallische Verbindungen nicht in ihrer Struktur Verwendung finden sollten. Die Industrie produziert die meisten Metalle, indem sie Gestein schmilzt, das reich an Elementen wie Kupfer oder Eisen ist. Dies verlangt Temperaturen von über 1000 Grad Celsius. Aber die molekulare Zellmaschinerie erledigt den Aufbau von unten nach oben, Atom für Atom, Molekül für Molekül. Und Zellen können dies in einem Temperaturbereich von minus 30 bis plus 130 Grad Celsius ausführen. Die Aktivierungsenergie für die Oxidation und Reduktion von Eisen kann durch ATP-Moleküle erreicht werden, und fast alle Organismen oxidieren und reduzieren ständig Eisen für viele verschiedene Zwecke.

Es gibt einige Beispiele für Kreaturen, die signifikante Mengen an harten, metallischen Materialien verwenden. Der Schuppenfuß-Gastropode *Crysomallon squamiferum* ist eine Tiefseeschnecke, die 2001 in unmittelbarer Nähe einer Hydrothermalquelle entdeckt wurde. Ihr einzelner Fuß ist mit Eisensulfiden und Pyrit gepanzert. Er sieht tatsächlich aus wie ein Panzer mit vielen Metallplatten. Und dies ist nicht der einzige Teil ihres Körpers, der gut geschützt ist. Auch ihr Gehäuse hat eine harte Außenschicht aus Eisen.

Käferschnecken (*Polyplacophora*) sind im Meer lebende Stachelweichtiere, die erstmals vor rund 400 Millionen Jahren auftraten. Die vielen Zähne auf ihrer Raspelzunge bestehen aus eisen- und kalziumhaltigen Biomineralien, einschließlich eines sehr harten Eisenoxids namens Magnetit (Fe_3O_4). Magnetit kommt in vielen elektronischen Geräten zum Einsatz und wird bei hohen Temperaturen und unter hohem Druck hergestellt. Käferschnecken stellen Eisenoxid bei Raumtemperatur her. Sie verwenden dafür das Eisen in dem mit Algen überzogenen Gestein, das sie fressen.

Es wird davon ausgegangen, dass einige Organismen winzige Mengen Magnetit zur Orientierung nutzen. Magnetotaktische Bakterien, Honigbienen und Haustauben können das magnetische Feld der Erde wahrnehmen, obwohl nicht ganz klar ist, wie sie dies bewerkstelligen.

Leben auf anderen Welten könnte Milliarden von Jahren älter sein als unseres. Über die Generationen wird dieses Leben viele verschiedene Pfade der Evolution und viele Optimierungen erfasst haben. Gigers *Alien* mit seiner Körperrüstung und den körpereigenen Waffen, die härter sind als Stahl, ist sicherlich eine Kreatur, die man sich als Bewohner mancher Welten in unserer Galaxie vorstellen könnte. Eine andere Eigenschaft von Gigers *Alien* ist übrigens seine blitzschnelle Reaktion. Aber wie schnell können die Reaktionen einer Kreatur sein?

Außerirdische Reaktionen

Es gibt einen einschränkenden Faktor für Kreaturen, deren Gliedmaßen sich weit entfernt vom Gehirn befinden. Wirbeltiere übertragen Informationen elektrochemisch über Nerven, die mit einem dichten neuronalen Netz verbunden sind – einem Gehirn. Die Informationen bewegen sich mit einer Geschwindigkeit von bis zu 100 Metern pro Sekunde fort.

Diese wenn auch geringe Verzögerung in der Informationsübertragung von unseren Sinnen zu unserem Gehirn führt zu einer minimalen Reaktionszeit von etwa zwei Zehntelsekunden. Insekten und kleine Tiere haben kürzere Reaktionszeiten, weil ihre Nervenendigungen näher an ihrem Gehirn liegen und sie eine höhere Stoffwechselrate haben. Wenn die Nervenendigung näher am Gehirn liegt, benötigt ein Signal weniger Zeit, bis es das Gehirn erreicht. Und wenn chemische Reaktionen schneller ablaufen, braucht die Nervenzelle weniger Zeit dafür, ein Signal zu aktivieren und zu übertragen.

Ich frage mich, warum das Leben nicht ein Nervensystem entwickelt hat, das Informationen über ein leitendes Material wie Drähte überträgt. Dies würde elektrische Signale mit Lichtgeschwindigkeit übertragen und die komplexe und langsame elektrochemische Signalübertragung überflüssig machen. Sollte außerirdisches Leben solche Eigenschaften haben, würden wir den Außerirdischen unglaublich dumm und langsam erscheinen. Ihre Reaktionszeit könnte Tausende Male schneller sein als die unsere. Sie könnten tatsächlich in der Lage sein, Kugeln so elegant auszuweichen, wie Neo es im Film *Die Matrix* (1999) tut. Neo verlangsamt in einer virtuellen Realität die Zeit. Kreaturen mit einer Reaktionszeit so schnell wie das Licht würden die Dinge in einer Geschwindigkeit wahrnehmen, die wir wohl extreme Zeitlupe nennen.

Um die Reaktionszeit zu verkürzen, könnte mittels Nanodrähten, die sich durch den gesamten Körper ziehen, ein schnelleres Kommunikationssystem aufgebaut werden. Dieses würde unsere Sinne direkt mit dem Gehirn verbinden. Im Jahr 2005 fand man Nanodrähte am Bakterium *Geobacter*, das in Böden und Sedimenten rund um den Globus häufig vorkommt. Von seiner Zellmembran gehen zahlreiche feine Drähte aus, die aus ringförmigen Aminosäuren bestehen. Forscher waren überrascht, dass diese biologischen Drähte elektrisch leitfähig sind und dazu verwendet werden Elektronen außerhalb der Zelle zu transportieren.

Geschehnisse mit Hochgeschwindigkeit wahrzunehmen und zu interpretieren würde ein ebenso schnelles Gehirn erfordern, welches die Information verarbeitet. Die Geschwindigkeit, mit der unser Gehirn arbeitet, ist auch beschränkt durch das Tempo, in dem sich Neuronen aktivieren und die Geschwindigkeit, in der ihr elektrisches Ausgabesignal an benachbarte Neuronen in unserem Gehirn übertragen wird. Neuronen sind komplexe Zellen – jede von ihnen enthält Billionen von Molekülen. Vielleicht könnten auch ihre Größe und ihre Geschwindigkeit optimiert werden.

Wie klein könnte ein intelligenter Außerirdischer sein?

In *Per Anhalter durch die Galaxis* überfällt eine außerirdische Spezies unsere Galaxie. Allerdings wird aufgrund einer schrecklichen Fehlberechnung die gesamte Flotte von einem kleinen Hund verschluckt. Doch lassen wir den Humor einmal beiseite und fragen wir uns: Ist ein mikroskopisch kleiner intelligenter Außerirdischer möglich?

Die kleinste bekannte Kreatur mit einem Gehirn ist *Megaphragma mymaripenne*, eine winzige fliegende Wespe, die gleich groß ist wie das größte Bakterium. Sie ist nur 0,2 Millimeter lang und hat Augen, Flügel, Muskeln und ein Gehirn, das groß genug ist, um den Flug zu kontrollieren. Das mikroskopische Gehirn dieser Wespe enthält nur 7400 Neuronen. Das ist beeindruckend, aber für Fähigkeiten, die wir als fortschrittlich bezeichnen würden, bräuchte es ein viel größeres neuronales Netz. Könnte ein fortschrittliches und optimiertes Gehirn mit einer Leistung des menschlichen Gehirns in so einen kleinen Körper passen?

Gehirne funktionieren ähnlich wie unsere digitalen Computer. Sequenzen von verbundenen Neuronen verhalten sich wie Logikgatter, vergleichbar mit Transistoren. Das Softwareprogramm, das den Computer steuert, hat ein komplett anderes Design als das Programm, welches unser Gehirn verwendet. Aber ebenso wie Supercomputer mit mehr Transistoren komplexere Berechnungen ermöglichen, erlaubt ein Gehirn mit einem größeren neuronalen Netz eine größere Komplexität in der Intelligenz und kann mehr Erinnerungen speichern.

Die Neuronendichte in einem menschlichen Gehirn kann bei bis zu 50 000 Neuronen pro Kubikmillimeter liegen, und jede dieser Nervenzellen kann sich mit bis zu 10 000 anderen nahe gelegenen Nervenzellen verbinden. Dieser Kubikmillimeter unseres Gehirns enthält etwa 10^{20} Atome. Im Prinzip könnten Gehirne viel kleiner sein, wenn nur ein paar Moleküle die gleichen Aufgaben erfüllen könnten wie eine Nervenzelle. Neuere Forschungsergebnisse zeigen, dass kleine Moleküle mit nur wenigen Atomen ein Logikgatter bilden, das zum Arbeiten nur sehr wenig Energie benötigt. Mit molekularen Logikgattern und leitenden biologischen Nanodrähten als Verbindung könnte ein Gehirn über tausend Mal kleiner sein.

Ein so optimiertes menschliches Gehirn würde in eine Sphäre von einem Zehntelmillimeter Durchmesser passen. Die kleinste intelligente, denkende Kreatur, mit der wir uns unterhalten könnten, wäre vielleicht so klein wie die mikroskopische *Megaphragma mymaripenne*. Schrumpft man das Gehirn auf eine solche Größe, nimmt dadurch die Geschwindigkeit zu, mit der Informationen verarbeitet werden. Molekulare Logikgatter können sich viel schneller ein- und ausschalten als eine komplexe Nervenzelle. Nervenzellen können Informationen mittels einer schnellen Sequenz von Spikes elektrischer Stromstärken senden und erreichen so etwa 20 Signale pro Sekunde. Die Geschwindigkeit, mit der ein Computer arbeitet, hängt von der Rate ab, mit der Signale durch seinen elektrischen Kreislauf geschickt werden. Moderne Hauptprozessoren arbeiten im Gigahertz-Bereich. Dies bedeutet, dass die Logikgatter sich pro Sekunde milliardenfach ein- und ausschalten.

Ein optimiertes außerirdisches Gehirn könnte schnelle Impulse elektrischer Stromstärken verwenden und diese über biologische Nanodrähte senden, die Billionen von molekularen Logikgattern verbinden. Ein hoch entwickeltes außerirdisches Gehirn könnte Tausend oder gar Millionen Mal schneller sein als das komplexe, auf Nervenzellen basierende System, welches das Leben auf der Erde entwickelt hat.

Wie würde die Welt für einen Außerirdischen mit einem solchen Gehirn aussehen? Stellen Sie sich vor, Sie machen ein Video mit einer Kamera, die pro Sekunde 30 000 Einzelbilder aufnimmt. Dann spielen Sie diesen Film in Zeitlupe ab, bei 30 Einzelbildern pro Sekunde. So würde die Welt einem Außerirdischen mit einem Gehirn und Netzwerk dieser Art erscheinen – vielleicht vergeht die Zeit nach seinem Empfinden tausendmal langsamer als für uns.

Eine Kugel, die aus 100 Metern Abstand auf Sie abgefeuert wird, benötigt etwa eine Zehntelsekunde, bis sie Sie erreicht. Das ist schneller als Ihre Reaktionszeit, und Sie könnten die Kugel nicht sehen, während sie auf Sie zukommt. Für ein besser ausgestattetes außerirdisches Gehirn, das eine schnelle Verbindung zu den Augen hat, würde es aussehen, als bräuchte diese Kugel über eine Minute für diese Strecke.

Könnten Außerirdische telepathisch sein?

Viele im Wasser lebende Kreaturen können elektrische Felder und Spannungsunterschiede generieren, für welche es interessante Verwendungszwecke gäbe. Auch dies ist wieder eine bemerkenswerte Anpassung des Lebens, die man wohl kaum vorausgesagt hätte. Spannung wird über spezielle Organe geschaffen, die ähnlich wie eine Batterie funktionieren. Die Präsenz eines elektrischen Feldes kann mit ähnlichen elektrosensiblen Organen erfühlt werden. Weil Wasser besser leitet als Luft, haben vor allem im Wasser lebende Kreaturen diese Fähigkeiten entwickelt.

Diese biologisch generierten elektrischen Felder werden zur Ortung, zur Navigation, zur Kommunikation und sogar als Waffen verwendet. Die Entladungen können in Stößen verschiedener Frequenzen und Amplituden ausgelöst werden, die unterschiedliche Bedeutungen übertragen können. Dieses Signal können wir weder hören noch sehen – also kommunizieren diese Tiere bereits telepathisch.

Die stationäre Ladung, welche diese Kreaturen anwenden, generiert ein elektrisches Feld, dessen Intensität mit zunehmender Distanz rapide abfällt. Dies bedeutet, dass die Reichweite, in welcher das Feld wahrgenommen werden kann, nicht mehr als ein paar Meter beträgt. Ein elektromagnetisches Feld oder eine Radiowelle ist ein Photonenstrom, der über viel weitere Distanzen wahrgenommen werden kann als ein elektrisches Feld. Er kann entstehen, wenn geladene Partikel vor- und zurückoszillieren.

Es braucht nicht allzu viel Fantasie, um sich vorzustellen, dass Kreaturen die Fähigkeit entwickeln könnten, elektromagnetische Strahlung in den Radiofrequenzen wahrzunehmen. 2005 bauten Forscher an der University of California in Berkeley mit einer Kohlenstoffnanoröhre den kleinsten Radioempfänger der Welt. Die Kohlenstoffnanoröhre vibriert im Einklang mit den Radiowellen tausend- bis millionenfach pro Sekunde. Wenn man sie mit einer winzigen elektrischen Stromquelle verbindet, funktioniert eine einzige Kohlenstoffnanoröhre als Antenne, Tuner, Verstärker und Demodulator für Radiosignale. In einem Standardradio sind dies separate Komponenten.

Falls Kohlenstoffnanoröhren jenseits dessen liegen, was ein Organismus konstruieren kann, gibt es in den Zellen auch existierende molekulare Strukturen, die verwendet werden könnten. Eukaryotische Zellen enthalten lange röhrenförmige Polymere namens Mikrotubuli, welche für diesen Zweck angepasst werden könnten. Diese molekularen

Röhren haben positiv und negativ geladene Enden, die es ihnen ermöglichen, in der Zelle Moleküle zu transportieren.

Radiosender und -empfänger nutzen die gleichen Schaltkreise. Es muss nicht unbedingt ein großer Schritt für das Leben sein, bis es einen Radiosender entwickelt hat, der ebenfalls aus nanoröhrenähnlichen Strukturen besteht. Forscher der Columbia Universtity konstruierten 2013 den kleinsten Radiosender der Welt mit einem nanoskaligen Stück Graphen. Es agiert als spannungsgesteuerter Oszillator (Schwingungserzeuger) und erzeugt ein frequenzmoduliertes Signal von etwa 100 Megahertz. Obwohl dies komplexe Anpassungen sind, sehe ich keinen Grund, weshalb das Leben keine telepathische Kommunikation mit einer Reichweite von mehreren Kilometern entwickeln könnte.

Telepathische Kommunikation hat sicherlich ihre Vorteile. Damit aber eine Kreatur die Fähigkeit entwickelt, Radiowellen wahrzunehmen, braucht es eine natürliche Emissionsquelle. Außerdem muss es einen evolutionären Vorteil darstellen, diese Emissionsquelle wahrzunehmen. Denn es hilft ja auch nicht, sprechen zu können, wenn es niemanden gibt, der zuhören kann. Hochfrequente Radioemissionen können aus verschiedenen natürlichen Quellen kommen, darunter die Sonne, die Galaxie, Blitzeinschläge oder Partikel, die mit dem Magnetfeld des Planeten interagieren.

Abgesehen von einigen grundlegenden Richtlinien zur Symmetrie, Größe und zum Energiehaushalt ist eigentlich alles möglich, was man sich vorstellen kann – solange es einen evolutionären Pfad zu diesem Muster oder dieser Eigenschaft gibt. Kreaturen mit Rädern sind allerdings ziemlich unwahrscheinlich. Der Grund dafür ist, dass die einzelnen komplexen Schritte, die zu einem Rad führen, nicht unbedingt alle einen evolutionären Vorteil bieten. Nur der vollendete Mechanismus könnte nützlich sein, aber die Schritte hin zu seiner Vollendung sind es vielleicht nicht. Obwohl es unter den Kreaturen auf der Erde immer wieder Überraschendes zu entdecken gibt: 2013 stellten Forscher fest, dass die Echte Käferzikade (*Issus coleoptratus*) an ihren Hinterbeinen ineinandergreifende Verzahnungen – ähnlich wie ein Zahnrad – hat, die es ihr ermöglichen, ihren Absprung zu koordinieren.

Sollten wir je auf Außerirdische treffen, schockiert uns vielleicht ihr Aussehen. Wahrscheinlich gleichen sie überhaupt nicht den Wirbeltieren, die wir hier auf der Erde als intelligent ansehen. Aber unsere Aufmerksamkeit würde sich schnell auch auf ihr Verhalten richten. Wie könnte eine außerirdische Zivilisation und Gesellschaft aussehen? Erfreuen Außerirdische sich an Kunst und Musik, und träumen sie davon, die Galaxie zu erforschen?

Kapitel 10

LEBEN DA DRAUSSEN ZWISCHEN DEN STERNEN

Wir haben es weit gebracht in der Erforschung des Lebens auf der Erde und da draußen. Während des vergangenen Jahrhunderts hat sich unser Horizont entscheidend erweitert. Wir haben die mikroskopischen Dimensionen der Welt und die kosmischen des Universums um uns herum untersucht. Wir wissen einiges über die molekulare Funktionsweise des Lebens und haben unseren Platz im Universum ziemlich genau definiert. Das ist eine enorme Leistung für einen Abkömmling der Fische. Könnten andere Verwandte dieses frühen Lebens Ähnliches erreichen?

Es gibt noch viel darüber zu erfahren, wie das Leben und das Universum funktionieren. Vor uns liegen aufregende Entdeckungen! Vielleicht bricht die Menschheit eines Tages zu einer spannenden Reise auf, die den Träumen einer utopischen Zukunft aus der Science-Fiction folgt. Das wäre eine großartige Leistung – Leben dort draußen zu entdecken und das All jenseits unseres Mondes zu erforschen. Aber wären wir dabei vielleicht nur primitive, schlecht ausgerüstete Weltraumtouristen inmitten eines florierenden galaktischen Imperiums?

Die Träume von Welten, die einst pure Science-Fiction waren, sind wahr geworden. Ein guter Zeitpunkt, um zusammenzufassen, was wir in den vergangenen Jahren aus der Astronomie gelernt haben. Was liegt da draußen jenseits unseres Sonnensystems?

Es ist schwierig, die genaue Zahl der Sterne in unserer Galaxie zu bestimmen, denn viele von ihnen werden vom staubigen interstellaren Medium verdeckt oder verdunkelt. Und die kleinsten, am schwächsten leuchtenden Sterne können nur von Nahem gesehen werden, also müssen wir ihre Zahl extrapolieren. Die neuesten Schätzungen gehen von etwa 400 Milliarden Sternen in unserer Galaxie aus.

Sterne gibt es in vielen Größen, Temperaturen und Farben. Es gibt sogar kleine Unterschiede in ihrer Zusammensetzung. Die entscheidende Eigenschaft eines Sterns ist aber seine Masse. Die Masse eines Sterns bestimmt, wie hell er scheint und wie lange er scheinen kann. Sterne mit mehr als der dreifachen Masse unserer Sonne sind eher selten in unserer Galaxie. Sie leuchten nur ein paar hundert Millionen Jahre. Das reicht nicht aus, damit ein Planet so weit abkühlt, dass sich auf ihm fortschrittliches Leben entwickeln könnte. Etwa fünf Prozent der Sterne in unserer Galaxie sind sogenannte *G-Sterne*. Sie haben eine ähnliche Masse wie unsere Sonne und eine Lebensdauer von zehn Milliarden Jahren.

Die neuesten Resultate aus der exoplanetaren Forschung zeigen, dass 20 Prozent der G-Sterne einen erdähnlichen Planeten in der habitablen Zone aufweisen. *Erdähnlich* bezeichnet einen Gesteinsplaneten, der ein- bis zweimal so groß ist wie die Erde, und die *habitable Zone* umschließt Entfernungen von einem Stern, die zwischen der Hälfte der Erd-Sonnen-Distanz und der doppelten Erd-Sonnen-Distanz liegen. Wir rechnen also mit etwa vier Milliarden Sternen in unserer Galaxie, die unserer Sonne ähnlich sind und potenziell bewohnbare Planeten haben. Wenn wir noch die etwas kühleren und orangefarbenen *K-Sterne* hinzuzählen, die Massen zwischen 50 und 80 Prozent unserer Sonne haben, wächst die Zahl bewohnbarer Welten auf über zehn Milliarden.

Versuchen wir für einen Moment zu erfassen, wie viele bewohnbare Welten es tatsächlich allein in unserer Galaxie gibt. Zehn Milliarden ist eine Zahl, die man sich nur schwer vorstellen kann. In lebenden Systemen sind wir auf Zahlen gestoßen, die noch viel größer sind, zum Beispiel die Billionen von Molekülen in einem einfachen Bakterium oder die 10^{30} Bakterien, die schätzungsweise auf der Erde leben. Um sich zehn Milliarden Planeten vorzustellen, sollten Sie, wenn Sie das nächste Mal an einem Strand mit feinem Sand liegen, eine Handvoll Sandkörner aufheben, sie durch Ihre Finger rinnen lassen und zusehen, wie die feinen Körner zu Boden fallen. Jede Handvoll Sand enthält etwa 100000 Sandkörner. All diese Sandkörner unterscheiden sich voneinander; jedes hat seine eigene Größe, Farbe und Zusammensetzung, aber keines dieser Körner ist wirklich außergewöhnlich. So verhält es sich auch mit unserer Erde: Sie ist sicherlich nicht außergewöhnlich unter den zehn Milliarden Welten da draußen. Unsere Erde ist so gewöhnlich wie ein Sandkorn am Strand.

Leben im Schein einer purpurnen Sonne

Rote Zwerge haben weniger als die Hälfte der Masse unserer Sonne. Die kleinsten von ihnen können über eine Billion Jahre lang scheinen. Sie haben eine purpurrote Farbe, weil ihre Oberflächentemperatur niedriger ist als jene unserer Sonne.

Etwa 75 Prozent der Sterne in der Milchstraße sind Rote Zwerge – es gibt also mehrere hundert Milliarden dieser Sterne in unserer Galaxie. Weil sie aber so blass sind, können wir nicht einen Einzigen von ihnen mit bloßem Auge sehen. Der Anteil Roter Zwerge mit Planeten ist mindestens so hoch wie bei massereicheren Sternen.

Leben im purpurnen Schein eines Roten Zwerges wäre anders – um es einmal vorsichtig auszudrücken.

Weil Rote Zwerge weniger hell scheinen, muss ein Planet nahe am Stern liegen, um warm genug für flüssiges Wasser zu sein. Das starke Gravitationsfeld des nahen Sterns führt dazu, dass sich die Drehung des Planeten verlangsamt und seine Rotation an jene des Sterns gekoppelt wird. So wie der Erde immer die gleiche Seite des Mondes zugewandt ist, liegt die eine Seite eines Planeten in der habitablen Zone eines Roten Zwerges wahrscheinlich ständig im Tageslicht, während es auf der anderen Seite immer dunkel ist. Der Temperaturunterschied zwischen der Tages- und der Nachtseite könnte enorm sein.

Ob solche Planeten eine gute Heimat für Leben wären, wird heftig diskutiert. Rote Zwerge sind viel variabler und heftiger in ihrer Aktivität als Sterne wie unsere Sonne. Sie können mit Sternflecken übersät sein, die ihr Licht monatelang um bis zu 40 Prozent abdunkeln. Und auf ihnen finden riesige Eruptionen statt, die ihre Helligkeit innerhalb von Minuten verdoppeln. Solche Eruptionen könnten den Planeten ihre Atmosphären abstreifen. Ein in seiner Rotation gekoppelter Planet dreht sich langsam – genau einmal pro Umrundung seines Sterns – und hat daher kein starkes Magnetfeld, das ihn schützt.

Diese gefährliche Aktivität eines Roten Zwerges nimmt nach etwa einer Milliarde Jahre ab. Wenn ein Planet seine Atmosphäre so lange erhalten kann, gibt es einige faszinierende mögliche Szenarien für Leben auf seiner Oberfläche, vor allem entlang des schmalen Bandes zwischen der Tag- und der Nachtseite. Von diesem Standpunkt aus gesehen würde der Stern ständig an einer Stelle tief am Horizont stehen.

In *Star Maker* beschreibt Olaf Stapledon seine Vorstellung des Lebens auf solchen Welten:

»Die Tage wurden länger und länger, bis zuletzt eine Seite ständig der Lichtquelle zugewandt ist. Nicht wenige Planeten dieser Art, an allen möglichen Orten in der Galaxie, waren bewohnt; und etliche von ihnen von ›pflanzlichen Völkern‹.«

Stapledon stellte sich Außerirdische vor, die er »Pflanzen-menschen« nannte:

»Auf gewissen kleinen Planeten, übergossen vom Licht und der Hitze einer nahen oder mächtigen Sonne, schlug die Evolution eine ganz andere Richtung ein als jene, die uns geläufig ist. Die pflanz-lichen und tierischen Funktionen teilten sich nicht in verschiedene biologische Arten auf. Jeder Organismus war zugleich Tier und Pflanze.«

Es sind weitsichtige Spekulationen eines visionären Science-Fiction-Autors: Als Stapledon dies schrieb, waren die Eigenschaften und Mechanismen solcher Sterne erst kurze Zeit bekannt. Das Leben auf diesen Welten könnte tatsächlich einen ganz anderen evolutionären Weg eingeschlagen haben als jenes auf der Erde. Und auf einer mit Sonnenlicht übergossenen Planetenoberfläche könnten photosynthetische Zellen andauernd Energie sammeln. Wenn wir an die laufenden Bäume aus dem letzten Kapitel zurückdenken, könnten bei permanentem Sonnenlicht sogar tierähnliche Kreaturen den größten Teil ihres Energiebedarfs durch Photosynthese decken.

Auf rotationsgekoppelten Planeten zirkulieren ständig Winde zwischen der Tag- und der Nachtseite und liefern der dunklen Seite Wärme. Aber wenn die Atmosphäre zu dünn ist, könnte das gesamte Wasser des Planeten auf die dunkle Seite transportiert werden und dort für immer gefrieren – dies wäre keine gute Voraussetzung für Leben. Doch Planeten, die auf ihrer Oberfläche mehr als halb so viel Wasser wie wir auf der Erde und eine mit der Erde vergleichbare Atmosphärendichte haben, könnten ideal sein für die Entwicklung und das Gedeihen von Leben. Simulationen haben kürzlich gezeigt, dass sich auf solchen Welten entlang der breiten Landregion, welche die Wüste auf der Tagseite von der eisigen Nachtseite trennt, Ozeane aus Wasser bilden könnten.

Die meisten Arten auf der Erde verfügen über eine endogene *zirkadiane Uhr* (wir nennen sie umgangssprachlich auch unsere »innere Uhr«), die ihren Stoffwechsel an einen Tag-Nacht-Rhythmus von 24 Stunden bindet. In unseren Körpern spielen sich zahlreiche von einander unabhängige Prozesse ab, die an die Dauer unseres Tages gebunden sind. Aber auf den Exoplaneten, die Sterne wie unsere Sonne umlaufen, könnten Tag und Nacht auch nur ein paar Stunden oder ganze Jahrhunderte dauern. Es würde dem Menschen schwer fallen, sich an einen anderen Tagesrhythmus anzupassen.

Auf einem rotationsgekoppelten Planeten gäbe es keine natürlichen Zyklen von Tag und Nacht. Es gäbe keine zirkadianischen Rhythmen – die chemischen Prozesse, welche in Organismen auf der Erde in der Nacht ablaufen, könnten auf solchen Welten andauernd durchgeführt werden. Würden Kreaturen, die in der Schattenzone leben, nie schlafen und nie träumen? Wir verbringen etwa ein Sechstel unseres Lebens mit Träumen, aber wozu? Es gibt viele Theorien dazu, weshalb wir schlafen und weshalb wir träumen. Aber weil wir nicht genau wissen, wie unser Bewusstsein funktioniert, sind diese Fragen schwierig zu beantworten.

Ein Feriendomizil zwischen den Sternen

Vielleicht gibt es Welten, auf denen das Leben nie begonnen hat; einen einsamen Stern mit nichts in der Nähe, was die von ihm erhellte Welt betrachtet. Es könnte Welten geben, auf denen das Leben begann, aber von einer der vielen denkbaren Naturkatastrophen – von enormen Sternen-Eruptionen bis hin zu riesigen Asteroideneinschlägen – wie eine Kerze ausgeblasen wurde. Aber meiner Meinung nach wird allen Welten, auf denen sich das Leben entwickeln konnte, die Diversität gemeinsam sein. Es gibt zweifellos Welten wie die unsere, mit Kreaturen, die denken können.

Es wird exoplanetare Systeme geben, die in ihrer habitablen Zone zwei oder gar drei Planeten haben. Das Leben könnte sich auf ihnen unabhängig entwickeln – oder sich durch Panspermie von einem Planeten auf den anderen ausbreiten. Dies wäre eine interessante Science-Fiction-Geschichte, insbesondere wenn diese Lebensformen die Anwesenheit der jeweils anderen bemerken würden.

Bei Milliarden von Welten gibt es zahlreiche Möglichkeiten für deren Eigenschaften. Wenn Sie sich eine Welt für sich selbst aussuchen könnten, ein abgelegenes Feriendomizil, welche würden Sie wählen? Hätten Sie gerne einen Planeten mit zwei Sternen, einem roten und einem blauen? Oder vielleicht eine Welt wie *Pandora* aus dem Science-Fiction-Film *Avatar* (2009)? Wobei ich bei dieser Wahl vorsichtig wäre, denn Pandora ist ein bewohnbarer Mond, der einen Gasriesen umläuft. Auf Ihrer Welt würde eine intensive geologische Aktivität herrschen, so wie sie auch schon auf dem vulkanisch aktiven Jupitermond *Io* beobachtet wurde.

Würden Sie sich einen Planeten mit oder ohne Leben auswählen? Und wenn er Leben haben soll, wie intelligent sollen Ihre außerirdischen Gastgeber dann sein? Ein Planet mit Leben könnte eine mit Sauerstoff angereicherte Atmosphäre bieten, in der wir atmen könnten. Aber wer wäre mutig genug, sich außerirdischen Mikroorganismen auszusetzen? Von möglichen Prädatoren mit fortschrittlichen Fähigkeiten und biomechanischen Waffen ganz zu schweigen.

Auf außerirdischen Welten haben Mikroorganismen vielleicht nicht die nötigen Eigenschaften, um unsere Zellen auseinandernehmen zu können. Es ist möglich, dass wir nicht die gleichen Aminosäuren oder molekularen Bausteine besitzen wie das Leben auf einem anderen Planeten. Dies würde die dortigen Mikroorganismen davon abhalten, sich in unseren Körpern zu vermehren. Solch eine Welt könnte für Menschen eine Welt ohne Krankheiten sein. Trotzdem will ich nicht der Erste sein, der diese Welt betritt.

Wenn Sie sich einen Planeten ohne Leben auswählen, hat dieser höchstwahrscheinlich eine Atmosphäre mit Wasserdampf, Kohlendioxid, molekularem Stickstoff und kleinen Mengen Methan – den Produkten aus der Zeit seiner Entstehung und späterer vulkanischer und tektonischer Aktivität. Sogar bei einer kleinen Welt müssten sie Billionen von Tonnen an Sauerstoff hinzufügen, bevor sie die Luft atmen könnten. Das ist nicht schwer – einen einzigen Tropfen unseres Meerwassers hinzuzufügen sollte genügen. Und zwar so:

Vielleicht ist ihre Welt eine kleine Wasserwelt mit ein paar vulkanischen Inseln. Wenn wir davon ausgehen, dass die wichtigen Atome und Moleküle, die das Leben benötigt, vorhanden sind, schätze ich, dass eine Handvoll geeigneter Cyanobakterien sich vermehren und Ihre Atmosphäre innerhalb von 1000 Jahren oxygenieren (mit genügend Sauerstoff anreichern) würde. Aber ein Planet wie die Erde mit aktiver Plattentektonik bräuchte dafür viel länger. Seine sich verändernde Gesteinsoberfläche absorbiert viel mehr Sauerstoff als in der Atmosphäre ist, und die Vollendung könnte eine Million Jahre in Anspruch nehmen.

Ihre Welt würde als leere Welt beginnen, aber Sie könnten mit Bedacht komplexes Leben hinzufügen, Schritt für Schritt. Nach der Oxygenierung könnte es Tausende von Jahren dauern, um eine künstliche Diversität des Lebens zu erschaffen, die sich selbst erhalten kann. Dabei müssen Sie aufpassen, dass Sie kein wichtiges Element der Nahrungskette vergessen!

Denken Sie auch an die natürlichen Rückkopplungen, wenn Sie ihre Welt der Erde ähnlich machen (Wissenschaftler nennen diesen Prozess *Terraforming*). Die Konsequenzen könnten dramatisch sein. Dem Anstieg an atmosphärischem Sauerstoff, der sich auf der Erde vor 2,5 Milliarden Jahren abspielte, folgte die paläoproterozoische Vereisung, welche mehrere hundert Millionen Jahre lang dauerte. Die Temperaturen auf der Erde fielen in den Keller, nachdem der freie Sauerstoff mit dem atmosphärischen Methan reagiert hatte, woraus freier Wasserstoff und Kohlendioxid entstanden. Methan ist ein sehr effizientes Treibhausgas. Man nimmt an, dass es einen wichtigen Anteil daran hatte, dass die Erde unter einer blassen jungen Sonne warm blieb. Als der Sauerstoffanteil stieg, fielen gleichzeitig die Methanwerte, und es begann eine lange, kalte Zeit, in der ein großer Teil unseres Planeten von Gletschern bedeckt war.

Das Terraforming von unbewohnten Planeten, um sie für das Leben unserer Erde bewohnbar zu machen, ist möglich. Es braucht aber Zeit, und die Kette von Reaktionen, die man dabei auslöst, ist kaum vorherzusehen. In Tat und Wahrheit ist die einzige Heimat, auf der wir zufrieden leben würden, eine wie unsere Erde – mit einer ähnlichen Rotationsgeschwindigkeit, einem ähnlichen Klima und einer vergleichbaren Atmosphäre und Schwerkraft. All unsere Sinne und Fähigkeiten sind präzise auf die Bedingungen auf der Erde abgestimmt, und sie würden anderswo einfach nicht ebenso gut funktionieren.

Außerirdische Kunst und Musik

Die Sonne emittiert den Großteil ihres Lichts im grünen Bereich des Farbenspektrums, als Photonen mit einer Wellenlänge um 500 Nanometer. Als Konsequenz davon sind unsere Augen am empfindlichsten für grüne und diesen nahe gelegene Wellenlängen. Sie können dies überprüfen, indem Sie sich Sonnenlicht anschauen, das durch ein Prisma scheint – grün ist die Farbe, die am stärksten leuchtet. Der Grund, weshalb die Sonne uns nicht grün erscheint, ist, dass alle Farben in ihrem Licht vermischt sind und wir die Sonne daher weiß bzw. gelblich wahrnehmen.

Die Photonen von unserer Sonne sind über verschiedene Energiebereiche verteilt, die unser Auge wahrnehmen kann. Das Licht, das von einem Objekt reflektiert wird, kann einen engen oder weiten Energiebereich haben, und unser Gehirn interpretiert diese Information als eine bestimmte Farbe. Farbe existiert nur in unseren Gehirnen – ein schöner Trick, um die Energien von Photonen zu visualisieren. Das macht es uns leichter, verschiedene Objekte von einander zu unterscheiden.

Kleine Rote Zwerge emittieren den Großteil ihres Lichts im roten Wellenlängenbereich, und fast gar nichts im grün-blau-violetten Teil des Spektrums. Das ist kein Problem für Photosynthese mittels Chlorophyll, die grünes Licht reflektiert und sowohl blaues als auch rotes Licht effektiv nutzen kann. Auf einer Welt, die von einem solchen Stern erhellt wird, würden die Pflanzen das rote Licht absorbieren. Da es kaum grünes Licht zu reflektieren gibt, stelle ich mir vor, dass die Pflanzen in unseren Augen fast schwarz wären.

Außerirdische, die unter dem Licht eines Roten Zwerges leben, hätten für das Farbspektrum ihres Sterns optimierte Augen. Sie würden blau-grünes Licht nicht wahrnehmen, denn Rote Zwerge sind nicht heiß genug, um Photonen mit solchen Energien abzustrahlen. Ein außerirdischer Künstler würde jene Farben verwenden, die sein Gehirn mit den Energien der Photonen verbindet, die er sieht. Was für ihn sehr farbenfroh wirken würde, wären für uns nur Nuancen von Purpur, Rot und Orange. Und dem Außerirdischen könnte unsere Kunst sehr düster erscheinen – Farben, die wir als blau wahrnehmen, wären für ihn schwarz. Van Goghs berühmtes Gemälde *Sternennacht* von 1889 wäre für einen solchen Außerirdischen eine ziemlich schwarze Nacht.

Die eine Farbe, die außerirdische Künstler mit irdischen

Künstlern gemein hätten, wäre wohl weiß. Wir nehmen die Mischung aller Photonen der Sonne als weiß wahr. Weiße Malfarbe streut alle Photonen der Sonne, die wir sehen können, und unser Gehirn sieht dies als weiß. Die gleiche Malfarbe könnte auch all die Farben eines Roten Zwerges streuen – das Gehirn eines außerirdischen Künstlers könnte weiße Malfarbe auch als weiß wahrnehmen. Von einem anfänglichen Hype einmal abgesehen, wäre Kunst zwischen gewissen Zivilisationen wohl nicht unbedingt ein Exportschlager. Und Musik übrigens auch nicht.

Auch unser Gehör und unsere vokalen Mechanismen haben sich so entwickelt, dass sie am empfindlichsten auf jene Geräusche reagieren, die durch unsere Atmosphäre übertragen werden. Planeten können eine große Bandbreite an Atmosphärendichten, Temperaturen und chemischen Zusammensetzungen haben. Diese Faktoren haben Einfluss auf die Übertragung von Schallwellen. Musik und Musikinstrumente würden auf außerirdischen Welten ganz anders klingen und funktionieren.

Schall wird als Konsequenz einer Störung durch die Luft übertragen, zum Beispiel der schnellen Vibration einer Gitarrensaite. Eine riesige Zahl an molekularen Kollisionen führt dazu, dass diese Störung sich bis zu unseren Ohren überträgt, die jene winzigen aus der Schallwelle resultierenden Druckvariationen wahrnehmen können. Deshalb ist es im All vollkommen still – es gibt kein Medium, das Schallwellen übertragen kann.

Töne können durch Tonhöhe, Lautstärke und Qualität charakterisiert werden. Die Tonqualität und die Klangfarbe beschreiben jene Eigenschaften des Tons, die es dem Ohr erlauben, Töne der gleichen Höhe und Lautstärke von einander zu unterscheiden. So klingt zum Beispiel die gleiche Note in der gleichen Lautstärke für unsere Ohren unterschiedlich, je nachdem, ob sie von einer Gitarre oder einem Klavier gespielt wird. Die Klangfarbe wird hauptsächlich durch den Oberwellenanteil und dadurch, wie schnell der Ton auftritt und abklingt, bestimmt. Deshalb spricht man mit quäkender Stimme, wenn man Helium einatmet – die Tonhöhe der Stimme hat sich nicht verändert, aber die tieferen Frequenzen werden gedämpft und die Klangfarbe ist anders.

Die Schallamplitude oder -lautstärke wird in weniger dichten Atmosphären abnehmen. Auf der Erde können wir laut rufen und werden in einem Kilometer Entfernung noch gehört. Auf einem Exoplaneten mit einer nicht besonders dichten Atmosphäre, vergleichbar mit jener des Mars, müssten wir schreien, um nur ein paar Meter entfernt gehört zu werden. Auf solchen Planeten könnte es für uns gefährlich ruhig sein, denn Reizentzug kann uns wahnsinnig machen.

In einer dickeren Atmosphäre als auf der Erde würden unsere Stimmbänder langsamer vibrieren, und unsere Stimmen würden in einer tieferen Tonlage erklingen. Musikinstrumente wie Flöten und Saxophone würden anders klingen als auf der Erde, und wir müssten ihre Bedienung neu erlernen. Die Musik, die auf der einen Welt gemacht wird, klingt auf einer anderen wahrscheinlich furchtbar. Interstellare Musikpiraterie ist eher unwahrscheinlich!

Könnten Delfine ein Raumfahrtprogramm starten?

Der Science-Fiction-Film *Waterworld* von 1995 schildert die Zukunft der Erde, nachdem die polaren Eiskappen geschmolzen sind. Wobei unser Planet deswegen nicht zur Wasserwelt würde, denn nur ein paar Prozent des Wassers auf der Erde sind in Gletschern und im Eis eingeschlossen.[23]

23 Die Ozeane bedecken heute 70 Prozent der Erdoberfläche. Wenn alles Eis auf der Erde schmelzen würde, stiege der Meeresspiegel

Ein Großteil des Wassers auf der Erde stammt vermutlich von wasserreichen Asteroiden. Unsere eigenen Computersimulationen zur Planetenbildung beschäftigen sich mit dem dynamischen Vermischen von Material in einem frühen Sonnensystem. Wir haben herausgefunden, dass dies ein ziemlich chaotischer Prozess ist und gehen davon aus, dass die Wassermenge, die auf einem Planeten endet, stark schwanken kann. Angesichts der chaotischen Einschläge von wasserreichen Asteroiden wird es Exoplaneten geben, die einen einzelnen ummantelnden Ozean haben. Wasserwelten könnten in unserer Galaxie ziemlich häufig sein. Aber wie fortschrittlich wäre das Leben in ihren Ozeanen?

Seit das Gehirn in der Evolutionsgeschichte der Tiere aufgetreten ist, haben seine Größe und Komplexität in vielen Arten im Wasser und an Land weiter zugenommen. Durch Zufall ist aus dem *Homo Sapiens* eine der schlausten Kreaturen auf der Erde geworden. Es gibt aber keinen Grund, weshalb ein anderes Tier nicht ein ebenso fähiges Gehirn entwickeln sollte. Würden die Menschen von der Erde verschwinden, würde zu irgendeinem späteren Zeitpunkt eine andere Spezies eine soziale Zusammenarbeit entwickeln, Werkzeuge verwenden und so vielleicht den 200 000 Jahre dauernden Weg hin zu einer neuen industriellen Revolution einschlagen. Aber wie weit könnte sich Leben innerhalb der Grenzen einer Wasserwelt entwickeln?

Macht's gut, und danke für den Fisch (So Long, and Thanks for All the Fish) ist der 1984 erschienene vierte Band von *Per Anhalter durch die Galaxis* von Douglas Adams. Der Titel ist gleichzeitig die letzte Nachricht der Delfine, als sie die Erde verlassen, kurz bevor diese von der vogonischen Flotte zerstört wird. Aber könnten im Ozean lebende Kreaturen wie

um etwa 70 Meter, und der Landanteil würde um zehn Prozent abnehmen.

Delfine tatsächlich die nötige Technologie entwickeln, um ihre Herkunft zu ergründen oder sich ins All zu wagen?

Delfine entwickelten sich vor 50 Millionen Jahren aus einer auf dem Land lebenden Kreatur, die sich wieder an das Leben im Ozean anpasste. Stellen Sie sich einmal vor, dass sich Delfine nochmals über 50 Millionen Jahre weiterentwickeln, ihre Gehirne noch leistungsfähiger werden und ihre Flossen opponierbare Daumen bilden! Was könnte ein hochintelligenter und geschickter Delfin in einer Welt erreichen, die nur aus Wasser und einem steinigen Ozeangrund besteht? Kraken wären ebenso gute Kandidaten für die nächste herrschende Spezies auf der Erde. Sie sind ebenfalls schlaue Kreaturen, und vielleicht die geschicktesten auf unserem Planeten.

Selbst wenn die Gehirne von Delfinen oder Kraken groß genug sind, um die theoretischen Prinzipien der Physik, Mathematik und Chemie zu ergründen – wären sie in der Lage, ohne den Gang an Land irgendeine fortschrittliche Technologie zu erreichen? Und was ist mit all den Wasserwelten ohne Land? Könnte außerirdisches Leben, so agil es auch sein mag und ausgestattet mit einem hochintelligenten Gehirn, es schaffen, den Weltraum zu erkunden, wenn es an eine Welt im Wasser gebunden ist?

Ein Raumfahrtprogramm erfordert eine industrielle Revolution, die Mechanisierung der Produktion und die Möglichkeit, die dafür nötigen Materialien anzufertigen. Die Mechanisierung erfordert Räder und Getriebe. Um Elektrizität zu generieren, benötigt man Drähte und Magnete. Für die chemische Raffination sind hitzebeständige Behälter nötig. Die Liste geht noch weiter, aber all diese nötigen Schritte hin zu einem Raumfahrtprogramm beruhen letztlich auf der Möglichkeit, Metall zu raffinieren und zu manipulieren, um Drähte und Behälter, Räder und Röhren zu bilden.

Wie würde eine intelligente Lebensform, die in den Ozeanen lebt, Metall raffinieren? Der Ozeangrund mag zwar alle nötigen Metalle enthalten, aber nicht in ihrer reinen Form. Kontrolliertes Feuer ist alles, was nötig wäre. Mit Feuer lässt sich Gestein schmelzen, um Kupfer oder Eisen zu konzentrieren. Aber unter Wasser brennt nichts; wie könnten also die hohen Temperaturen erreicht werden, die nötig sind, um Metall zu raffinieren?

Wie würden es Kreaturen des Ozeans von der Steinzeit in eine Bronzezeit schaffen? Ein ähnliches Problem stellt sich vielleicht auch intelligentem Leben auf dem Land eines Planeten mit zu wenig Sauerstoff in der Atmosphäre. In Atmosphären mit einem Sauerstoffanteil von unter zehn Prozent wäre es nicht einmal möglich, trockenes Holz oder Öl in Brand zu setzen. Das Schmelzen kupferreicher Steine erfordert eine Temperatur knapp über jener eines Lagerfeuers. Die Menschen entwickelten Öfen und Schmieden, um die Hitze zu erhöhen.

In einer Wasserwelt könnte es sogar Quellen intensiver Hitze geben; durch feuerflüssiges Gestein, welches austritt, wo ozeanische Platten auseinanderdriften. Aber wie würde man diese Hitze einsetzen, um Metall zu schmelzen? Es wäre auf jeden Fall nicht einfach. Vielleicht könnten intelligente Kreaturen in den Ozeanen einer Wasserwelt künstliche schwimmende Inseln bauen, auf denen sie ihre Produktion ausführen könnten. Riesige Flöße könnten aus ehemals lebenden Dingen angefertigt werden. Oder vielleicht könnten sie Unterwasserkammern oxygenieren, die dann als Schmelzkammern genutzt werden könnten.

Manche Wasserwelten hätten an den Polen gefrorene Eiskappen, vergleichbar mit dem Nordpol auf der Erde. Vielleicht könnten diese als Plattformen für industrielle Aktivität genutzt werden? Eine Isolationsschicht aus Basaltgestein mit einem Schmelzpunkt von 1500 Grad Celsius könnte die

Hitze eines Ofens ableiten, der zum Schmelzen von Kupfer verwendet wird, denn Kupfer schmilzt bei 1085 Grad.

Ich halte es für unwahrscheinlich, dass eine Unterwassergesellschaft aus »einsteinschen« Delfinen viel mehr erreichen kann, als über die Welt jenseits ihres Ozeans zu spekulieren. Vielleicht ist dies der Grund, weshalb die Delfine auf der Erde resigniert haben und einfach nur noch den Ozean genießen. Sie wissen, was sie erreichen könnten, aber es ist ihnen klar, dass sie dies in der Umgebung und der Zeit, in der sie leben, nie fertigbringen werden!

Ich vermute, dass die dunklen Ozeane von Wasserwelten wie Europa und Enceladus voller Leben sind, voller intelligentem Leben. Aber dieses Leben wird es kaum über die Steinzeit hinaus schaffen. Und vielleicht ist es ja ganz glücklich, so ohne Technologie. Stellen Sie sich einmal eine fortschrittliche intellektuelle Gesellschaft ohne jeden wertvollen materiellen Besitz vor. Vielleicht sind diese Welten die einzigen Welten, die je eine echte Utopie erreichen werden.

Haben Außerirdische Gefühle und eine Ethik?

Was passiert mit jenen Zivilisationen, die es durch eine industrielle Revolution schaffen und sich Wissen und Technologie aneignen? Könnten außerirdische Gesellschaften und Zivilisationen eine utopische Form des Zusammenlebens erreicht haben? Oder wären sie so fragil und instabil wie die unsere? Die Außerirdischen würden uns auf den ersten Blick merkwürdig erscheinen, doch unser Interesse würde sich recht bald auch darauf richten, ihr soziales Verhalten und ihre Gesellschaft zu verstehen. Hätten außerirdische Zivilisationen ethische Prinzipien? Und würden sich ihre Prinzipien mit den unseren decken? Hätten Außerirdische Gefühle? Und wären ihre Gefühle wie die unseren?

Bakterien haben weder ethische Prinzipien noch Gefühle. Sie sind autonome Maschinen, die funktionieren, weil sie es können. Ethische Grundsätze sind Verhaltensregeln, die intelligente Kreaturen ihren Artgenossen auferlegen, ein Verhaltenskodex, der erfunden wurde, um ein soziales Zusammenleben zu ermöglichen. Hunde, Schimpansen, Elefanten und Delfine haben tiefe Gefühle und eine eigene Moral, die sogar einen Einfluss darauf hat, wie sie sich anderen Arten gegenüber verhalten.

Emotionen sind chemische Rückkopplungen, die in unserem Gehirn zu einer positiven oder negativen Assoziation und einem Gefühl führen: Freude oder Trauer, Wut oder Angst, Vertrauen oder Misstrauen, Überraschung oder Erwartung. Gefühle entwickelten sich wahrscheinlich aus einfachen chemischen Sinnen, die gut und schlecht wahrnehmen konnten.

Außerirdisches Leben hat vielleicht keine Emotionen, und die Gehirne von Außerirdischen gleichen vielleicht eher analytischen Maschinen. Das Fehlen von Emotionen könnte zu einer höheren Überlebensrate für eine Bevölkerung als Ganzes führen. Und es müsste nicht bedeuten, dass Außerirdische keine ethischen Prinzipien hätten. Ethische Prinzipien stellten eine Verhaltensnorm dar, die das Fortbestehen einer Spezies als Ganzes ermöglicht. Obwohl es ohne Gefühle keine Möglichkeit gäbe, die Verletzung dieser Prinzipien zu bestrafen – gefühllose aber intelligente Außerirdische würden eine Ethik aus logischen Gesichtspunkten begründen.

Menschliche Ethik und die daraus resultierende Moral machen für mich oft keinen Sinn. Verschiedene Teile der Menschheit können gegensätzliche Verhaltensnormen haben, die oft unter dem Deckmantel einer fanatischen religiösen Denkweise daherkommen. Die meisten unserer Art denken, dass es in Ordnung ist, das Leben einer anderen denkenden Kreatur zu beenden. Es gibt keinen Grund, weshalb wir im Vornherein davon ausgehen sollten, dass Außerirdische ähnliche ethische Prinzipien haben wie wir. Aber ich würde gerne auf eine außerirdische Spezies treffen, die nur ein moralisches und ethisches Prinzip hat (welches im Übrigen auch mein eigenes ist): Respektiere alle neuronalen Netze!

Die Zukunft von Wissenschaft und Science-Fiction

Der Evolutionsbiologe und Autor John Haldane spekulierte 1923 in seinem Aufsatz *Daedalus oder Wissenschaft und Zukunft (Daedalus; or, Science and the Future)* über die Zukunft der menschlichen Rasse. Der Text enthält einige zum Nachdenken anregende Vorhersagen. Haldane schreibt über ektogenetische Kinder, die aus künstlichen Gebärmüttern geboren werden und durch eugenische Selektion angepasst werden können. Dies schrieb er lange vor der Entdeckung der Genetik und lange bevor Kinder aus dem Reagenzglas Realität wurden. Haldanes Zukunftsvision war eine Welt, die durch Fortschritte in der Wissenschaft eine bessere wurde.

Haldane spricht in seinem Aufsatz auch darüber, wie Biologen in der Zukunft eine neue Art von Algen erfinden, welche die Hungersnöte der Welt löst. Die molekulare Maschinerie von Organismen zu nutzen, um neue Verbindungen zu konstruieren, war eine aufregende Möglichkeit, die kürzlich wahr geworden ist. Die Materialien, welche die Natur erfunden hat, können künstlich Hergestelltem weit überlegen sein. So hat zum Beispiel die Seide eines Spinnennetzes eine größere Stärke und Elastizität als jedes künstliche Material, das wir konstruieren können. Die großen Textilfirmen haben bei ihren Versuchen, einen so feinen und starken Faden zu kreieren, Millionen Dollar ausgegeben. Sie haben allesamt versagt und ihre Bemühungen aufgegeben. Aber seit Kurzem gibt es eine neue Methode, Spinnenseide zu gewinnen: Spinnenseide wird aus einem bestimmten Protein zusammengebaut, welches in der DNS der Spinne kodiert ist. Dieses einzelne Gen ist identifiziert und der DNS von *E.coli*-Bakterien hinzugefügt worden. Das Bakterium funktioniert wie eine molekulare Maschine, die ihre DNS liest und alles konstruiert, was dort an Proteinen aufgeführt ist. Die Bakterien werden so ausgetrickst, dass sie dieses bestimmte Gen so oft wie möglich lesen, bis ihre Zellen mit Seidenproteinen vollgestopft sind. Die Proteine können invasiv entnommen und zu einem feinen Garn gesponnen werden. Aus diesem Material ergibt sich eine Vielzahl von Anwendungen; von chirurgischen Fäden bis hin zu ultrastarken Seilen.

Die Möglichkeit, Zellen so zu manipulieren, dass sie auf molekularer Ebene Aufgaben ausführen, ist wirklich unglaublich. Aber im Zusammenhang mit unseren Kindern sind genetische Modifikationen ein furchterregender Gedanke. Ich will nicht darüber spekulieren, welche Auswirkungen dies auf unsere Art haben wird. Aber es wird zweifellos so weit kommen, zumindest für jene, die es sich leisten können. Die erste genetisch sequenzierte DNS eines Menschen wurde 2003 veröffentlicht. Die Sequenzierung dauerte über zehn Jahre und kostete drei Milliarden Dollar. Im Jahr 2014 kann mit einer einzelnen Maschine und für den Preis von 1000 Dollar ein menschliches Genom in ein paar Stunden sequenziert werden. Ein Großteil der weltweiten genetischen Sequenzierung wird zurzeit in China durchgeführt, und die genetische Modifikation ist in den meisten Ländern der Welt nicht gesetzlich geregelt.

Das Ganze ist ein angsteinflößender Schritt weg von der natürlichen Auslese. Die düstere Zukunft, die sich aus einem solchen Szenario entwickeln könnte, wurde schon Jahrzehnte vor der Realisierung der Gentechnologie beschrieben. Haldanes Aufsatz beeinflusste nicht nur Olaf Stapledon, sondern auch den englischen Autor Aldous Huxley und seinen klassischen dystopischen Roman *Schöne neue Welt (Brave New World)* aus dem Jahr 1932. Huxley beschreibt darin ein totalitäres Regime, welches die Gesellschaft durch Wissenschaft und Technologie kontrolliert. Damit wurde erstmals ernsthaft eine dystopische Realität, die aus einer oberflächlich utopischen Gesellschaft entspringt, thematisiert.

Dem englischen Mathematiker und Philosophen Bertrand Russell erschien Haldanes Vision viel zu optimistisch. In *Ikarus oder Die Zukunft der Wissenschaft (Icarus; or, The Future of Science)* gibt er 1924 eine direkte Antwort auf Haldanes Aufsatz. Russell argumentiert, dass Haldane ein viel zu attraktives Bild einer Zukunft zeichne, in welcher der Nutzen wissenschaftlicher Entdeckungen dazu verwendet werde, Menschen glücklicher zu machen. In der griechischen Mythologie lehrte Daedalus seinen Sohn Ikarus das Fliegen. Diese Fertigkeit brachte Ikarus schließlich den Tod, weil er sich zu nahe an die Sonne heranwagte. Russell schreibt:

»Ich sehe mich gezwungen zu befürchten, dass die Wissenschaft eher dazu benutzt werden wird, die Macht dominanter Gruppen voranzutreiben, als dazu, die Menschen glücklich zu machen. […] Die gemeinschaftlichen Leidenschaften des Menschen sind hauptsächlich böse; die bei Weitem stärksten unter ihnen sind Hass und Rivalität, die sich gegen andere Gruppen richten. Deshalb ist zur jetzigen Zeit alles böse, was Menschen die Macht gibt, ihre gemeinschaftlichen Leidenschaften auszuüben. Daher droht die Wissenschaft die Zerstörung unserer Zivilisation zu verursachen.«

Russell fährt fort, indem er seine pessimistische Vision der Wissenschaft unter einer einzigen Weltregierung beschreibt:

»Die einzige verlässliche Hoffnung scheint in der Möglichkeit der weltweiten Herrschaft einer Gruppe zu liegen, zum Beispiel der

Vereinigten Staaten, was zur allmählichen Bildung einer geordneten ökonomischen und politischen Weltregierung führen würde. Aber vielleicht wäre, wenn man sich die Sterilität des römischen Imperiums vor Augen führt, der Zusammenbruch unserer Zivilisation letztlich dieser Alternative vorzuziehen.«

Ich sympathisiere mit beiden Ansichten Russells. Es wäre nicht gut, wenn ein Land versuchen würde, dem Rest der Welt seine Ansichten aufzuzwingen, egal ob es nun Amerika, Russland oder China ist. Seit Russell diese Worte geschrieben hat, hat sich nichts verändert. Wir leben in einer grausamen Welt, in der die Gelüste und Glaubensmeinungen einzelner die globale Agenda bestimmen.

Aber ich habe auch Sympathie für Haldanes Träume. Wissenschaftler bemühen sich, unser Wissen zu vermehren und Technologien zu entwickeln, die für die Menschheit von Vorteil sind. Meine Forscherkollegen fühlen sich angetrieben durch den Wunsch, mehr über unsere natürliche Welt zu erfahren. Ein guter Wissenschaftler wird von Beweisen, Logik und Wahrheit geleitet, nicht von falschen Glaubensmeinungen. Ein Politiker mag gute Absichten verfolgen, aber er endet oft als Marionette an Fäden, die ihn in diese oder jene Richtung ziehen. Der gesunde Menschenverstand und die Logik setzen sich nicht durch.

Ein galaktisches Imperium

Wir wollen hoffen, dass menschliche Moral und Ethik sich durchsetzen, wenn es darum geht, alle Arten auf der Erde zu erhalten, einschließlich unserer eigenen. Die große Entdeckungsreise durch unsere Galaxie wird nicht beginnen, bevor auf unserem Planeten eine Harmonie erreicht worden ist. Sieht man sich die Geschichte des *Homo sapiens* an, gibt es nichts, was darauf hinweisen würde, dass wir dabei sind, unser Verhalten zu ändern. In den 40er-Jahren schrieb Isaac Asimov seine eigene Vision einer fernen Zukunft nieder, in welcher sich die Menschheit in der Galaxie ausgebreitet hat. *Die Foundation-Trilogie (The Foundation Trilogy)* ist ein episches Werk, das 20000 Jahre in der Zukunft spielt, in einer Zeit, in der die Menschheit Millionen von Welten in der Galaxie bevölkert hat. Asimovs dystopische Vision unserer Zukunft war inspiriert vom siebenbändigen Geschichtswerk *Verfall und Untergang des römischen Imperiums (The History of the Decline and Fall of the Roman Empire)*, welches Edward Gibbon zwischen 1776 und 1789 verfasste.

Im Zentrum der *Foundation-Trilogie* steht die Geschichte des Mathematikers Hari Seldon, welcher die Wissenschaft der Psychohistorik begründet. Seldon sagt den Fall des galaktischen Imperiums voraus, was zu einem 35000 Jahre dauernden dunklen Zeitalter führen wird. Er entwirft einen Plan, um diese Periode der Dunkelheit auf ein Jahrtausend zu verkürzen, indem man zwei *Foundations* aufbaut, welche an gegenüberliegenden Enden der Galaxie das Wissen bewahren.

Asimov muss wohl ebenso erzürnt gewesen sein darüber wie ich, dass all das Wissen, welches die alten Griechen sich erarbeitet hatten, in den Händen des römischen Imperiums verloren ging! Die *Foundation-Trilogie* beschreibt den Aufstieg und Fall einer galaktischen Zivilisation, die Tausende von Jahren in der Zukunft der Menschheit umfasst.

Es ist sicherlich möglich, dass eine andere Spezies bereits einen großen Teil der Galaxie besiedelt hat. Der italienische Physiker Enrico Fermi glaubte, dass wir außerirdisches Leben schon längst bemerkt haben müssten, wenn es in unserer Galaxie existierte. Aber wie hätten wir dies bewerkstelligen sollen? Unsere Versuche, gewisse Gegenden der Galaxie auf ein paar Radiofrequenzen abzuhören, können nicht gerade als ausgedehnte Suche nach Leben da draußen gelten. Wir haben vielleicht gar keine Ahnung davon, was sich da draußen zwischen den Sternen auf anderen Welten alles so abspielt.

Wenn sich die Aufmerksamkeit der Menschheit auf das Wohlergehen einer globalen Gesellschaft richten würde, wären wir heute viel weiterentwickelt, als wir es tatsächlich sind. Es wäre bedauernswert, wenn wir unser tatsächliches Potenzial und unsere Langlebigkeit als Spezies nicht ausschöpfen könnten und wenn wir nicht herausfinden würden, was da draußen zwischen den Sternen liegt. Ich möchte Ihnen eine Vision einer Zukunft näherbringen, in welcher wir damit beginnen, unsere Milchstraße zu erforschen. Wenn unsere Spezies es fertigbringt, sich nicht selbst zu zerstören und sich eine Weltordnung einstellt, dann könnten die ersten interstellaren Missionen innerhalb des nächsten Jahrtausends starten.

Mensch und Maschine

Das Gehirn entwickelte sich als Mechanismus, der unseren Sinnen Sinn verleiht, was einen Überlebensvorteil darstellt. Aber die Entwicklung eines Bewusstseins hat auch eine Fähigkeit geschaffen, welche der natürlichen Auslese ein Ende setzen könnte. Unsere Gehirne können Entscheidungen treffen, die fatale Auswirkungen auf unseren genetischen Code haben können. Sie haben den zufälligen Pfad, aus dem sich die Vielfalt entwickelte, umgeleitet.

Es gibt im Prinzip nichts, was biologische Organismen davon abhalten würde, ewig zu leben. Aber der Tod scheint eine inhärente Eigenschaft der Evolution zu sein. Es sieht so aus, als sei unsere DNS nur darauf programmiert, unsere Körper so lange in Betrieb zu halten, bis wir uns vermehrt haben. Die Natur hatte nicht vor, uns eine viel längere Lebenserwartung einzuräumen, und es ist aus ihrer Sicht auch nicht nötig. Unser Bewusstsein stellt sich dieser grausamen Seite der Evolution entgegen. Es gibt keine Kreaturen, die Spaß am Sterben haben. Zwar mag es ein ähnlich beunruhigender Gedanke sein, ewig zu leben, aber ich würde gerne 1000 Jahre damit verbringen, unseren Planeten zu genießen und die Leistungen unserer Spezies zu beobachten.

Ab einem gewissen Punkt in den nächsten 1000 Jahren wird es möglich werden, unsere Gehirne losgelöst von einem Körper am Leben zu erhalten und sie mit den nötigen Nährstoffen zu versorgen. Die Nervenendigungen wären direkt mit einem Computer verbunden und würden eine virtuelle Realität direkt in das Bewusstsein einspeisen.

Wenn Menschen auf einer außerirdischen Welt landen würden, wäre ich nicht überrascht, sollten sie dort am oberen Ende der Nahrungskette intelligente, roboterartige Kreaturen antreffen. Fortschrittliches intelligentes Leben könnte sich dazu entschieden haben, seine biologischen Körper abzustreifen und seinen Geist zu erhalten, indem es Gehirne mittels eines biomechanischen Interface mit einer Maschine verbindet. Würden wir diese Maschinen, die aus Lebewesen entstanden sind, als lebendig bezeichnen?

Erwarten Sie das Unerwartete

Wir können spekulieren und forschen, so lange wir wollen – es warten auf jeden Fall einige Überraschungen auf uns. Wir sind auf Planeten als Heimaten des Lebens fixiert, und wir sollten uns bewusst machen, dass dies eine anthropische Sichtweise ist. Wir suchen nach Leben in ähnlichen Umgebungen, wie wir sie von der Erde kennen. Was aber, wenn Leben sich auch in ganz anderen Umgebungen entwickeln könnte, die nichts mit Planeten und Asteroiden zu tun haben?

Ein wunderbares Beispiel für das Zusammenspiel von Wissenschaft und Science-Fiction ist Fred Hoyles Roman *Die schwarze Wolke (The Black Cloud)* aus dem Jahr 1957. Der Astrophysiker Hoyle liebte es, an die Grenzen zu gehen und die vorherrschende Meinung in Frage zu stellen. Er versuchte, eine Alternative zur Urknalltheorie zu konstruieren – ein ewiges Universum ohne Anfang und Ende. Er argumentierte, es sei unwahrscheinlich, dass das Leben zufällig aus molekularen Interaktionen entstanden sei, und bevorzugte stattdessen die *Panspermie,* die Idee, dass das Leben seinen Ursprung auf anderen Planeten oder gar in anderen Sonnensystemen haben könnte.

In *Die schwarze Wolke* bewegt sich eine massive dunkle Gaswolke durch das Sonnensystem und ummantelt die Sonne. Dies verursacht einen zerstörerischen Klimawandel und könnte das Ende allen Lebens auf der Erde bedeuten. Wissenschaftler finden heraus, dass sie mit der Wolke kommunizieren können und stellen fest, dass es sich um einen immensen Super-Organismus handelt, der weitaus intelligenter ist als wir Menschen. Nachdem sie festgestellt haben, dass man mit der Wolke kommunizieren kann, diskutieren die Wissenschaftler, wie man sie verstehen könnte:

»Wir haben jeden Grund anzunehmen, dass die Wolke intelligenter ist als wir, daher ist ihre Sprache – was auch immer sie sein möge – wahrscheinlich viel komplizierter als unsere. Mein Vorschlag ist, dass wir nicht weiter versuchen, die Nachrichten, die wir erhalten, zu entschlüsseln. Stattdessen schlage ich vor, dass wir darauf vertrauen, dass die Wolke in der Lage ist, unsere Nachrichten zu entschlüsseln. Sobald sie dann unsere Sprache gelernt hat, kann sie in unserem eigenen Code antworten.«

Hoyle beschreibt im Detail die Physik der schwarzen Wolke. Was den Text unter den Werken der Science-Fiction einzigartig macht, ist, dass die Dialoge sich hauptsächlich unter Wissenschaftlern abspielen und die Berechnungen mit ihren Formeln offen diskutiert werden. Die Wolke enthält Moleküle, die sich zu einer intelligenten Lebensform organisiert haben. Sie bewegt sich von Stern zu Stern, um ihre Energie aufzuladen. Als sie die Sonne erreicht und von Menschen kontaktiert wird, ist die Wolke überrascht, dass auf Gesteinsplaneten Leben existieren kann.

Hoyle hatte vielleicht eine evolutionäre Strategie für eine solche Lebensform. Er zog es allerdings vor, sie als »zeitlos« zu bezeichnen, um seine Kollegen zu piesacken, die das Urknallmodell mit seinem zeitlich verorteten Ursprung bevorzugten. Obwohl ich mir nicht ausmalen kann, wie eine diffuse interstellare Wolke Leben erzeugen könnte, schätze ich Hoyles philosophische Herangehensweise – alles in Frage zu stellen und in existierenden Modellen nach Lücken zu suchen, sowie neue Modelle aufzubauen, welche die orthodoxe Lehre herausfordern.

Wir sollten für alles offen bleiben und unserer Vorstellungskraft freien Lauf lassen, um die mögliche Vielfalt außerirdischer Zivilisationen zu erforschen und das Unerwartete zu erwarten.

Was nun?

Ich denke, dass das Leben dort draußen nur darauf wartet, entdeckt zu werden. Und es ist denkbar, dass diese Entdeckung noch innerhalb unserer Generation stattfindet. Ich begann dieses Buch damit, wie man Planeten um andere Sterne fand und wie wir etwas über ihre Umlaufbahnen und ihre Masse, über ihre Größe und ihre Zusammensetzung erfahren können. Dies ist bereits eine bemerkenswerte Leistung, wenn man bedenkt, dass diese Planeten so weit entfernt sind, dass unsere Teleskope sie nur als Lichtpunkte wahrnehmen können. Ich erwähnte am Anfang dieser Geschichte, dass uns noch mehr erwarten würde. Und dem ist auch so.

Innerhalb der nächsten zehn Jahre werden zwei Weltraumteleskope ins All starten, die weitere Missionen für die Suche nach Exoplaneten darstellen. 2017 wird der Schweizer Weltraumsatellit *CHEOPS* lanciert, der Transitbeobachtungen heller Sterne vornehmen wird, um die Eigenschaften von Planeten zu messen, die etwa so groß sind wie die Erde. Im Februar 2014 gab die ESA ihre Pläne für die Mission *PLATO* bekannt. Dieses ehrgeizige Projekt für ein Weltraumteleskop wird aus 34 einzelnen kleinen Teleskopen und Kameras auf einer einzelnen Satellitenplattform bestehen. Es wird eine Million Sterne beobachten, um nach Transiten Ausschau zu halten und erdähnliche Planeten und vielleicht sogar deren Monde zu identifizieren. Das Startdatum für diese Aufklärungsmission ist 2024.

Diese Weltraumteleskope werden viele erdähnliche Exoplaneten identifizieren. Aber was könnten wir sonst noch über diese fernen Welten erfahren?

Noch viel mehr: Während des Durchgangs eines Exoplaneten durch seinen Stern dringt ein Teil des Sternenlichts durch die Atomsphäre des Planeten. Moleküle in der Planetenatmosphäre absorbieren manche dieser passierenden Photonen und verändern dabei leicht das Lichtspektrum, das wir empfangen. Wenn der Planet einen halben Orbit später hinter dem Stern vorbeigeht, können wir das Spektrum des Sterns allein messen. Aus diesen Spektren können wir herauslesen, welche Moleküle in der Atmosphäre vorhanden sind. Diese Technik wurde bereits erfolgreich auf exoplanetare Gasriesen angewendet und hat dabei die Präsenz von großen Mengen Wasser, Kohlenmonoxid, Kohlendioxid und Methan in ihren Atmosphären nachgewiesen.

Wir können noch mehr erfahren. Während Exoplaneten

ihre Sterne umlaufen, reflektieren sie einen Teil des Sternenlichts. Aufgrund der Diffraktion ist das Licht, welches uns erreicht, eine Kombination aus direktem Sternenlicht und dem
reflektierten Licht. Astronomen können aber die Komponente des reflektierten Lichts heraustrennen, indem sie jene
Observationen des Sterns hinzuziehen, bei denen der Planet
sich direkt hinter ihm befindet und wir ihn nicht sehen.

Zwischen dem Moment, in dem der Planet sich hinter
den Stern zu schieben beginnt, bis zum Zeitpunkt, zu dem
er komplett verdeckt ist, können Minuten oder auch Stunden vergehen. Während sich der Planet hinter den Stern
schiebt oder in unser Blickfeld zurückkehrt, können wir das
reflektierte Licht verschiedener Teile des Planeten wahrnehmen. Dies erlaubt es uns, ein grobes zweidimensionales Bild
des Planeten zu zeichnen! Das resultierende Spektrum der
Lichtreflektion des Planeten kann dazu verwendet werden,
seine atmosphärische Chemie und Bedingungen wie Temperatur und Druckverhältnisse zu messen. Die Tageslänge
auf einem Planeten kann aufgrund der Tag-Nacht-Varia-
tionen in seiner Temperatur abgeschätzt werden, und man
kann sogar auf Wolken, die Albedo des Planeten und seine
Farbe schließen.

Es gibt eine mögliche Signatur für weitverbreitete Vegetation an Land. Das Reflektionsspektrum photosynthetischer
Vegetation weist einen dramatischen und plötzlichen Anstieg
von fast einer Größenordnung in den infraroten Wellenlängen auf. Die Vegetation hat diese starke Reflektionseigen-
schaft, die als *red edge* bekannt ist, als Kühlungsmechanismus
entwickelt, um ein Überhitzen, durch welches Chlorophyll
zerstört würde, zu verhindern. Messungen im Reflektionsspektrum in diesen Wellenlängen könnten es uns ermöglichen, Welten mit photosynthetischen Organismen wie
Pflanzen zu finden.

Während des vergangenen Jahrzehnts wurden all diese

Techniken auf exoplanetare Gasriesen angewandt. Es ist möglich, auch erdähnliche Planeten auf diese Weise zu studieren. Allerdings sind deren Atmosphären weniger markant, und die Planeten sind viel kleiner. Das European Southern Observatory (ESO) plant den Bau eines Teleskops mit 39 Metern Durchmesser in der chilenischen Atacama-Wüste. Das Teleskop mit dem kreativen Namen *The European Extremely Large Telescope* könnte zur gleichen Zeit wie PLATO einsatzbereit sein. Seine wissenschaftlichen Ziele sind die Entdeckung und Charakterisierung von Exoplaneten sowie die Erforschung der frühen Stadien der Planetenbildung.

Zur Charakterisierung der Atmosphären und klimatischen Bedingungen von Exoplaneten und für die Suche nach Biomarkern, die Hinweise auf Leben geben, benötigen wir ein neues Weltraumteleskop. Der nächste Schritt wäre, einen hochauflösenden Spektrographen ins All zu schießen, der detaillierte Analysen des Lichtspektrums während der Planetendurchgänge durchführen könnte. Die Charakterisierung erdähnlicher Planeten in unserer Gegend der Milchstraße wird innerhalb der nächsten zwei Jahrzehnte ernsthaft beginnen. Es wird in unserer Generation zweifellos bedeutende Entdeckungen geben, vor allem sobald die Werkzeuge für die Suche nach Hinweisen auf Leben auf diesen Welten noch sensibler und ausgereifter sind.

Dass unsere Welt nur eine von vielen Welten ist, ist eine der größten Entdeckungen unserer Zeit. Doch wir haben gerade erst angefangen, den Kosmos zu verstehen, und ich freue mich auf die Entdeckungen, welche die nächsten zwanzig Jahre bringen werden. Wenn es eine Sache gibt, die vielleicht den Fokus der Menschen in eine gemeinsame Richtung lenken könnte, wäre es die Erkenntnis, dass wir nicht allein sind im Universum – dies hätte sicherlich einen tiefgreifenden Einfluss auf die Menschheit.

Ende des 19. Jahrhunderts herrschte rund um unseren

Planeten große Aufregung: Es schien, als würde man bald Kontakt mit den Marsianern aufnehmen. In den 60er-Jahren waren alle Blicke auf die Mondlandungen gerichtet. Die Erforschung des Sonnensystems hat unsere Träume inspiriert, und ich hoffe, dass es so weitergeht. Vielleicht werden wir zur Mitte dieses Jahrhunderts miterleben, wie Menschen den Mars betreten. Es wäre ein weiterer Schritt auf dem Weg zu noch kühneren Reisen für die Menschheit. Ich träume davon, dass sich eines Tages alle Augen dieser Welt auf den Himmel richten und miterleben, wie unser erstes Mutterschiff seine Reise zu den Sternen antritt.

GLOSSAR

Abiogenese
Die spontane Entstehung des Lebens aus nichtlebendiger Materie.

Absoluter Nullpunkt
Definiert als 0 Kelvin. Die theoretische Temperatur, bei der die Entropie ihren kleinsten Wert hat. Dies entspricht minus 273,15 Grad Celsius.

Aerobe/anaerobe Atmung
Die Stoffwechselreaktionen innerhalb von Zellen, die zum Aufbau von ATP-Molekülen führen. Aerobe Atmung benötigt Sauerstoff, während anaerobe Atmung Verbindungen wie Sulfate oder Nitrate nutzt.

Albedo
Das Verhältnis des auftreffenden Lichts zum reflektierten Licht bei Oberflächen oder Planeten. Ein perfekter Spiegel hätte eine Albedo von 1, eine perfekte schwarze Oberfläche hätte eine Albedo von 0.

Allgemeine Relativitätstheorie
Eine Beschreibung der Gravitation (Schwerkraft), welche die Eigenschaft von Raum und Zeit einschließt und die separaten Beschreibungen der speziellen Relativitätstheorie und der Newtonschen Gravitationstheorie verallgemeinert.

Aminosäure
Ein kleines organisches Molekül, das als Baustein von Proteinen dient.

Anorganische Chemie
siehe Organische Chemie

Antimaterie
Teilchen mit Eigenschaften, zum Beispiel der Ladung, welche den Eigenschaften normaler Materie genau entgegengesetzt sind.

Archaeen

Eine der drei Domänen des Lebens. Archaeen sind einzellige Organismen mit einzigartigen Zellmembranen und Stoffwechselfunktionen. Sie haben sich einer großen Bandbreite von Umgebungen angepasst.

Art (Spezies)

Eine biologische Klassifizierung, die ähnliche Kreaturen enthält. Üblicherweise können sich die Mitglieder einer Art untereinander vermehren.

Asteroid

Das Sonnensystem enthält Millionen von Asteroiden, welche die Sonne umlaufen. Es handelt sich um Gesteinsobjekte von mehr als zehn Metern Durchmesser, welche Überbleibsel aus der Zeit der Planetenbildung sind. Die Mehrheit von ihnen befindet sich im Asteroidengürtel zwischen dem Mars und dem Jupiter.

Astrobiologie

Das Forschungsgebiet des Ursprungs, der Evolution, der Verteilung und der Zukunft des Lebens im Universum.

Astrophysik

Das Teilgebiet der Physik, welches sich mit der Physik der Himmelserscheinungen befasst. Es ist eng mit der Astronomie (der Erforschung von Himmelskörpern jenseits der Erdatmosphäre) und der Kosmologie (der Erforschung des Ursprungs und der Struktur des Universums) verwandt.

Atom

Die Basiseinheit der Materie, aus der Sterne, die Erde und alles, was wir um uns herum sehen, bestehen. Das Atom hat einen dichten Kern aus Protonen und Neutronen, der von einer Wolke aus Elektronen umgeben ist. Die Anzahl der Protonen bestimmt das chemische Element, während die Anzahl der Neutronen das Isotop bestimmt. Wenn die Anzahl der Elektronen mit jener der Protonen übereinstimmt, hat das Atom keine Nettoladung und ist neutral. Wenn diese Zahlen sich unterscheiden, spricht man von einem *Ion*.

ATP (Adenosintriphosphat)

Ein Molekül, das innerhalb von Zellen Energie für den Stoffwechsel bereithält.

Baryzentrum
Der Massenmittelpunkt innerhalb eines gravitationalen Systems.

Basenpaar
Zwei Nukleinbasen, die sich verbinden, um eine Treppenstufe des DNS-Moleküls zu bilden.

Bilaterale Symmetrie
Ein bilaterales Objekt kann in zwei Hälften geteilt werden, die jeweils das Spiegelbild der anderen darstellen.

Biomarker
In der Astrobiologie ist ein Biomarker ein Beleg für frühere oder gegenwärtige biologische Aktivität.

Chaos
Ein chaotisches System verhält sich unvorhersehbar und reagiert sehr empfindlich auf kleine Veränderungen der Parameter, die sein Verhalten bestimmen.

Chirale Moleküle
Asymmetrische Moleküle, die sich spiegelbildlich zueinander verhalten, aber nicht durch einander ersetzt werden können. Es gibt jeweils eine rechts- und eine linksdrehende Version.

Chromosom
Ein DNS-Strang, der viele Gene enthält.

Dichte
Die Menge an Masse in einem gegebenen Volumen, zum Beispiel angegeben in Kilogramm pro Kubikmeter.

Diffraktion
Ein Phänomen, das auftritt, wenn Wellen auf ein Hindernis treffen.

DNS (Desoxyribonukleinsäure)
Auch *DNA*, nach engl. *deoxyribonucleic acid*. Enthält die genetische Information für die Entwicklung und das Funktionieren aller bekannten Lebensformen. Sie besteht aus zwei langen Strängen komplexer Moleküle,

die in Form einer Spiralleiter, der Doppelhelix, angeordnet sind, und ist mehrere Milliarden Basenpaare (die Sprossen der Leiter) lang.

Dunkle Materie

Materie, die innerhalb und rund um Galaxien existiert, deren Natur aber unbekannt ist. Dunkle Materie besteht nicht aus baryonischen Partikeln, welche Photonen emittieren würden.

Eisriese

Ein massereicher Planet, der hauptsächlich aus Wasser, Ammoniak und Methan besteht.

Elektromagnetisches Spektrum

Photonen können eine große Bandbreite von Wellenlängen (und korrespondierenden Frequenzen) aufweisen, und das elektromagnetische Spektrum ist eine Möglichkeit, Photonen entsprechend ihrer Wellenlänge zu klassifizieren.

Elektron

Ein Elektron ist ein Elementarteilchen mit einer negativen Ladung, die jener einer Protons genau entgegengesetzt ist, und einer Masse von $9,1 \times 10^{-31}$ Kilogramm, was $1/1836$ der Masse eines Protons entspricht.

Element

Eine chemische Substanz, die nur aus einer Art von Atomen besteht.

Enzym

Ein großes biologisches Molekül, welches die Geschwindigkeit, in der sich chemische Reaktionen abspielen, stark erhöht. Es handelt sich bei Enzymen mehrheitlich um Proteine, aber auch die RNS kann als Enzym agieren.

Eukaryoten

Eine der drei Domänen des Lebens. Eukaryotische Organismen basieren auf Zellen, die einen Zellkern und andere organisierte Strukturen beherbergen.

Exoplanet

Ein Planet, welcher einen anderen Stern als unsere Sonne umkreist.

Frequenz

Die Anzahl der Ereignisse innerhalb einer bestimmten Zeiteinheit. Ein Photon kann als ein schwingendes elektromagnetisches Feld betrachtet werden, das sich durch den Raum bewegt. Die Frequenz beschreibt die Anzahl der Schwingungen pro Sekunde. Die Wellenlänge des Lichts verhält sich umgekehrt proportional zu seiner Frequenz.

Fusion

Der Prozess, bei dem Atomkerne zu einem einzigen, schwereren Kern verschmelzen, wobei Energie freigesetzt wird, vor allem in Form von Neutrinos und hochenergetischen Photonen.

Galaxie

Eine Ansammlung von Sternen und Gas, eingebettet in einer ausgedehnte Verteilung dunkler Materie.

Gasplanet (Gasriese)

Ein massereicher Planet, der hauptsächlich aus Wasserstoff und Helium besteht. Der Jupiter und der Saturn sind Beispiele für Gasplaneten.

Gen

Ein Abschnitt der DNS, welcher Information enthält, zum Beispiel, wie ein bestimmtes Protein aufgebaut wird.

Genetischer Code (Gencode)

Die »Bedienungsanleitung« mithilfe derer Information, die in DNS oder RNS codiert ist, in Proteine übersetzt wird.

Gesteinsplanet (erdähnlicher Planet)

Ein Planet, der wie die Erde mehrheitlich aus Silikatgestein und Metallen besteht.

Gleichgewicht

In der Physik ist ein Gleichgewicht erreicht, wenn alle Kräfte, die auf ein System einwirken, ausgeglichen sind und sich der Gesamtzustand des Systems nicht mit der Zeit verändert.

Gravitationslinseneffekt

Das Gravitationsfeld massereicher Objekte verzerrt Raum und Zeit, und der Weg von Photonen verläuft in ihrer Nähe gekrümmt. Objekte im Hintergrund können in ähnlicher Weiser vergrößert und verzerrt werden, wie eine Glaslinse das Licht ablenkt.

Habitable (bewohnbare) Zone

Die Umlaufzone um einen Stern, in welcher ein Planet auf seiner Oberfläche flüssiges Wasser beherbergen können, ohne dass dieses verdampft oder gefriert.

Homo sapiens

Anatomisch moderner Mensch, der erstmals vor rund 200000 Jahren in Afrika auftrat.

Horizontaler Gentransfer

Die Prozesse, durch welche genetische Informationen auf andere Weise als durch Reproduktion weitergegeben werden.

Hubble-Weltraumteleskop (engl. *Hubble Space Telescope* – HST)

Ein Weltraumteleskop, welches mit Unterstützung der europäischen Weltraumagentur von der NASA gebaut wurde. Das HST wurde 1990 ins All geschossen und umkreist die Erde alle 96 Minuten in einer Höhe von 569 Kilometern.

Hydrolyse

Der Prozess, bei welchem durch die Zugabe von Wasser zu einer Verbindung sowohl das Wassermolekül als auch die Verbindung aufgespalten werden.

Interstellares Medium

Das diffuse, gasförmige Medium, das in Galaxien existiert und den größten Teil des Raumes zwischen den Sternen füllt. Es liefert das Material, aus dem sich neue Sterne bilden.

Isotop

Variante eines Atoms mit abweichender Neutronenzahl in seinem Kern.

Isotrop

Wenn etwas in alle Richtungen gleichmäßig ist.

Kalorie (kcal)

Die Menge an Energie, die benötigt wird, um die Temperatur von einem Kilogramm Wasser um ein Grad Celsius zu erhöhen (rund 4200 Joule).

Kelvin

Eine in der Wissenschaft verwendete Maßeinheit für Temperatur, welche zu den internationalen Standardeinheiten (SI-Einheiten) gehört.

Kinetische Energie

Die Energie, die ein Objekt durch seine Bewegung zu einem Bezugspunkt aufweist.

Komet

Kometen sind eisige Objekte, die sich in großer Entfernung von der Sonne bildeten und diese umkreisen; manchmal wird ihre Umlaufbahn jedoch gestört, und sie geraten ins innere Sonnensystem. Wenn sie der Sonne nahe genug kommen, kann man einen Schweif aus Staubteilchen erkennen, den sie hinter sich herziehen. Er wird vom Sonnenwind und der Sonnenstrahlung hervorgerufen, die Material auf der Kometenoberfläche verdampfen lässt.

Kopernikanisches Prinzip

Sagt aus, dass die Erde im Universum keinen besonderen Platz einnimmt.

Kosmologie

Die Erforschung des Universums als Ganzes, seines Ursprungs und seiner Entwicklung.

Last common ancestor (letzter gemeinsamer Vorfahre)

Der einzellige Organismus, der existierte, bevor die drei Domänen des Lebens sich herausbildeten.

Logikgatter

Eine Schaltung, die eine logische Operation mit einem oder mehreren Eingangssignalen und einem einzigen Ausgangssignal verarbeitet.

Luminosität (Leuchtkraft)

Die Lichtmenge, die ein Objekt pro Zeiteinheit ausstrahlt.

Stoffwechsel (Metabolismus)

Chemische Reaktionen, die sich in Organismen vollziehen und deren Lebenskreislauf aufrechterhalten.

Meteor

Sichtbarer Lichtstreifen (ugs. Sternschnuppe), hervorgerufen durch einen Meteoriden, der sich beim Passieren der Atmosphäre durch Reibung erwärmt.

Meteorid

Gesteinsobjekt im Sonnensystem, welches einen Durchmesser von unter zehn Metern hat.

Meteorit

Reste von Meteoriden und Asteroiden, welche die Reise durch die Atmosphäre und den Aufprall auf der Planetenatmosphäre überstanden haben.

Metamorphes Gestein

Gestein, das sich unter hohen Temperaturen oder hohem Druck aus älterem Gestein bildet.

Molekül

Ein Molekül besteht aus zwei oder mehr Atomen, die sich chemisch verbinden. Eine Verbindung ist ein Molekül, das aus mindestens zwei verschiedenen Elementen besteht. Alle Verbindungen sind Moleküle, aber nicht alle Moleküle sind Verbindungen. Molekularer Wasserstoff (H_2) oder molekularer Sauerstoff (O_2) sind keine Verbindungen, da jedes nur aus einem einzigen Element besteht. Wasser (H_2O) ist eine Verbindung, da es aus mehreren Elementen besteht.

Naturkonstanten

Parameter, welche die absoluten Werte gewisser Größen wie Kraft und Ladung angeben, oder fundamentale Konstanten wie die Lichtgeschwindigkeit. Es ist nicht bekannt, was diese Parameter festlegt, und sie scheinen so fein aufeinander abgestimmt, dass sie die Strukturbildung in unserem Universum ermöglichten.

Neuron (Nervenzelle)

Eine komplexe Zelle, die mittels elektrischer und chemischer Signale Information übermittelt.

Neutron

Ein subatomares Teilchen, das aus drei Quarks besteht, keine Nettoladung hat und eine Masse von $1,675\times10^{-27}$ Kilogramm aufweist, also etwa ein Prozent größer ist als ein Proton.

Neutronenstern

Der dichte stellare Rest, der beim Gravitationskollaps eines massereichen Sterns entsteht, welcher die verbleibende Materie auf die Dichte von Atomkernen zusammenpresst.

Newtonsche Bewegungsgesetze

1. Ein Körper verharrt in Ruhe oder in gleichförmiger Bewegung mit konstanter Geschwindigkeit, es sei denn, eine Kraft wirkt auf ihn ein.
2. Die Impulsänderung eines Körpers mit der Zeit ist gleich der auf ihn einwirkenden Kraft.
3. Übt ein Körper eine Kraft auf einen zweiten Körper aus, so erfährt er eine gleich große, aber entgegengerichtete Kraft.

Newtonsches Gravitationsgesetz

Die Anziehungskraft zwischen zwei Objekten ist proportional dem Produkt beider Massen, dividiert durch das Quadrat des Abstands zwischen ihnen. Die Proportionalitätskonstante ist die Gravitationskonstante G.

Organische Chemie

Die organische Chemie beschäftigt sich mit allen kohlestoffhaltigen Verbindungen. Die anorganische Chemie umfasst alles andere. Dennoch gibt es anorganische Verbindungen, die auf Kohlenstoff basieren, zum Beispiel Kohlendioxid. Diese enthalten zwar Kohlenstoff, entstammen aber geologischen (nichtbiologischen) Prozessen. Organische Verbindungen enthalten für gewöhnlich Kohlenstoff in Verbindung mit Wasserstoff und anderen Elementen wie Sauerstoff oder Stickstoff.

Organismus

Eine lebendige Einheit.

Panspermie

Der Prozess, bei dem sich Leben von einem Planeten auf eine andere Welt überträgt, sei es zufällig oder beabsichtigt.

Photon

Ein Strahlungsquant, das die elektromagnetische Kraft übermittelt und als Teilchen mit einer Ruhemasse und Ladung von null angesehen werden kann. Die Energie eines Photons entspricht der Planck-Konstante multipliziert mit der Frequenz des Photons.

Phylogenetik

Das Forschungsgebiet der evolutionären Verwandtschaft zwischen verschiedenen Organismen.

Polymer

Ein langes Molekül, das aus sich wiederholenden Abschnitten besteht.

Prokaryoten

Organismen mit Zellen, denen eine innere Struktur fehlt. Die meisten Prokaryoten bestehen aus einer einzigen Zelle.

Protein

Ein großes biologisches Molekül, das aus Aminosäuren besteht.

Proton

Ein subatomares Hadron-Teilchen, das aus drei Quarks besteht und einer der fundamentalen Bestandteile des Atomkerns ist. Es hat eine Masse von $1{,}673 \times 10^{-27}$ Kilogramm und eine positive Ladung, die jener des Elektrons genau entgegengesetzt ist.

Protoplanetare Scheibe

Eine rotierende Scheibe aus Gas und Staub, die einen sich neu bildenden Stern umgibt. Das Gas enthält Atome der meisten Elemente in Periodensystem. In diesem Medium bilden sich die Planeten.

Pulsar

Ein schnell rotierender Neutronenstern, der Strahlung hauptsächlich in Form von Radiowellen abgibt, die von einem intensiven Magnetfeld gespeist werden. Die Achse des Magnetfelds weicht von der Rotationsachse des Neutronensterns ab, was den Strahl wie den Scheinwerfer eines Leuchtturms rotieren lässt. Die Intervalle zwischen den Pulsen, die wir beobachten können, sind so regelmäßig wie eine Atomuhr.

Radialgeschwindigkeit

Die Geschwindigkeitskomponente eines Objekts entlang der Blickachse eines Beobachters.

Radialgeschwindigkeitsmessung

Eine Technik, um Exoplaneten aufzuspüren und ihre Masse zu bestimmen, indem man die Radialgeschwindigkeit ihres Heimatsterns bestimmt.

Ribosom

Eine große molekulare Struktur. Sie ist in allen Organismen vorhanden, die DNS lesen und aus Aminosäuren Proteine zusammensetzen können.

RNS (Ribonukleinsäure)

Auch *RNA*, nach engl. *ribonucleic acid*. Große biologische Moleküle, die in den Abläufen des Lebens viele Funktionen einnehmen.

RNS-Welt

Die Hypothese, dass die ersten replizierenden Strukturen, die aus der Ursuppe hervortraten, mit RNS statt DNS funktionierten.

Roter Zwerg

Ein Stern, dessen Masse zwischen der Hälfte der Sonnenmasse und der Wasserstoff-Fusionsgrenze von etwa acht Prozent der Sonnenmasse liegt. Rote Zwerge entwickeln sich sehr langsam und leben eine Billion Jahre, aber sie werden nie so heiß, dass eine Heliumfusion eintritt.

Quantenmechanik

Ein Zweig der Physik, der sich mit der Natur der Lichts und der Partikel (Teilchen) beschäftigt und diese mithilfe einer probabilistischen Wellengleichung mathematisch beschreibt.

Spektrum

Die Intensität des Lichts als Funktion seiner Frequenz oder Wellenlänge. Unsere Augen reagieren empfindlich auf den visuellen Teil des elektromagnetischen Spektrums, den wir als Farben wahrnehmen.

Spezielle Relativitätstheorie

Eine Theorie, die Raum und Zeit verbindet und von Einstein in der Annahme aufgestellt wurde, dass die Lichtgeschwindigkeit in allen Bezugssystemen konstant ist.

Stern

Ein massereiches, von der Gravitation gebundenes Plasma aus Atomen, das so heiß und dicht ist, dass es Funktionsreaktionen zwischen einigen seiner Elemente unterhalten kann.

Stromatolithen

Sedimentgesteine, die durch mikrobielle Aktivität entstehen.

Subduktion

Wenn zwei tektonische Platten kollidieren, kann sich eine unter die andere schieben und in den Mantel darunter absinken.

Supernova

Die Explosion, die in den letzten Sekunden der Evolution massereicher Sterne auftritt, wenn ihr Eisenkern mit annähernd Lichtgeschwindigkeit kollabiert. Die bei diesem Kollaps frei werdende Energie ist ähnlich der Energie, die im Lauf des gesamten Sternenlebens produziert wird. Daher kann man eine Supernova fast im ganzen sichtbaren Universum sehen.

Todesstern

Eine fiktionale Raumstation und Superwaffe, welche in der *Star-Wars*-Reihe von George Lucas zu sehen ist.

Transit

Das astronomische Ereignis, das eintritt, wenn ein Himmelskörper sich von uns aus gesehen vor einen anderen schiebt.

Treibhauseffekt

Die Erhöhung der Oberflächentemperatur eines Planeten aufgrund von Molekülen in der Atmosphäre, welche die zurückgestrahlte Hitze einfangen.

Universum

Alles, was existiert; die Gesamtheit von Raum, Zeit und Materie. Das sichtbare Universum ist als die Region definiert, die das Licht in den 13,8 Milliarden Jahren seiner Existenz durchquert hat.

Urknall

Das Urknallmodell beschreibt den Ursprung und die Entwicklung unseres Universums, von einem Sekundenbruchteil nach der Entstehung von

Zeit und Raum, als es unglaublich heiß und dicht war, über seine anschließende Expansion, während der es sich abkühlte und zur Bildung der Sterne und Galaxien führte, die wir heute um uns herum beobachten können.

Ursuppe (präbiotische Suppe)

Die hypothetische, mit chemischen Verbindungen gefüllte Flüssigkeit, aus welcher sich das Leben entwickelte.

Verbindung

siehe Molekül

Wanderplanet (interstellarer Planet)

Ein Planet, der sich ohne Heimatstern durch den interstellaren Raum bewegt.

Wellenlänge

Licht kann als schwingendes elektromagnetisches Feld angesehen werden, das sich durch den Raum bewegt. Die Distanz zwischen zwei aufeinanderfolgenden Spitzen der Welle wird als Wellenlänge bezeichnet. Die Wellenlänge des Lichts ist seiner Frequenz umgekehrt proportional.

Zirkadianer (auch circadianer) Rhythmus

Ein biologischer Prozess, der eine Periodenlänge von 24 Stunden hat, was dem Erdtag entspricht.

Zitratzyklus

Eine Serie von chemischen Reaktionen, die der Speicherung von Energie in der Form von ATP-Molekülen dient.

LEGENDEN ZU DEN ILLUSTRATIONEN –
WELCHES TIER IST ECHT, WELCHES ERFUNDEN?

Kapitel 1, S. 11:
Von *Promatochoteuthis sulcus* wurde bisher nur ein einziges Exemplar entdeckt – es landete im Südatlantik auf einer Tiefe zwischen 1750 und 2000 m im Netz eines deutschen Forschungsschiffes. Beim »Gebiss« dieses gerade einmal 25 Millimeter großen Tintenfisches handelt es sich übrigens um eine optische Täuschung – es sind die Lippen, die hier wie Zahnreihen hervortreten.

Kapitel 2, S. 47:
Der *Babelfisch* wird in Douglas Adams' humoristischem Science-Fiction-Epos *Per Anhalter durch die Galaxis* als gelb und einem Blutegel ähnelnd beschrieben. Er wird ins Ohr eingeführt und ermöglicht es seinem Träger, alle gesprochenen Sprachen zu verstehen, indem er sich von externen Gehirnströmen ernährt und deren Bedeutung mittels Telepathie direkt ins Gehirn des Trägers ausscheidet.

Kapitel 3, S. 83:
Das *Axolotl* (*Ambystoma mexicanum*) ist ein mexikanischer Schwanzlurch, der erstmals 1804 durch Alexander von Humboldt nach Europa gebracht wurde. Heute werden Axolotl häufig in Aquarien gehalten, so auch die hier abgebildete Albino-Züchtung.

Kapitel 4, S. 113:
Das *Tribble* ist der kuschligste Außerirdische, der je über unsere Fernsehschirme flimmerte. Tribbles erscheinen erstmals in der *Star-Trek*-Episode *Kennen Sie Tribbles?* (*The Trouble with Tribbles*), in der sie die Crew in eine schwierige Lage bringen, weil sie sich unglaublich schnell vermehren. Mehr dazu auch in Kapitel 9 dieses Buches.

Kapitel 5, S. 145:
H. G. Wells beschreibt die Marsianer in *Krieg der Welten* (*The War of the Worlds*) eher vage. Sie haben große, graue, rundliche Körper von etwa 120 Zentimetern Durchmesser, die eigentlich nur aus Kopf bestehen, runde Augen und einen fleischigen, schnabelartigen Mund, von dessen Seiten jeweils acht Tentakel ausgehen, die kleinen, grauen Schlangen gleichen. Die Abbildung ist eine ganz persönliche Interpretation dieser Beschreibung.

Kapitel 6, S. 173:
Der Krötenhund *Buboicullaar* ist im Film *Star Wars: Episode VI – Die Rückkehr der Jedi-Ritter* der Wachhund des Hutten Jabba. In der fiktionalen Welt von Star Wars sind Krötenhunde auf dem Planeten Tatooine heimisch, verfügen über eine extrem starke Kiefermuskulatur und sind – anders als ihr Aussehen vermuten lässt – hochintelligent.

Kapitel 7, S. 205:
Die Stielaugenfliege *Teleopsis dalmanni* ist in Südostasien heimisch. Ihre Augen sitzen auf Stielen, was ihr eine bessere räumliche Wahrnehmung und Orientierung ermöglicht.

Kapitel 8, S. 235:
Die *Saigaantilope* (*Saiga tatarica*) ist eine vom Aussterben bedrohte Huftierart, die in den Steppen von Russland, Kasachstan und der Mongolei heimisch ist. Saigas haben eine Schulterhöhe von etwa 70 Zentimetern und einen ausgezeichneten Geruchssinn, was manche Forscher ihrer rüsselartig vergrößerten Nase zuschreiben.

Kapitel 9, S. 269:
Die *Wurmlinge* sind freundliche Außerirdische aus der Filmtrilogie *Men in Black*, die eine große Vorliebe für Kaffee haben und sich hauptsächlich hedonistischen Aktivitäten hingeben, die auf ihrem Heimatplaneten Takwella verboten sind.

Kapitel 10, S. 303:
Die *Bärtierchen* (*Tardigrada*) gehören zu den erstaunlichsten *Extremophilen* auf unserem Planeten. Ihre Eigenschaften werden in Kapitel 5 dieses Buches detailliert beschrieben.

DANK

Dass aus meinen Träumen von Außerirdischen dieses Buch entstand, auf das ich so stolz bin, verdanke ich der Hilfe und Unterstützung von Katharina Blansjaar. Danke, dass du dir all meine verrückten Einfälle angehört hast, danke für all die Diskussionen über das Leben, das Universum und alles andere – und danke für deine künstlerische Arbeit und deine beeindruckenden sprachlichen Babelfisch-Fähigkeiten. Ein besonderer Dank geht an Sara Schindler und Katharina für das sorgfältige und umsichtige Lektorat. Außerdem bedanke ich mich bei Natasha Arora, Gabrielle Moore, Jakob Pernthaler und Joachim Stadel für ihre unschätzbar wichtigen Kommentare und Anregungen zum Manuskript dieses Buchs.